高等职业教育土木建筑类专业新形态教材

建筑装饰材料

主　编　魏爱敏　王会波
副主编　杨树峰　苟胜荣
参　编　魏爱婕　尹　庆　喻甜香
主　审　佘立中

北京理工大学出版社
BEIJING INSTITUTE OF TECHNOLOGY PRESS

内容提要

本书按照高等院校人才培养目标及专业教学改革的需要，结合建筑与装饰工程材料最新标准规范进行编写。全书共14章，主要内容包括建筑装饰材料的基本性质，胶凝材料与胶粘剂，建筑装饰石材，建筑装饰陶瓷，建筑装饰玻璃，金属装饰材料，建筑装饰木材，建筑装饰涂料，建筑装饰塑料，建筑装饰纤维织物及其制品，防水材料，吸声材料与绝热材料，新型节能、绿色环保的建筑材料，建筑装饰材料试验。

本书可作为高等院校土木工程类相关专业教材，也可供建筑装饰工程相关技术及管理人员学习参考。

版权专有　侵权必究

图书在版编目（CIP）数据

建筑装饰材料 / 魏爱敏，王会波主编. —北京：北京理工大学出版社，2020.11（2021.1重印）
ISBN 978-7-5682-9240-5

Ⅰ.①建… Ⅱ.①魏… ②王… Ⅲ.①建筑材料—装饰材料—高等学校—教材　Ⅳ.①TU56

中国版本图书馆CIP数据核字（2020）第222931号

出版发行 / 北京理工大学出版社有限责任公司	
社　　址 / 北京市海淀区中关村南大街5号	
邮　　编 / 100081	
电　　话 /（010）68914775（总编室）	
（010）82562903（教材售后服务热线）	
（010）68948351（其他图书服务热线）	
网　　址 / http://www.bitpress.com.cn	
经　　销 / 全国各地新华书店	
印　　刷 / 北京紫瑞利印刷有限公司	
开　　本 / 787毫米×1092毫米　1/16	
印　　张 / 15.5	责任编辑 / 孟祥雪
字　　数 / 405千字	文案编辑 / 孟祥雪
版　　次 / 2020年11月第1版　2021年1月第2次印刷	责任校对 / 周瑞红
定　　价 / 42.00元	责任印制 / 边心超

图书出现印装质量问题，请拨打售后服务热线，本社负责调换

前　言

建筑装饰材料是指主体建筑完成之后，对建筑物的室内空间和室外环境进行功能与美化处理，从而形成不同装饰效果所需用的材料。建筑装饰材料集工艺、造型设计、美学于一体，可以依据一定的方法对建筑物进行美的设计和包装。在建筑中，建筑装饰材料依附于建筑表面，主要起装饰和美化环境的作用，建筑装饰材料的性能和质量直接影响着建筑物的安全性和耐久性。所以，建筑装饰材料必须具有足够的强度，以及与使用环境条件相适应的耐久性，才能使建筑物具有足够长的使用寿命，并尽可能减少维修费用。

建筑装饰的整体效果和建筑装饰功能的实现，在很大程度上受到建筑装饰材料的制约，尤其受到建筑装饰材料的光泽、质地、质感、图案、花纹等装饰特性的影响。因此，熟悉各种建筑装饰材料的性能、特点，按照建筑物及使用环境条件，合理选用建筑装饰材料，才能材尽其能、物尽其用，更好地表达设计意图，并与室内其他配套产品来体现建筑装饰性。

本书结合建筑装饰材料最新标准规范进行编写，重点介绍了建筑装饰材料的定义及分类，对建筑装饰材料在建筑应用中的作用及建筑装饰材料的发展历程和趋势进行了细致的讲解，目的在于培养学生对建筑装饰材料的认知，使学生掌握有关建筑装饰材料的基本理论和基本知识，为后续课程的学习打下一定的基础。由于建筑装饰材料的种类繁多，各类材料的知识既有联系，又有很强的独立性，因此本书还涉及化学、物理等其他方面的基本知识，需要学生掌握好理论学习和实践认识两者之间的关系，将所学的理论知识落实在材料的检测、验收、选用等实践操作技能上。

本书的教学目的在于提高学生对材料与构造的审美观念，使学生能够全面概括地了解建筑装修材料、构造与施工工艺，熟知建筑装饰材料相关标准规范和基本要求。

本书在兼顾理论与实践基础内容的同时，强调"以适用、经济、美观为本"的原则，倡导加强绿色环保意识，让学生更多地认识新材料、新技术、新工艺，并充分运用造型、色彩、材质、肌理效果等美学原理，运用装修材料与构造设计组合创意空间，并赋予环境美的性格特征。

本书由广州城建职业学院魏爱敏、江苏省徐州技师学院王会波担任主编，由广州城建职业学院杨树峰、杨凌职业技术学院苟胜荣担任副主编，广州城建职业学院魏爱婕、尹庆、喻甜香参与编写。全书由广州大学佘立中教授主审。

本书在编写过程中参阅了大量的文献，在此向这些文献的作者致以诚挚的谢意！由于编写时间仓促，加之编者的经验和水平有限，书中难免有不妥和错误之处，恳请读者和专家批评指正。

编　者

目 录

绪论 ·· 1
 一、建筑装饰材料的地位及发展 ············· 1
 二、建筑装饰材料的分类 ······················ 2
 三、装饰材料选择原则 ························ 2
 四、本课程学习目的与方法 ··················· 3

第一章 建筑装饰材料的基本性质 ········· 4
第一节 建筑装饰材料的物理性质 ······· 4
 一、材料与质量有关的性质 ··················· 4
 二、材料与水有关的性质 ······················ 6
 三、材料与热有关的性质 ······················ 8
第二节 建筑装饰材料的力学性质 ······· 9
 一、材料的强度 ································· 9
 二、材料的弹性、塑性、脆性与韧性 ······· 11
 三、材料的硬度、耐磨性与耐久性 ·········· 12
第三节 建筑装饰材料的声学性质 ······ 12
 一、吸声性 ······································ 12
 二、隔声性 ······································ 13
第四节 建筑装饰材料的装饰性能 ······ 13
本章小结 ··· 14
思考与练习 ·· 14

第二章 胶凝材料与胶粘剂 ················ 16
第一节 石膏 ································ 16
 一、建筑石膏 ··································· 16
 二、高强度石膏 ································ 19
 三、石膏装饰品 ································ 19
第二节 水泥 ································ 27
 一、通用硅酸盐水泥 ·························· 27
 二、白色硅酸盐水泥 ·························· 33
 三、彩色硅酸盐水泥 ·························· 35
第三节 混凝土 ····························· 36
 一、混凝土的分类与组成材料 ··············· 36
 二、混凝土的技术性质 ······················· 45
 三、混凝土配合比设计 ······················· 51
 四、装饰混凝土 ································ 57
第四节 装饰砂浆 ·························· 59
 一、装饰砂浆的组成材料 ···················· 59
 二、砂浆的技术性质 ·························· 60
 三、砂浆配合比设计 ·························· 62
 四、灰浆类砂浆饰面 ·························· 64
 五、石碴类砂浆饰面 ·························· 65
第五节 胶粘剂 ····························· 65
 一、胶粘剂的组成 ····························· 66
 二、胶粘剂的分类 ····························· 66
 三、常用胶粘剂的品种 ······················· 67
 四、胶粘剂的选用原则 ······················· 68
本章小结 ··· 68

思考与练习 ································ 68

第三章　建筑装饰石材 ···················· 71
第一节　石材的基本知识 ················ 71
　　一、石材的形成与分类 ················ 71
　　二、石材的技术性能 ···················· 72
　　三、石材的加工 ··························· 73
第二节　天然大理石 ························ 73
　　一、天然大理石的概念与性能特点 ··· 73
　　二、天然大理石的品种 ················ 74
　　三、天然大理石的应用 ················ 74
　　四、天然大理石板材的规格、等级、标记 ··· 75
　　五、天然大理石板材的技术要求 ··· 75
第三节　天然花岗石 ························ 77
　　一、天然花岗石的概念 ················ 77
　　二、天然花岗石的品种 ················ 78
　　三、天然花岗石的应用 ················ 78
　　四、天然花岗石的等级、标记 ······ 79
　　五、天然花岗石板材的技术要求 ··· 79
第四节　人造石材 ···························· 81
　　一、人造石材的概念 ···················· 81
　　二、人造石材的类型 ···················· 81
　　三、人造石材的应用 ···················· 82
　　四、常用人造石材 ························ 82
　　本章小结 ·· 85
　　思考与练习 ······································ 85

第四章　建筑装饰陶瓷 ···················· 87
第一节　陶瓷基础知识 ···················· 87
　　一、陶瓷的概念与分类 ················ 87
　　二、陶瓷的原料 ··························· 88
　　三、建筑陶瓷的生产 ···················· 90

第二节　陶瓷砖 ································ 90
　　一、陶瓷砖的概念及分类 ············ 90
　　二、陶瓷砖的技术要求 ················ 91
　　三、陶瓷砖的应用 ······················· 94
第三节　釉面内墙砖 ························ 94
　　一、釉面内墙砖的特点 ················ 94
　　二、釉面内墙砖的技术要求 ········ 95
　　三、釉面内墙砖的应用 ················ 95
第四节　陶瓷马赛克及其他陶瓷制品 ··· 95
　　一、陶瓷马赛克 ··························· 95
　　二、陶瓷壁画 ······························· 98
　　三、建筑琉璃制品 ······················· 98
　　本章小结 ·· 98
　　思考与练习 ······································ 99

第五章　建筑装饰玻璃 ···················· 100
第一节　玻璃的基础知识 ················ 100
　　一、玻璃的组成与分类 ················ 100
　　二、玻璃的性质 ··························· 101
第二节　平板玻璃 ···························· 102
　　一、平板玻璃的概念、分类及规格 ··· 102
　　二、平板玻璃的生产工艺 ············ 103
　　三、平板玻璃的技术要求 ············ 103
　　四、平板玻璃的用途 ···················· 107
第三节　安全玻璃 ···························· 107
　　一、钢化玻璃 ······························· 107
　　二、夹丝玻璃 ······························· 111
　　三、夹层玻璃 ······························· 112
　　四、钛化玻璃 ······························· 114
第四节　节能玻璃 ···························· 114
　　一、吸热玻璃 ······························· 114
　　二、热反射玻璃 ··························· 115

三、中空玻璃 116

第五节　装饰玻璃 117
　一、彩色玻璃 117
　二、玻璃马赛克 117
　三、花纹玻璃 118
　四、镭射玻璃 118

第六节　微晶玻璃 119
本章小结 119
思考与练习 120

第六章　金属装饰材料 122

第一节　金属装饰材料的基础知识 122
　一、金属装饰材料的种类 122
　二、金属装饰材料的用途 122

第二节　建筑装饰钢材及制品 123
　一、不锈钢及其制品 123
　二、彩色涂层钢板和彩色压型钢板 124
　三、轻钢龙骨与铁艺 126

第三节　建筑装饰铝及铝合金制品 128
　一、铝及铝合金的概念及特性 128
　二、铝及铝合金型材的加工和表面处理 129
　三、常用装饰用铝合金制品 130

第四节　建筑装饰铜及铜合金制品 131
　一、铜及铜合金的概念及特性 131
　二、铜合金制品 132

本章小结 132
思考与练习 132

第七章　建筑装饰木材 134

第一节　木材的基础知识 134
　一、木材的分类 134
　二、木材的构造 135

三、木材的力学性能 136

第二节　木地板 137
　一、实木地板 137
　二、实木复合地板 139
　三、强化木地板 141
　四、竹地板 142
　五、软木地板 143

第三节　人造板 143
　一、胶合板 143
　二、纤维板 144
　三、刨花板 145
　四、细木工板 146

第四节　木门、木花格及木装饰线条 146
　一、木门 146
　二、木花格 147
　三、木装饰线条 147

第五节　木材的防腐与防火 148
　一、木材的腐朽 148
　二、木材的防腐措施 149
　三、木材的防火 149

本章小结 149
思考与练习 150

第八章　建筑装饰涂料 151

第一节　涂料的基本知识 151
　一、涂料的组成 151
　二、涂料的作用 152
　三、涂料的分类 153

第二节　内墙涂料 154
　一、合成树脂乳液内墙涂料 154
　二、水溶性内墙涂料 155
　三、多彩花纹内墙涂料 156

  四、其他内墙涂料⋯⋯⋯⋯⋯⋯⋯⋯157

第三节　外墙涂料⋯⋯⋯⋯⋯⋯⋯⋯158
  一、溶剂型外墙涂料⋯⋯⋯⋯⋯⋯⋯158
  二、乳液型外墙涂料⋯⋯⋯⋯⋯⋯⋯159
  三、无机高分子外墙涂料⋯⋯⋯⋯⋯160

第四节　地面涂料⋯⋯⋯⋯⋯⋯⋯⋯160
  一、过氯乙烯地面涂料⋯⋯⋯⋯⋯⋯160
  二、聚氨酯—丙烯酸酯地面涂料⋯⋯161
  三、丙烯酸硅地面涂料⋯⋯⋯⋯⋯⋯161
  四、环氧树脂地面涂料⋯⋯⋯⋯⋯⋯161
  五、彩色聚氨酯地面涂料⋯⋯⋯⋯⋯161

第五节　功能性建筑涂料⋯⋯⋯⋯⋯161
  一、防水涂料⋯⋯⋯⋯⋯⋯⋯⋯⋯⋯161
  二、防火涂料⋯⋯⋯⋯⋯⋯⋯⋯⋯⋯162
  三、防腐涂料⋯⋯⋯⋯⋯⋯⋯⋯⋯⋯162

本章小结⋯⋯⋯⋯⋯⋯⋯⋯⋯⋯⋯⋯162
思考与练习⋯⋯⋯⋯⋯⋯⋯⋯⋯⋯⋯162

第九章　建筑装饰塑料⋯⋯⋯⋯⋯⋯164
第一节　塑料的基本知识⋯⋯⋯⋯⋯164
  一、塑料的组成⋯⋯⋯⋯⋯⋯⋯⋯⋯164
  二、塑料的分类⋯⋯⋯⋯⋯⋯⋯⋯⋯165
  三、塑料的特性⋯⋯⋯⋯⋯⋯⋯⋯⋯165

第二节　建筑装饰塑料板材⋯⋯⋯⋯166
  一、硬质PVC板⋯⋯⋯⋯⋯⋯⋯⋯⋯166
  二、玻璃钢板⋯⋯⋯⋯⋯⋯⋯⋯⋯⋯167
  三、铝塑板⋯⋯⋯⋯⋯⋯⋯⋯⋯⋯⋯168
  四、聚碳酸酯采光板⋯⋯⋯⋯⋯⋯⋯168
  五、三聚氰胺层压板⋯⋯⋯⋯⋯⋯⋯169

第三节　塑料地板⋯⋯⋯⋯⋯⋯⋯⋯169
  一、塑料地板的结构及分类⋯⋯⋯⋯169
  二、单色半硬质PVC地砖⋯⋯⋯⋯⋯170

  三、印花PVC地砖⋯⋯⋯⋯⋯⋯⋯⋯170
  四、软质PVC卷材地板⋯⋯⋯⋯⋯⋯171
  五、不发泡PVC印花卷材地板⋯⋯⋯171
  六、印花发泡PVC卷材地板⋯⋯⋯⋯171

第四节　塑料壁纸⋯⋯⋯⋯⋯⋯⋯⋯172
  一、塑料壁纸的特点⋯⋯⋯⋯⋯⋯⋯172
  二、塑料壁纸的分类⋯⋯⋯⋯⋯⋯⋯172
  三、塑料壁纸的规格、性能⋯⋯⋯⋯173

第五节　塑料门窗⋯⋯⋯⋯⋯⋯⋯⋯175
  一、塑料门窗的特点⋯⋯⋯⋯⋯⋯⋯175
  二、塑料门窗的品种⋯⋯⋯⋯⋯⋯⋯176

本章小结⋯⋯⋯⋯⋯⋯⋯⋯⋯⋯⋯⋯177
思考与练习⋯⋯⋯⋯⋯⋯⋯⋯⋯⋯⋯177

第十章　建筑装饰纤维织物及其制品⋯178
第一节　织物纤维的基本知识⋯⋯⋯178
  一、织物纤维的种类⋯⋯⋯⋯⋯⋯⋯178
  二、织物纤维的鉴别方法⋯⋯⋯⋯⋯179

第二节　地毯⋯⋯⋯⋯⋯⋯⋯⋯⋯⋯179
  一、地毯的分类⋯⋯⋯⋯⋯⋯⋯⋯⋯179
  二、地毯的主要技术性质⋯⋯⋯⋯⋯181
  三、纯毛地毯⋯⋯⋯⋯⋯⋯⋯⋯⋯⋯182
  四、化纤地毯⋯⋯⋯⋯⋯⋯⋯⋯⋯⋯182
  五、挂毯⋯⋯⋯⋯⋯⋯⋯⋯⋯⋯⋯⋯184

第三节　墙面装饰织物⋯⋯⋯⋯⋯⋯184
  一、壁纸⋯⋯⋯⋯⋯⋯⋯⋯⋯⋯⋯⋯184
  二、墙布⋯⋯⋯⋯⋯⋯⋯⋯⋯⋯⋯⋯185

第四节　窗帘装饰材料⋯⋯⋯⋯⋯⋯186
  一、窗帘的作用⋯⋯⋯⋯⋯⋯⋯⋯⋯186
  二、窗帘的分类⋯⋯⋯⋯⋯⋯⋯⋯⋯186
  三、窗帘的悬挂方式⋯⋯⋯⋯⋯⋯⋯187
  四、窗帘的选择⋯⋯⋯⋯⋯⋯⋯⋯⋯187

本章小结………………………………187
思考与练习……………………………188

第十一章　防水材料………………189
第一节　沥青…………………………189
一、石油沥青……………………………189
二、煤沥青………………………………192
三、改性沥青……………………………193
第二节　防水卷材……………………194
一、沥青防水卷材………………………194
二、高聚物改性沥青防水卷材…………195
三、合成高分子防水卷材………………198
第三节　防水涂料……………………200
一、沥青类防水涂料……………………200
二、合成高分子防水涂料………………201
三、高聚物改性沥青类防水涂料………202
四、聚合物水泥基防水涂料……………202
本章小结………………………………203
思考与练习……………………………203

第十二章　吸声材料与绝热材料……204
第一节　吸声材料……………………204
一、吸声材料的吸声原理………………204
二、影响材料吸声性能的因素…………205
三、常用吸声材料………………………205
四、常用吸声板材………………………206
第二节　绝热材料……………………207
一、传热原理与绝热材料的作用原理…207
二、绝热材料的性能……………………208
三、影响导热性能的主要因素…………208
四、常用绝热材料………………………209
本章小结………………………………211

思考与练习……………………………211

第十三章　新型节能、绿色环保材料………………………………212
第一节　概述…………………………212
一、建筑节能的意义……………………212
二、环保建材的概念及特征……………212
三、环保材料的分类……………………213
第二节　室内污染物简介及装饰材料选择…………………………213
一、污染物的种类和来源………………213
二、污染物的主要危害…………………214
三、装饰材料的选择……………………214
第三节　常见环保建筑装饰材料……214
一、矿棉吸声板…………………………214
二、木器漆………………………………215
三、M-Color柔性天花…………………215
四、泡沫玻璃……………………………215
第四节　新型节能、保温隔热建筑材料…………………………………215
一、板材保温隔热材料…………………216
二、聚氨酯保温材料……………………217
三、浆体保温材料………………………217
四、玻璃钢墙体保温板…………………217
本章小结………………………………218
思考与练习……………………………218

第十四章　建筑装饰材料试验………219
第一节　饰面石膏板试验……………219
一、试验设备及仪器……………………219
二、试验条件……………………………219
三、试样与试件…………………………219

四、试件的处理 ……………………… 220

第二节　天然饰面石材试验 …………… 223
 一、干燥、水饱和、冻融循环后压缩强度
  试验 …………………………… 223
 二、弯曲强度试验 ……………………… 224
 三、耐磨性试验 ………………………… 225
 四、镜面光泽度试验 …………………… 226

第三节　建筑陶瓷性能试验 ……………… 227
 一、陶瓷砖的平整度、边直度和直角度
  试验 …………………………… 227
 二、陶瓷砖的吸水率测试试验 ………… 228
 三、陶瓷地砖的耐磨性测定 …………… 229

第四节　建筑装饰玻璃性能试验 ………… 231
 一、平板玻璃测试试验 ………………… 231
 二、钢化玻璃性能试验 ………………… 233

第五节　建筑装饰涂料试验 ……………… 234
 一、涂料干燥时间测定试验 …………… 234
 二、涂料黏度测定试验 ………………… 234
 三、涂料细度测定试验 ………………… 235
 四、涂料的耐洗刷性试验 ……………… 236

本章小结 ……………………………………… 237
思考与练习 …………………………………… 237

参考文献 ……………………………………… 238

绪　　论

一、建筑装饰材料的地位及发展

现代建筑不仅要满足人们物质生活的需要，还应作为艺术品给人们创造舒适的环境。在建筑上，将依附于建筑体表面起装饰和美化环境作用的材料，称为建筑装饰材料，又称饰面材料，它是建筑装饰工程的物质基础。建筑装饰的总体效果和建筑装饰功能的实现，都是通过建筑装饰材料及其室内配套产品的质感、形体、图案、功能等体现出来的。

建筑装饰材料是集工艺、造型设计、美学于一体的材料，是依据一定的方法对建筑物进行美的设计和包装的原材料。建筑装饰性体现在很大程度上受到建筑装饰材料的制约，尤其受到材料的光泽、质地、质感、图案、花纹等装饰特性的影响。建筑与装饰材料的性能和质量直接影响着建筑物的安全性和耐久性。所以，建筑装饰材料必须具有足够的强度，以及与使用环境条件相适应的耐久性，才能使建筑物具有足够长的使用寿命，并尽量减少维修费用。

随着建筑装饰行业的快速发展，人们对建筑空间物质和精神需求的持续增长，现代装饰材料得以迅猛发展。目前，我国已成为全球最大的装饰材料生产和消费基地。近年来，国内外装饰装修材料总体发展趋势是：品种越来越多，门类更加齐全且力求配套，并向"健康、环保、安全、实用、美观"的方向发展。随着科学技术的进步和建材工业的发展，我国新型装饰材料将从品种上、规格上、档次上进入新的阶段，将来的发展方向应朝着功能化、复合化、系列化、部品化及智能化的方面发展。

（1）绿色环保。绿色环保、创造人性化空间，是当今及未来一段时间内人们对装饰装修的主要诉求。随着消费者的强烈要求及相关法规的推行和广大建材企业的不断努力，绿色环保装饰材料已成为人们在装饰装修过程中的首要选择。

绿色环保装饰材料主要可分为以下几种：

1）无毒无害型装饰材料。无毒无害型装饰材料是指天然的、没有或含有极少有毒有害物质，未经化学处理只进行了简单加工的装饰材料，如石膏制品、木材制品及某些天然石材等。

2）低排放型装饰材料。低排放型装饰材料是指通过加工合成等技术手段来控制有毒有害物质的积聚和缓慢释放，其毒性轻微，对人体健康不构成危害的装饰材料，如达到国家标准的胶合板、纤维板、大芯板等。

装饰材料绿色环保，也指建筑材料在制造、使用及废弃物处理过程中，对环境污染最小并有利于人类健康，如节能型屋面产品、节能型墙体产品等。

（2）复合型装饰材料渐成主流。如金属或镀金属复合装饰材料、复合装饰玻璃等成为颇具市场发展潜力的装饰用料。

（3）装饰材料成品与半成品，易于施工。建筑部分装饰材料从以原材料生产为主转向以加工制品化为主，现场直接安装即可。如橱柜、衣柜、玻璃门等都是工厂生产，现场安装。

（4）装饰材料智能化。应用高科技实现对材料及产品各种功能的可控可调。

另外，节约自然资源，节约能源；经久耐用，减少维护成本；轻质、高强，减轻建筑物质量也是建筑装饰材料发展的要素。

二、建筑装饰材料的分类

1. 按技术发展分类

(1)传统建筑材料——使用历史较长的材料,如砖、瓦、砂、石及作为三大材的水泥、钢材和木材等。

(2)新型建筑材料——相对于传统建筑材料而言,使用历史较短,尤其是新开发的建筑材料大都为新型建筑材料。

传统和新型的概念是相对的,随着时间的推移,原先被认为是新型建筑材料的,若干年后可能就不一定再被认为是新型建筑材料,而传统建筑材料也可能随着新技术的发展成为新型建筑材料。

2. 按主要性能分类

(1)结构性材料——主要是指用于构造建筑结构部分的承重材料,如水泥、集料(包括砂、石、轻集料等)、混凝土、混凝土外加剂、砂浆、砖和砌块等墙体材料、钢筋及各种建筑钢材、公路和市政工程中大量使用的沥青混凝土等,在建筑物中主要利用其具有的一定的力学性能。

(2)功效材料——主要是在建筑物中发挥其力学性能以外特长的材料,如防水材料、建筑涂料、绝热材料、防火材料、建筑玻璃、防腐涂料、金属或塑料管道材料等,它们赋予建筑物以必要的防水功能、装饰效果、保温隔热功能、防火功能、围护和采光功能、防腐蚀功能及给水排水等功能。这些材料的一项或多项功能使建筑物具有或改善了使用功能,产生了一定的装饰美观效果,也使人们希望生活在一个安全、耐久、舒适、美观的环境中的愿望得以实现。

3. 按化学性质分类

(1)无机材料——大部分使用历史较长的建筑材料属此类。无机材料又可分为金属材料和非金属材料。前者如钢筋及各种建筑钢材(属黑色金属)、有色金属(如铜及铜合金、铝及铝合金)及其制品;后者如水泥、集料(包括砂、石、轻集料等)、混凝土、砂浆、砖和砌块等墙体材料、玻璃等。

(2)有机高分子材料——建筑涂料(无机涂料除外)、建筑塑料、混凝土外加剂、泡沫聚苯乙烯和泡沫聚氨酯等绝热材料、薄层防火涂料等。

除上述分类外,还有利用不同性能和功能的材料复合而成的复合材料等。复合材料可以由无机材料和有机材料复合而成,也可由无机材料或都由有机材料制成,如钢筋混凝土。

4. 按工程项目分类

(1)建筑主体材料——建造建筑物主体时所使用的材料,包括水泥及水泥制品、砖、瓦、混凝土、混凝土预制构件、砌块、墙体保温材料、工业废渣、掺工业废渣的建筑材料及各种新型墙体材料等。

(2)装修材料——建筑物室内外饰面用的建筑材料,包括花岗石、建筑陶瓷、石膏制品、吊顶材料、粉刷材料及其他新型饰面材料等。

三、装饰材料选择原则

1. 满足使用功能的原则

在选用装饰材料时,首先应满足与环境相适应的使用功能。例如,外墙应选用耐候性好、不易褪色、耐污性好的材料,地面应选用耐磨性好的材料,而厨房、卫生间应选用耐污性、防水性好的材料。

2. 满足装饰效果的原则

装饰材料的色彩、光泽、质感和花纹图案等性质都影响装饰效果，在选用时应最大限度地发挥各种装饰材料的装饰效果。例如，装饰材料的色彩对装饰效果的影响非常明显，在选用材料时，应当根据设计风格和使用功能合理选择色彩，如儿童房应选用活泼的色彩，以适应儿童天真活泼和充满想象力的特点。

3. 考虑地区特点的原则

建筑物所处的地区与建筑装饰材料的选用有极大的关系。首先，地区的气象条件，如温度、湿度的变化等都会影响建筑装饰材料的选择，如南方住宅常采用陶瓷地砖铺设，清洁、凉爽、美观，北方寒冷地区选用有一定保温隔热性的木地板较为合适；风力的大小影响到室外饰面材料的选择；地理位置所造成的太阳高度角的变化，影响到墙面材料的色彩选用和塑料饰品的老化等。其次，地区的风俗习惯和建筑特点也对室内外装饰材料的选择产生影响。总之，对一个特定地区在装饰方面的习惯用材及气象特点应给予高度重视，在装饰设计和选用材料时要认真借鉴考虑。

4. 安全性原则

在选用装饰材料时，要妥善处理好安全性的问题，应优先使用绿色环保材料，优先使用不燃或难燃的安全材料，优先使用无辐射、无有毒气体挥发的材料，优先使用施工和使用上都安全的材料，努力创造一个安全、健康的生活和工作环境。

5. 经济性原则

装饰工程的造价往往在整个建筑工程总造价中占有很高的比重，一般为50%以上，而对于酒店等装饰效果要求很高的工程，这个比重更是高达80%以上。因此，装饰材料的选择必须考虑其经济性。这就要求在不影响使用功能和装饰效果的前提下，尽量就地取材，避免材料的长途运输，尽量选择质优价廉的材料，选择工效高、安装简便的材料，选择耐久性高的材料；与此同时，不但要考虑装饰工程的一次性投资，也要考虑其维修费用和环保效应，以保证总体上的经济性。

四、本课程学习目的与方法

本课程是建筑装饰专业的一门专业课，目的是使学生掌握有关建筑装饰材料的基本理论和基本知识，为后续课程的学习打下一定的基础。

建筑与装饰材料的种类繁多，各类材料的知识既有联系又有很强的独立性。本课程还涉及化学、物理、应用等方面的基本知识，因此，要掌握好理论学习和实践认识两者之间的关系。学生要注意将所学的理论知识落实在材料的检测、验收、选用等实践操作技能上。学习理论的同时，在教师的指导下，随时到工地或实验室穿插进行材料的认知实习，并完成课程所要求的材料试验，从而高质量地完成本课程的学习。

在理论学习方面，要重点掌握材料的组成、技术性质和特征，外界因素对材料性质的影响和材料应用的原则，对各种材料都应遵循这一主线来学习。理论是基础，只有牢固掌握基础理论知识，才能应对材料科学的不断发展，并在实践中加以灵活应用。

第一章　建筑装饰材料的基本性质

知识目标

1. 掌握材料与质量有关的性质，材料与水有关的性质，材料与热有关的性质。
2. 熟悉材料的力学性能指标，即强度、弹性、塑性、脆性与韧性、硬度与耐磨性的概念及计算。
3. 了解材料的功能性指标，即吸声性、隔声性及影响因素；了解建筑材料的装饰性能。

能力目标

能够进行材料物理性能的参数计算，具备进行密度、孔隙率、吸水率、导热性、热容量等有关参数计算的能力。

第一节　建筑装饰材料的物理性质

一、材料与质量有关的性质

1. 密度

(1) 密度。密度是指材料在绝对密实状态下，单位体积的质量。其计算公式为

$$\rho = \frac{m}{V} \tag{1-1}$$

式中　ρ——密度(g/cm^3 或 kg/m^3)；

　　　m——干燥材料的质量(g 或 kg)；

　　　V——材料在绝对密实状态下的体积(cm^3 或 m^3)。

材料在绝对密实状态下的体积是指不包括孔隙在内的体积。通常认为，钢材、玻璃等少数材料是密实的，但绝大多数材料内部都存在一些孔隙。在测定有孔隙的材料密度时，应将材料磨细成粉，干燥后，用密度瓶（李氏瓶）测定其体积。

(2) 表观密度。表观密度又称实密度，是指在规定的温度下，材料的视体积（包括实体积和孔隙体积）的单位质量，即材料在自然状态下单位体积的质量，常用单位为 kg/m^3。其计算公式为

$$\rho_0 = \frac{m}{V_0} \tag{1-2}$$

式中　ρ_0——表观密度(g/cm^3 或 kg/m^3)；

　　　m——材料的质量(g 或 kg)；

　　　V_0——材料在自然状态下的体积(kg 或 m^3)。

材料在自然状态下的体积，若只包括孔隙在内而不含有水分，则此时计算出来的表观密度

称为干表观密度;若既包括材料内的孔隙,又包括孔隙内所含的水分,则计算出来的表观密度称为湿表观密度。

(3)堆积密度。堆积密度一般是指砂、碎石等的质量与堆积的实际体积的比值,粉状或颗粒状材料在堆积状态下单位体积的质量。其计算公式为

$$\rho_0' = \frac{m}{V_0'} \tag{1-3}$$

式中 ρ_0'——堆积密度(kg/m^3);
　　m——材料的质量(kg);
　　V_0'——材料的堆积体积(m^3)。

材料在自然状态下,堆积体积包括材料的表观体积和颗粒(纤维)之间的空隙体积,数值的大小与材料颗粒(纤维)的表观密度和堆积的密实程度有直接关系,同时受材料的含水状态影响。

2. 密实度与孔隙率

(1)密实度。密实度是指材料体积内被固体物质充实的程度,也就是固体物质的体积占总体积的比例,用 D 表示。其计算公式为

$$D = \frac{V}{V_0} \tag{1-4}$$

式中 D——材料的密实度,常以百分数表示。

因为 $\rho = \frac{m}{V}$,$\rho_0 = \frac{m}{V_0}$,所以 $V = \frac{m}{\rho}$,$V_0 = \frac{m}{\rho_0}$。

凡具有孔隙的固体材料,其密实度都小于1。材料的密度与表观密度越接近,材料就越密实。材料的密实度大小与其强度、耐水性和导热性等很多性质有关。

(2)孔隙率。孔隙率是指在材料体积内,孔隙体积所占的比例,以 P 表示。其计算公式为

$$P = \frac{V_0 - V}{V_0} = 1 - \frac{V}{V_0} = 1 - \frac{\rho_0}{\rho} = 1 - D \tag{1-5}$$

式中 P——材料的孔隙率,以百分数表示。

材料的密实度和孔隙率之和等于1,即 $D + P = 1$。

材料的孔隙率大,则表明材料的密实程度小。材料的许多性质如表观密度、强度、透水性、抗渗性、抗冻性、导热性和耐蚀性等,除与孔隙率的大小有关外,还与孔隙的构造特征有关。所谓孔隙的构造特征,主要是指孔的大小和形状。孔隙依大小可分为粗孔和微孔两类;依孔的形状可分为开口孔隙和封闭孔隙两类。一般均匀分布的微小孔隙较开口或相互连通的孔隙对材料性质的影响小。

3. 填充率与空隙率

(1)填充率。填充率是指颗粒材料或粉状材料的堆积体积内,被颗粒所填充的程度,用 D' 表示。其计算公式为

$$D' = \frac{V_0' - V_0}{V_0'} \times 100\% = \left(1 - \frac{\rho_0'}{\rho_0}\right) \times 100\% \tag{1-6}$$

(2)空隙率。空隙率是指材料在松散或紧密状态下的空隙体积占总体积的百分率,用 P' 表示。空隙率越高,表观密度越低。其计算公式为

$$P' = \frac{V_0}{V_0'} \times 100\% = \frac{\rho_0'}{\rho_0} \times 100\% \tag{1-7}$$

材料空隙率大小表明材料中颗粒之间相互填充的密实程度,计算混凝土集料的级配和砂率时常以空隙率为计算依据。

材料的填充率和空隙率之和等于1,即 $D' + P' = 1$。

二、材料与水有关的性质

1. 亲水性与憎水性

(1)亲水性。材料与水接触时能被水润湿的性质称为亲水性。具备这种性质的材料称为亲水性材料。大多数建筑材料如砖、混凝土、木材、砂、石等都属于亲水性材料。

(2)憎水性。材料与水接触时不能被水润湿的性质称为憎水性。具备这种性质的材料称为憎水性材料,如沥青、石蜡、塑料等。憎水性材料常用作防水、防潮、防腐材料,也可用于亲水性材料的表面处理,以降低其吸水性,提高其耐水性。

2. 吸水性

材料在水中吸收水分的性质称为吸水性。吸水性的大小用吸水率表示,吸水率有质量吸水率和体积吸水率两种表示方法。

(1)质量吸水率。质量吸水率是指材料在吸水饱和时,所吸收水分的质量占材料干燥质量的百分率。其计算公式如下:

$$W = \frac{m_1 - m}{m} \times 100\% \tag{1-8}$$

式中 W——材料的质量吸水率(%);

m——材料质量(干燥)(g);

m_1——材料吸水饱和后的质量(g)。

(2)体积吸水率。体积吸水率是指材料在吸水饱和时,所吸收水分的体积占材料自然状态体积的百分率。其计算公式为

$$W_0 = \frac{m_1 - m}{V_0 \rho_{水}} \times 100\% \tag{1-9}$$

式中 W_0——材料的体积吸水率(%);

V_0——材料在自然状态下的体积(cm^3);

$\rho_{水}$——水的密度(g/cm^3),通常取 1 g/cm^3。

材料吸水性的大小主要取决于材料孔隙率和孔隙特征。一般孔隙率越大,吸水性越强。在孔隙率相同的情况下,具有细小连通孔的材料比具有较多粗大开口孔隙或闭口孔隙的材料吸水性更强。这是由于闭口孔隙水分不能进入,而粗大、开口孔隙或闭口孔隙的材料吸水性更强。因此,在相同孔隙率的情况下,材料内部的封闭孔隙、粗大孔隙越多,吸水率越小;材料内部的细小孔隙、连通孔隙越多,吸水率越大。

在建筑材料中,多数情况下采用质量吸水率来表示材料的吸水性。各种材料由于孔隙率和孔隙特征的不同,质量吸水率相差很大,例如,烧结普通砖为8%～20%;普通混凝土为2%～3%;花岗石等致密岩石为0.5%～0.7%;而木材及其他轻质材料甚至高达100%。水分的吸入给材料带来一些不良的影响,使材料的许多性质发生改变,如体积膨胀、保温性能下降、强度降低、抗冻性变差等。

3. 吸湿性

材料在潮湿的空气中吸收空气中水分的性质称为吸湿性,该性质可用材料的含水率表示。其计算公式为

$$W_{含} = \frac{m_{含} - m_{干}}{m_{干}} \times 100\% \tag{1-10}$$

式中 $W_{含}$——材料的含水率(%);

$m_{含}$——材料含水时的质量(kg);

$m_干$——材料烘干到恒重时的质量(kg)。

材料吸湿性的大小取决于材料本身的化学成分和内部构造,并与环境空气的相对湿度和温度有关。一般来说,总表面积较大的颗粒材料及开口相互连通的孔隙率较大的材料,吸湿性较强,环境的空气相对湿度越高,温度越低时其含水率越大。

材料可以从湿润空气中吸收水分,也可以向干燥空气中扩散水分,最终使自身的含水率与周围空气湿度持平,此时材料的含水率称为平衡含水率。

4. 耐水性

材料长期在饱和水作用下不被破坏,强度也不显著降低的性质称为耐水性。材料耐水性的大小用软化系数表示。软化系数计算公式为

$$K_R = f_1/f_0 \tag{1-11}$$

式中 K_R——材料的软化系数;

f_0——材料在干燥状态下的强度;

f_1——材料在吸水饱和状态下的强度。

软化系数一般在0~1波动,其值越小,说明材料吸水饱和后的强度降低越多,材料耐水性就越差。通常,将软化系数大于0.85的材料称为耐水材料,对于经常处于水中或处于潮湿环境中的重要结构,所选用的材料要求其软化系数不得低于0.85;对于受潮较轻或次要结构所用的材料,软化系数也不宜小于0.75;对于干燥环境中的材料可以不考虑软化系数。

5. 抗冻性

材料在多次冻融循环作用下不被破坏,强度也不显著降低的性质称为抗冻性。

材料在吸水饱和后,从-15℃冷冻到20℃融化称作经受一个冻融循环作用。材料在多次冻融循环作用后表面将出现开裂、剥落等现象,且将有质量损失,与此同时,其强度也将有所下降。因此,严寒地区选用材料,尤其是在冬季气温低于-15℃的地区,一定要对所用材料进行抗冻试验。

材料抗冻性能的好坏与材料的构造特征、含水率和强度等因素有关。通常情况下,密实的并具有封闭孔的材料,其抗冻性较好;强度高,抗冻性较好;材料的含水率越高,冰冻破坏作用也越显著;材料受到冻融循环作用次数越多,所遭受的损害也越严重。

材料的抗冻性常用抗冻等级表示,即抵抗冻融循环次数的多少,如混凝土的抗冻等级有F50、F100、F150、F200、F250和F300等。

6. 抗渗性

抗渗性是指材料在压力水作用下抵抗水渗透的性能。材料的抗渗性用渗透系数表示。渗透系数的计算公式为

$$K = \frac{Qd}{AtH} \tag{1-12}$$

式中 K——渗透系数[$cm^3/(cm^2 \cdot h)$];

Q——渗水量(cm^3);

A——渗水面积(cm^2);

d——试件厚度(cm);

H——静水压力水头(cm);

t——渗水时间(h)。

抗渗性的另一种表示方法是试件能承受逐步增高的最大水压而不渗透的能力,通称材料的抗渗等级,如P4、P6、P8、P10等,表示试件能承受逐步增高至0.4 MPa、0.6 MPa、0.8 MPa、1.0 MPa等水压而不渗透。

三、材料与热有关的性质

1. 导热性

热量由材料的一面传至另一面的性质称为导热性，用传热系数 λ 表示。

材料的传热能力主要与传热面积、传热时间、传热材料两面温度差及材料的厚度、自身的传热系数大小等因素有关，可按下式计算：

$$Q = \frac{At(T_2 - T_1)}{d}\lambda \tag{1-13}$$

$$\lambda = \frac{Qd}{At(T_2 - T_1)} \tag{1-14}$$

式中 λ——材料的传热系数[W/(m·K)]；

Q——材料传导的热量(J)；

d——材料的厚度(m)；

A——材料导热面积(m^2)；

t——材料传热时间(s)；

$T_2 - T_1$——传热材料两面的温度差(K)。

传热系数是评定材料绝热性能的重要指标。材料的传热系数越小，则材料的绝热性能越好。

传热系数的大小受材料本身的结构，表观密度，构造特征，环境的温度、湿度及热流方向的影响。一般情况下，金属材料的传热系数最大，无机非金属材料次之，有机材料最小。当成分相同时，密实性大的材料，传热系数大；当孔隙率相同时，具有微孔或封闭孔构造的材料，传热系数小。另外，材料处于高温状态要比常温状态时的传热系数大，材料含水后，其传热系数会明显增大。

2. 热容量

材料在受热时吸收热量、冷却时放出热量的性质称为材料的热容量。单位质量材料温度升高或降低1K所吸收或放出的热量称为热容量系数或比热。比热的计算公式为

$$c = \frac{Q}{m(t_2 - t_1)} \tag{1-15}$$

式中 c——材料的比热[J/(g·K)]；

Q——材料吸收或放出的热量(J)；

m——材料质量(g)；

$t_2 - t_1$——材料受热或冷却前后的温差(K)。

3. 温度变形性

材料的温度变形性是指温度升高(降低)时材料的体积变化。绝大多数建筑材料在温度升高时体积膨胀，温度下降时体积收缩。这种变化表现在单向尺寸时，为线膨胀或线收缩。材料的单向线膨胀量或线收缩量的计算公式为

$$\Delta L = (T_2 - T_1)\alpha L \tag{1-16}$$

式中 ΔL——线膨胀或线收缩量(mm或cm)；

$T_2 - T_1$——材料升温或降温前后的温度差(K)；

α——材料在常温下的平均线膨胀系数(1/K)；

L——材料原来的长度(mm或cm)。

线膨胀系数越大，表明材料的温度变形性越大。在建筑工程中，对材料的温度变形往往只

考虑某一单向尺寸的变化,因此,研究材料的线膨胀系数具有重要的意义。材料的线膨胀系数与材料的组成和结构有关,常选择合适的材料来满足工程对温度变形的要求。在大面积或大体积混凝土工程中,为防止材料温度变形引起裂缝,常设置伸缩缝。

第二节 建筑装饰材料的力学性质

当材料受到外力作用时都会出现不同程度的变形,当外力超过一定限度时,材料将产生破坏。材料的力学性能,就是指材料在外力(荷载)作用下,抵抗破坏和变形的能力。

一、材料的强度

1. 强度

材料的强度是指材料在外力作用下抵抗破坏的能力。其值是以材料受到外力破坏时单位面积上所承受的力表示。其计算公式为

$$f=\frac{F}{A} \tag{1-17}$$

式中 f——抗拉、抗压、抗剪强度(MPa);
F——材料受拉、压、剪破坏时的荷载(N);
A——材料的受力面积(mm^2)。

建筑材料受外力作用时,内部就会产生应力。当外力增加,其应力也会相应增大,直至材料内部质点之间结合力不足以抵抗其所承受的外力时,材料即发生破坏,此时的应力值就是材料的强度,也称极限强度。根据外力作用方式的不同,材料的强度有抗拉、抗压、抗剪、抗弯(抗折)强度等,如图 1-1 所示。

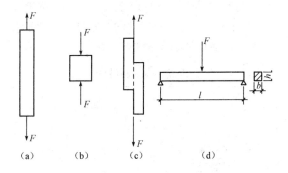

图 1-1 材料承受各种外力示意
(a)抗拉;(b)抗压;(c)抗剪;(d)抗弯

这些强度一般是通过静力试验来测定的,因而总称为静力强度。静力强度的分类和计算公式见表 1-1。

大部分建筑材料,根据极限强度的大小,可划分为若干不同的强度等级。如混凝土按抗压强度可分为 C10、C15、C20、C25、…、C85、C90、C95、C100 等强度等级,普通硅酸盐水泥按抗压强度分为 32.5、…、62.5 等强度等级。将建筑材料划分为若干强度等级,对掌握材料性能、合理选用材料、正确进行设计和控制工程质量是十分必要的。

表 1-1 静力强度分类和计算公式

强度类别	举例	计算公式	附注
抗压强度 f_c/MPa		$f_c = \dfrac{F}{A}$	
抗拉强度 f_t/MPa		$f_t = \dfrac{F}{A}$	F——破坏荷载(N); A——受荷面积(mm^2); l——跨度(mm); b——断面宽度(mm); h——断面高度(mm)
抗剪强度 f_v/MPa		$f_v = \dfrac{F}{A}$	
抗弯强度 f_{tm}/MPa		$f_{tm} = \dfrac{3Fl}{2bh^2}$	

材料的强度与材料本身的组成、结构和构造等有很大关系。组成、结构不同,材料的强度也不同;同一种材料,即使组成相同,如果构造不同,材料的强度也有很大差异。材料内部的孔隙率对材料强度的影响很大,孔隙率越大,材料强度越低。如混凝土内部孔隙每增加1%,强度相应地要降低3%~5%。砖、石、混凝土材料的抗压强度较抗拉强度高得多,木材顺纹的抗拉强度则高于抗压强度。常见建筑材料的强度见表1-2。另外,材料的强度还受到试验条件的影响。如试件的取样或制作方法,试件的形状和尺寸,试件的含水状态、表面状态,试验时的加荷速度,试验时环境温度、湿度,以及试验数据的统计方法等均在不同程度上影响材料强度值的大小。

表 1-2 常见建筑材料的强度   MPa

材料	抗压	抗拉	抗折
花岗石	100~250	5~8	10~14
普通混凝土	5~60	1~9	—
轻集料混凝土	5~50	0.4~2	—
松木(顺纹)	30~50	80~120	60~100
钢材	240~1 500	240~1 500	—

2. 比强度

比强度是指材料强度与其表观密度之比,即 $\dfrac{f_c}{\rho_0}$。结构材料在土木工程中的主要作用就是承受结构荷载,对大部分建(构)筑物来说,相当一部分承载能力用于承受材料本身的自重,因此,欲提高结构材料承受外荷载的能力,一方面应提高材料的强度;另一方面应减轻材料本身的自重,这就要求材料应具备轻质高强的特点。

反映材料轻质高强的力学参数是比强度。比强度是指按单位体积质量计算的材料强度,即材料的强度与其表观密度之比$\left(\dfrac{f_c}{\rho_0}\right)$。在高层建筑及大跨度结构工程中常采用比强度较高的材料。这类轻质高强的材料,也是未来土木建筑材料发展的主要方向。几种常用材料的比强度见表 1-3,表中数值表明,松木较为轻质高强,而烧结普通砖的比强度值最小。

表 1-3　集中常用材料的比强度

材料名称	表观密度/(kg·m^{-3})	强度值/MPa	比强度
低碳钢	7 800	235	0.030 1
松木	500	34	0.068 0
普通混凝土	2 400	30	0.012 5
烧结普通砖	1 700	10	0.005 9

二、材料的弹性、塑性、脆性与韧性

1. 材料的弹性

材料在外力作用下产生变形,外力去除后,变形消失,材料恢复原有形状的性能称为弹性。荷载与变形之比,或应力与应变之比,称为材料的弹性模量。在弹性变形范围内,弹性模量 E 为常数,其值等于应力与应变的比值,即

$$E=\dfrac{\sigma}{\varepsilon} \tag{1-18}$$

式中　σ——材料的应力(MPa);
　　　ε——材料的应变;
　　　E——材料的弹性模量(MPa)。

2. 材料的塑性

材料在外力作用下产生变形,外力去掉后,变形不能完全恢复并且材料也不立即破坏的性质,称为塑性。材料的塑性是以材料的抗拉强度值来划分的。

3. 材料的脆性

当外力作用达到一定限度后,材料突然破坏且破坏时无明显的塑性变形的性质称为脆性。具有这种性质的材料称为脆性材料,如混凝土、砖、石材、陶瓷、玻璃等。一般情况下,脆性材料的抗压强度很高,但抗拉强度较低,抵抗冲击荷载和振动作用的能力较差。

4. 材料的韧性

材料在冲击或振动荷载作用下,能产生较大的变形而不致破坏的性质称为韧性。具有这种性质的材料称为韧性材料,如建筑钢材、木材、橡胶、沥青等。韧性材料的特点是塑性变形大,受力时产生的抗拉强度接近或高于抗压强度。其适用于桥梁、起重机梁等承受冲击荷载的结构和有抗震要求的结构。

韧性以试件破坏时单位面积所消耗的功表示,计算公式为

$$a_k=\dfrac{W_k}{A} \tag{1-19}$$

式中　a_k——材料的韧性(J/mm^2);
　　　W_k——试件破坏时所消耗的功(J);
　　　A——试件净截面面积(mm^2)。

三、材料的硬度、耐磨性与耐久性

1. 硬度

硬度是指材料表面耐较硬物体刻划或压入而产生塑性变形的能力。木材、金属等韧性材料的硬度，往往采用压入法来测定。

采用压入法测定硬度的指标有布氏硬度和洛氏硬度。其等于压入荷载值除以压痕的面积或密度。而陶瓷、玻璃等脆性材料的硬度往往采用刻划法来测定，其称为莫氏硬度，根据刻划矿物（滑石、石膏、磷灰石、正长石、硫铁矿、黄玉、金刚石等）的不同分为十级。

2. 耐磨性

耐磨性是指材料表面抵抗磨损的能力，用磨损率表示。其等于试件在标准试验条件下磨损前后的质量差与试件受磨表面积之商。磨损率越大，材料的耐磨性越差。

3. 耐久性

材料的耐久性是指材料在长期使用环境中，在多种破坏因素作用下保持原有性能不被破坏的能力。

材料的耐久性是一项综合性质，包括抗冻性、抗渗性、抗风化性、耐磨性、大气稳定性、耐化学侵蚀性、强度等。因此，无法用一个统一的指标去衡量所有材料的耐久性，应根据材料的种类和建筑物所处的环境条件提出不同耐久性的要求，如水泥的腐蚀、钢筋的锈蚀作用。机械作用包括荷载的持续作用，交变荷载引起的材料疲劳破坏、冲击、磨损、磨耗等。生物作用是指菌类、昆虫的侵害作用，如白蚁对建筑物的破坏、木材的腐蚀等。因而，材料的耐久性实际上是衡量材料在上述多种作用之下能够长久保持原有的性能，从而保证建筑物安全正常使用的性质。

在实际工程中，材料往往受到多种破坏因素的同时作用。材料品质不同，其耐久性的内容各有不同。金属材料常由化学和电化学作用引起腐蚀、破坏，其耐久性主要指标是耐蚀性；无机非金属材料（如石材、砖、混凝土等）常因化学作用、溶解、冻融、风蚀、温差、湿差、摩擦等某些因素或综合因素共同作用，其耐久性指标主要包括抗冻性、抗风化性、抗渗性、耐磨性等方面的要求；有机材料常因生物作用，光、热、电作用而被破坏，其耐久性包含抗老化性、耐蚀性指标。

材料的耐久性直接影响建筑物的安全性和经济性，提高材料的耐久性首先应根据工程的重要性、所处的环境合理选择材料，并采取相应的措施，如提高材料密实度等，以增强材料对外界作用的抵抗能力或采取表面保护措施使主体材料与腐蚀环境隔离，甚至可以从改善环境条件入手减轻对材料的破坏。

在实际工程中，由于各种原因，建筑材料常会因耐久性不足而过早破坏，因此，耐久性是建筑材料的一项重要技术性质。只有深入了解并掌握建筑材料耐久性的本质，从材料、设计、施工、使用各方面共同努力，才能保证材料和结构的耐久性，延长建筑物的使用寿命。

第三节　建筑装饰材料的声学性质

一、吸声性

当声波传播到材料表面时，一部分被反射，另一部分穿透材料，还有一部分则传递给材料。对于含有大量开口孔隙的多孔材料，传递给材料的声能在材料的孔隙中引起空气分子与孔壁的摩擦等作用，使相当一部分的声能转化为热能而被吸收或消耗掉；对于含有大量封闭孔隙的柔性多孔材料，在空气振动的作用下，孔壁也产生振动，使声能在振动时因克服内部摩擦而被消耗掉。声能穿透材料和被材料消耗的性质称为材料的吸声性，用吸声系数（吸收声功率与入射声功率之比）表示。

吸声系数越大，材料的吸声性越好。吸声系数与声音的频率和入射方向有关。因此，吸声系数用声音从各个方向入射的吸收平均值来表示，并指出是某一频率下的吸收值。通常使用的六个频率为 125 Hz、250 Hz、500 Hz、1 000 Hz、2 000 Hz 和 4 000 Hz。

一般将上述 6 个频率的平均吸声系数 $\alpha \geqslant 0.20$ 的材料称为吸声材料。

最常用的吸声材料大多为多孔材料。影响材料吸声效果的主要因素如下：

(1)材料的孔隙率和体积密度。对同一吸声材料，孔隙率越低或体积密度越小，则对低频声音的吸收效果越好，而对高频声音的吸收效果越差。

(2)材料的孔隙特征。开口孔隙越多、越细小，则吸声效果越好。当材料中的孔隙大部分为封闭的孔隙时，因空气不能进入，则不属于多孔吸声材料。当在多孔吸声材料的表面涂刷能形成致密层的涂料（如油漆）或吸声材料吸湿时，由于表面的开口孔隙被涂料膜层或水所封闭，吸声效果大大降低。

(3)材料的厚度。增加多孔材料的厚度，可提高对低频声音的吸收效果，而对高频声音则没有多大影响。

二、隔声性

声波在建筑结构中的传播主要是通过空气和固体来实现的，因而，隔声可分为隔空气声和隔固体声。

(1)隔空气声。透射声功率与入射声功率的比值称为声透射系数，用 τ 表示，该值越大则材料的隔声性能越差。材料的隔声能力用隔声量 $R\left(R=10 \lg \dfrac{1}{\tau}\right)$ 来表示，单位为 dB。

与声透射系数 τ 相反，隔声量越大，材料的隔声性能越好。

对于均质材料，单位面积的质量越大或体积密度越大，隔声效果越好。轻质材料的质量较小，隔声性能较密实材料差。

(2)隔固体声。固体声是由于振源撞击引起固体材料受迫振动而发声，并向四周辐射声能。固体声在传播过程中，声能的衰减极少。弹性材料如地毯、木板、橡胶片等具有较高的隔固体声的能力。

第四节　建筑装饰材料的装饰性能

建筑装饰材料是指用于建筑物内、外墙面，柱面，地面及顶棚等处的饰面材料，主要起装饰作用、保护作用和其他特殊作用（如绝热、防潮、防火、吸声、隔热等），而装饰效果取决于装饰材料的色彩、质感和线型。

1. 色彩

色彩是构成建筑物外观乃至影响周围环境的重要因素。一般以白色为主的立面色调，常给人以明快、清新的感觉；以深色为主的立面，则显得端庄、稳重。在室内看到红色、橙色、黄色等暖色，使人感到热烈、兴奋、温暖；看到绿色、蓝色、紫罗兰色等冷色，使人感到宁静、幽雅、清凉。由于生活条件、气候条件及传统习惯等因素不同，人们对色彩的感觉也不同。

2. 质感

质感是材料表面的粗细、软硬程度、凹凸不平、纹理构造、花纹图案、明暗色差等给人的一种综合感觉。如粗糙的混凝土或砖的表面，显得较为厚重、粗犷；平滑、细腻的玻璃和铝合金表面，显得较为轻巧、活泼。质感与材料的材质特性、表面的加工程度、施工方法，以及建筑物的形体、立面风格等有关。

3. 线型

线型主要是指立面装饰的分格缝和凹凸线条构成的装饰效果。如抹灰、水刷石、干粘石、天然石材等均应分格或分缝，既可获得不同的立面效果，又可防止开裂。分格缝的大小应与材料相配合，一般缝宽以 10～30 mm 为宜，而分块大小不同，装饰效果也不同。

本章小结

建筑材料是集物理功能和艺术感知于一体的界面表现介质，它是建筑装饰工程的重要物质基础。建筑装饰空间的整体效果和建筑装饰功能的实现，在很大程度上受到建筑装饰材料的制约，尤其受到装饰材料的质感、色彩、肌理及纹样等装饰材料特性的影响。本章主要介绍建筑装饰材料的物理性质、力学性质及与声学有关的性质等。

思考与练习

一、判断题

1. 堆积密度是指材料在规定的温度下，材料的视体积(包括实体积和孔隙体积)的单位质量，即材料在自然状态下单位体积的质量。（　）
2. 材料的孔隙率大，则表明材料的密实程度小。（　）
3. 材料的传热能力与材料的构造特征、含水率和强度等因素有关。（　）
4. 材料吸水性的大小，主要取决于材料孔隙率和孔隙特征。一般孔隙率越大，吸水性越强。（　）
5. 材料的传热系数越小，则材料的绝热性能越差。（　）
6. 材料在冲击或振动荷载作用下，能产生较大的变形而不致破坏的性质称为塑性。（　）
7. 对于均质材料，单位面积的质量越大或体积密度越大，隔声效果越好。（　）

二、填空题

1. _____是指材料在绝对密实状态下，单位体积的质量。
2. 材料与水接触时能被水润湿的性质称为_____；材料与水接触时不能被水润湿的性质称为_____。
3. 吸水性的大小用吸水率表示，吸水率有_____和_____两种表示方法。
4. 材料长期在饱和水作用下不被破坏，强度也不显著降低的性质称为_____。
5. 荷载与变形之比，或应力与应变之比，称为材料的_____。
6. 材料在外力作用下产生变形，外力去掉后，变形不能完全恢复并且材料也不立即破坏的性质，称为_____。
7. 磨损率越大，材料的耐磨性越_____。
8. 声波在建筑结构中的传播主要是通过空气和固体来实现的，因而隔声可分为_____

和_____。

三、简答题

1. 什么是空隙率？空隙率如何计算？其大小与什么有关？
2. 什么是材料在水中吸收水分的性质？材料吸水性的大小与什么有关？
3. 什么是材料的抗冻性？抗冻性的好坏与什么有关？材料的抗冻性如何表示？
4. 建筑装饰材料力学性质有哪些？
5. 影响材料吸声效果的主要因素有哪些？
6. 什么是装饰材料？其主要作用是什么？装饰效果取决于哪些？

四、计算题

1. 某材料的密度为 $3.60\ g/cm^3$，干燥表观密度为 $1\ 600\ g/cm^3$，现将质量为 $954\ g$ 的该材料浸入水中，吸水饱和时的质量为 $1\ 086\ g$。求该材料的孔隙率及吸水率。

2. 某岩石在气干、绝干、水饱和状态下测得的抗压强度分别为 $172\ MPa$、$178\ MPa$、$168\ MPa$。该岩石可否用于水下工程？

第二章　胶凝材料与胶粘剂

知识目标

1. 熟悉建筑石膏的生产、水化与凝结硬化；了解石膏的分类与标记、建筑石膏的技术要求。
2. 熟悉嵌装式装饰石膏板、普通纸面石膏板、吸声用穿孔石膏板等的分类与规费、技术要求及应用等。
3. 了解硅酸盐水泥定义与代号；熟悉硅酸盐水泥熟料，水泥的应用、运输与储存；掌握硅酸盐水泥的性质。
4. 了解白色硅酸盐水泥、彩色硅酸盐水泥的定义；熟悉白色硅酸盐水泥、彩色硅酸盐水泥的生产、应用；掌握白色硅酸盐水泥、彩色硅酸盐水泥的技术要求。
5. 了解混凝土的分类；熟悉混凝土的组成材料，混凝土配合比设计；掌握混凝土的技术性质。
6. 了解装饰砂浆的组成材料；熟悉砂浆配合比设计、灰浆类砂浆饰面、石碴类砂浆饰面；掌握砂浆的技术性质。
7. 了解胶粘剂的组成、分类；熟悉常用的胶粘剂的品种；掌握胶粘剂的选用原则。

能力目标

1. 能够正确地选用建筑石膏、装饰石膏及石膏制品。
2. 能根据水泥性能选择水泥品种；能够正确进行白色硅酸盐水泥、彩色硅酸盐水泥的选型。
3. 能根据要求拌制不同性能的混凝土及砂浆；能够进行装饰混凝土及砂浆的饰面设计与应用。

胶凝材料又称胶结料，是指在物理、化学作用下，能从浆体变成坚固的石桩体，并能胶结其他物料，制成有一定强度复合固体的物质。胶凝材料按其化学组成，可分为有机胶凝材料（如树脂等）与无机胶凝材料（如石灰、水泥等）。无机胶凝材料根据硬化条件可分为气硬性胶凝材料与水硬性胶凝材料。气硬性胶凝材料只能在空气中硬化，并且只能在空气中保持或发展其强度，如石膏、石灰等；水硬性胶凝材料则不仅能在空气中，而且能在水中更好地硬化，保持并发展其强度，如水泥。

第一节　石　膏

一、建筑石膏

建筑石膏属于气硬性无机胶凝材料，由于石膏及其制品具有质轻、保温、绝热、吸声、防火、容易加工、装饰性好等优点，因而是建筑装饰工程常用的装饰材料之一。建筑石膏及其制品原料来源丰富,加工性能好,是较理想的一种节能材料。

(一)建筑石膏的生产

生产建筑石膏的原料主要是以硫酸钙为主要成分的传统气硬性胶凝材料之一。天然石膏有两种:一种是未水化的无水石膏($CaSO_4$);另一种是二水石膏($CaSO_4 \cdot 2H_2O$),又称软石膏或生石膏。石膏胶凝材料的生产,通常是将原料(二水石膏)在不同压力和温度下煅烧、脱水,再经磨细而制成。同一种原料,在不同的煅烧条件下,所得产品的结构、性质、用途也各不相同。

将天然二水石膏在常压下加热到107 ℃~170 ℃时,可生成β型半水石膏,再经磨细得到的白色粉状物,称为建筑石膏。其反应式如下:

$$CaSO_4 \cdot 2H_2O \xrightarrow{107\ ℃\sim170\ ℃} (β型)CaSO_4 \cdot \frac{1}{2}H_2O + \frac{3}{2}H_2O \tag{2-1}$$

建筑石膏晶体较细,调制成一定稠度的浆体时,需要量大,所以,硬化后的建筑石膏制品孔隙率大,强度较低。

(二)建筑石膏的水化与凝结硬化

建筑石膏加适量的水拌和后,与水发生化学反应(简称水化),生成二水石膏,其反应式为

$$CaSO_4 \cdot \frac{1}{2}H_2O + \frac{3}{2}H_2O \longrightarrow CaSO_4 \cdot 2H_2O \tag{2-2}$$

随着水化的不断进行,生成的二水石膏不断增多,形成可塑性的浆体,浆体很快就失去塑性、产生强度并逐渐发展成为坚硬的固体,这一过程称为石膏的凝结硬化。石膏的凝结硬化是一个连续的溶解、水化、胶化、结晶的过程。

建筑石膏的凝结硬化分为凝结和硬化两个过程。二水石膏在水中的溶解度仅为半水石膏溶解度的1/5左右,所以,二水石膏首先结晶析出,由于结晶体的不断生成,浆体的塑性开始下降,从加水开始拌和到浆体开始失去可塑性的过程称为石膏的初凝;而后,随着晶体颗粒之间摩擦力和黏结力的增大,浆体的塑性急剧下降,直到失去可塑性,并开始产生强度的过程称为石膏的终凝;整个过程称为石膏的凝结。石膏终凝后,其晶体颗粒仍在不断长大和相互交错,浆体因而产生强度并不断增长,直到水分完全蒸发,形成坚硬的石膏结构,这个过程称为石膏的硬化。

(三)建筑石膏的分类与标记

1. 分类

建筑石膏按原材料种类可分为三类,见表2-1。按2 h强度(抗折)可分为3.0、2.0、1.6三个等级。

建筑石膏

表2-1 建筑石膏分类

类别	天然建筑石膏	脱硫建筑石膏	磷建筑石膏
代号	N	S	P

2. 标记

建筑石膏按产品名称、代号、等级及标准编号的顺序编排。如等级为2.0的天然建筑石膏的标记为"建筑石膏 N2.0 GB/T 9776—2008"。

(四)建筑石膏的技术要求

建筑石膏呈洁白粉末状,密度为2.6~2.75 g/cm³,堆积密度为800~1 100 kg/m³。建筑石

膏的技术要求主要有强度、细度和凝结时间。其各项技术指标应符合表 2-2 的规定。建筑石膏易受潮吸湿，凝结硬化快，因此，在运输、储存的过程中应注意避免受潮。石膏长期存放强度也会降低，一般储存 3 个月后强度下降 30% 左右，所以，建筑石膏储存时间不得过长。若超过 3 个月，应重新检验并确定其等级。

表 2-2 建筑石膏技术指标

等级	细度(0.2 mm 方孔筛筛余)/%	凝结时间/min		2 h 强度/MPa	
		初凝	终凝	抗折	抗压
3.0	≤10	≥3	≥30	≥3.0	≥6.0
2.0				≥2.0	≥4.0
1.6				≥1.6	≥3.0

(五)建筑石膏的特性

(1)凝结硬化快。建筑石膏加水后 10 min 可达到初凝，30 min 可达到终凝。因初凝时间较短，所以为了有足够的时间进行搅拌等施工操作，可掺入缓凝剂以延长凝结时间。可掺入石膏用量 0.1%~0.2% 的动物胶，或掺入 1% 的酒精，也可掺入柠檬酸或硼砂等。

(2)硬化后体积微膨胀、装饰性好。石膏浆体凝结硬化后体积产生微膨胀，其膨胀率为 0.5%~1.0%，而且不开裂。建筑石膏的这一性质使石膏制品造型清晰饱满，尺寸精确，加之石膏质地细腻，颜色洁白，特别适合制作建筑装饰件及石膏模型等。

(3)孔隙率大、质量轻。为使石膏浆体满足必要的可塑性，通常要加过量的水。凝结硬化后，由于大量多余水分蒸发，建筑石膏制品的孔隙率较大，表观密度小，传热系数小，吸声性、吸湿性好，可调节室内温度和湿度。

(4)防火性好、耐火性差。建筑石膏制品遇火时，石膏中的结晶水吸收热量蒸发，形成水蒸气带，可有效地阻止火的蔓延，具有良好的防火效果，但二水石膏脱水后强度下降，所以，耐火性变差。

(5)可加工性能好。建筑石膏硬化后具有微孔结构，硬度也较低，所以，石膏制品可锯、可刨、可钉，易于连接，为安装施工提供了很大的方便，具有良好的可加工性。

(6)强度低、耐水性差。由于建筑石膏制品的孔隙率较大，二水石膏又微溶于水，因此石膏制品具有很强的吸湿性和吸水性，但如果处于潮湿环境中，晶体之间的黏结力削弱，强度会显著降低，通常石膏硬化后的抗压强度只有 3~5 MPa。建筑石膏遇水后晶体溶解产生破坏，所以，石膏制品的耐水性差，软化系数只有 0.2~0.3，不宜用于潮湿环境和水中。

(7)保温隔热和吸声性好。建筑石膏制品的孔隙率较大且均为微细的毛细孔，所以，传热系数小。大量的毛细孔隙对吸声有一定的作用，因此，建筑石膏具有良好的吸声性。

(8)有一定的调温性、调湿性。建筑石膏制品内部的大量毛细孔隙对空气中的水蒸气具有较强的吸附能力，所以，对室内的空气温度、湿度有一定的调节作用。

(六)建筑石膏的应用与储存

在装饰工程中，建筑石膏主要用于吊顶和隔墙工程，还可以用于生产高强度石膏黏粉、粉刷石膏，以及生产各种石膏板材(如纸面石膏板、装饰石膏板等)、石膏花饰、柱饰等；建筑石膏及其制品还大量用于石膏抹面灰浆、墙面刮腻子、模型制作、石膏浮雕制品及室内陈设。

建筑石膏易受潮吸湿，凝结硬化快，因此在运输、储存的过程中，应注意避免受潮。建筑石膏长期存放，强度也会降低。一般储存3个月后，强度下降30%左右。所以，建筑石膏储存时间不得过长，若超过3个月，应重新检验并确定其等级。

二、高强度石膏

将二水石膏置于蒸压釜中，在127 kPa的水蒸气中(124 ℃)脱水，则得到晶粒比β型半水石膏粗大、使用时拌合用水量少的半水石膏，称为∂型半水石膏，磨细即高强度石膏。其反应式为

$$CaSO_4 \cdot 2H_2O \xrightarrow{124\ ℃、0.13\ MPa} (\partial 型)CaSO_4 \cdot \frac{1}{2}H_2O + \frac{3}{2}H_2O \quad (2\text{-}3)$$

由于高强度石膏晶体粗大，比表面积小，调成可塑性浆体时需水量(35%～45%)只是建筑石膏需水量的一半，因此其硬化后具有较高的密实度和强度。其3 h的抗压强度可达9～24 MPa，7 d的抗压强度可达15～40 MPa。其抗拉强度也很高。高强度石膏的密度为2.6～2.8 g/cm³。

高强度石膏可用于室内高级抹灰、制作装饰制品和石膏板等。若掺入防水剂可将其制成高强度抗水石膏，在潮湿环境中使用。

总的来说，石膏的品种很多，各品种的石膏在建筑中均有应用，但是用量最多、用途最广的是建筑石膏。

三、石膏装饰品

在装饰工程中，建筑石膏和高强度石膏往往先被加工成各式装饰制品，然后被镶贴、安装在基层或龙骨支架上。石膏装饰制品主要有装饰石膏板、嵌装式装饰石膏板、普通纸面石膏板及吸声穿孔石膏板、装饰线角、花饰、装饰浮雕壁画、挂饰及建筑艺术造型等。这些制品都充分发挥了石膏胶凝材料的装饰性，效果很好。

(一)装饰石膏板

装饰石膏板是以建筑石膏为基料，掺入少量增强纤维、胶粘剂、改性剂等，经搅拌、成型、烘干等工艺制成的不带护面纸的装饰板材。装饰石膏板具有轻质、高强、防潮、不变形、防火、阻燃、可调节室内湿度等特点，并具有施工方便，加工性能好，可锯、可钉、可创、可黏结等优点，适用于工业及民用建筑的内墙及顶棚装饰。

1. 装饰石膏板的分类与规格

装饰石膏板为正方形，按其棱边断面形式有直角形和45°倒角形两种；按其功能不同可分为普通板、防潮板、耐水板和耐火板等；按其表面装饰效果不同可分为平板、孔板、浮雕板等。

常见板材的规格为500 mm×500 mm×9 mm，600 mm×600 mm×11 mm。这里板材的厚度是指不包括棱边倒角、孔洞和浮雕图案在内的板材正面和背面之间的垂直距离。

2. 装饰石膏板的标记、规格

装饰石膏板品种很多，有各种平板、浮雕板、孔板等。装饰石膏板的分类和代号见表2-3。

表2-3 装饰石膏板的分类和代号

分类	普通板			防潮板		
	平板	孔板	浮雕板	平板	孔板	浮雕板
代号	P	K	D	FP	FK	FD

装饰石膏板的常用规格见表2-4。其他形状和规格的板材由供需双方商定。

表2-4 装饰石膏板的常用规格   mm

长度	宽度	棱边厚度
600	600	15
1 200	300	
1 200	300	

3. 装饰石膏板的技术要求

装饰石膏板的技术要求应符合《装饰石膏板》(JC/T 799—2016)的规定，具体要求如下：

(1)外观质量。装饰石膏板正面不应有影响装饰效果的气孔、污痕、裂纹、缺角、色彩不均匀和图案不完整等缺陷。

(2)允许偏差。装饰石膏板板材的尺寸允许偏差、平面度和直角偏离度应符合表2-5的规定。

表2-5 装饰石膏板板材的尺寸允许偏差、平面度和直角偏离度   mm

项目	尺寸偏差	项目	尺寸偏差
边长	+1 −2	平面度	≤2.0
棱边厚度	±1.0	直角偏离度	≤2.0

(3)物理力学性能。装饰石膏板的物理力学性能应符合表2-6的要求。

表2-6 装饰石膏板的物理力学性能

序号	项目		指标					
			P、K、FP、FK			D、FD		
			平均值	最大值	最小值	平均值	最大值	最小值
1	单位面积质量/(kg·m^{-2})	≤	11.0	12.0	—	13.0	14.0	—
2	含水率/%	≤	2.5	3.0	—	2.5	3.0	—
3	断裂荷载/N	≥	147	—	132	167	—	150
4	防潮性能*	吸水率/% ≤	8.0	9.0	—	8.0	9.0	—
		受潮挠度/mm ≤	5	6	—	5	6	—
5	燃烧性能		应符合A1级要求					

*P、K、D不检验该项目

4. 装饰石膏板的应用

装饰石膏板的表面光滑洁白，质地细腻，色彩、花纹图案丰富，浮雕板和孔板具有较强的立体感，给人以清新、柔和之感，并具有质轻、保温、吸声、防火、不燃及调节室内湿度等特点。

装饰石膏板主要用于工业与民用建筑室内墙壁装饰和吊顶装饰及非承重内隔墙等。如办公楼、影剧院、餐厅、宾馆、音乐厅、商场、会议室、幼儿园等建筑的室内吊顶及墙面装饰工程。对湿度较大的环境应使用防潮石膏板。

(二)嵌装式装饰石膏板

嵌装式装饰石膏板是以建筑石膏为主要原料，掺入适量的纤维增强材料和外加剂，与水一起搅拌成均匀的料浆，经浇筑成型、干燥而成的不带护面纸的板材。板材背面加厚，并带有嵌装企口，板材正面可为平面、带孔或浮雕图案。嵌装式装饰石膏板可以具备各种色彩、浮雕图案、不同孔洞形式或排列方式，装饰性强。同时，在安装时只需要将其嵌装在龙骨上，不需要再另行固定，整个施工全部为装配化，并且任意部位的板材可随意拆卸和更换，使施工变得更加方便迅捷。

1. 嵌装式装饰石膏板的分类与规格

嵌装式装饰石膏板可分为平板、孔板、浮雕板。如在具有一定穿透孔洞的嵌装式装饰石膏板的背面复合吸声材料，使之成为具有较强吸声性的板材，则称为嵌装式装饰吸声石膏板，简称嵌装式吸声石膏板。

嵌装式装饰石膏板的规格为：600 mm × 600 mm，边厚大于28 mm；500 mm × 500 mm，边厚大于25 mm。板材的边长（L）、铺设高度（H）、厚度（S）及构造如图 2-1 所示。其允许偏差、不平度和直角偏离度（δ）应符合表 2-7 的规定。其棱边断面有直角形和倒角形，其形状和规格由供需双方协商。

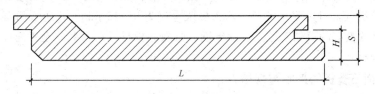

图 2-1 嵌装式装饰石膏板的构造示意

表 2-7 嵌装式装饰石膏板的尺寸及允许偏差　　　　　　　　　　mm

项目		技术要求
边长 L		±1.0
铺设高度 H		±1.0
边厚 S	L=500	≥25
	L=600	≥28
不平度		≤1.0
直角偏离度 δ		≤1.0

2. 嵌装式装饰石膏板的技术要求

嵌装式装饰石膏板的技术要求应符合《嵌装式装饰石膏板》(JC/T 800—2007)的规定，嵌装式装饰石膏板正面不得有影响装饰效果的气孔、污痕、裂纹、缺角、色彩不均和图案不完整等缺陷。嵌装式装饰石膏板的单位面积质量、含水率和断裂荷载应符合表 2-8 的规定。

表 2-8 嵌装式装饰石膏板的物理力学性能

序号	项目	技术要求	
1	单位面积质量/(kg·m^{-2})	平均值	≤16.0
		最大值	≤18.0
2	含水率/%	平均值	≤3.0
		最大值	≤4.0
3	断裂荷载/N	平均值	≥157
		最小值	≥127

3. 嵌装式装饰石膏板的应用

嵌装式装饰石膏板适用于影剧院、餐厅、宾馆、礼堂、音乐厅、会议室、候车室、展厅等公共建筑与纪念性建筑物的室内顶棚装饰，以及某些部位的墙面装饰等。使用嵌装式装饰石膏板时，应注意企口形式与所用龙骨断面的配套，安装时不得用力拉扯和撞击，防止企口损坏。

(三) 普通纸面石膏板

以半水石膏和护面纸为主要原料，掺加适量纤维、胶粘剂、保凝剂、缓凝剂，经料浆配制、成型、切割、烘干而成的轻质薄板即纸面石膏板。主要有普通纸面石膏板、防火纸面石膏板和防水纸面石膏板等几种。

普通纸面石膏板的物理力学性能参见国家标准规范《纸面石膏板》(GB/T 9775—2008)的要求。其具有质轻、抗弯和抗冲击性高、防火、保温隔热、抗震性好，并具有较好的隔声性和可调节室内湿度等优点，但是耐水性差，耐火极限也仅为5～15 min。普通纸面石膏板还具有可锯、可钉、可刨等良好的可加工性。普通纸面石膏板的板材易于安装，施工速度快，是目前广泛使用的轻质板材之一。

1. 普通纸面石膏板的形状与规格

纸面石膏板形状为矩形，长边为护面纸包封边，短边是与长边相垂直的切割平面。板材长边的形状有矩形（代号J）、倒角形（代号D）、楔形（代号C）和圆形（代号Y）四种。纸面石膏板按其用途分为普通纸面石膏板、耐水纸面石膏板、耐火纸面石膏板及耐水耐火纸面石膏板四种。

(1) 普通纸面石膏板（代号P）是以建筑石膏为主要原料，掺入适量的纤维和外加剂制成芯板，再在其表面贴厚质护面纸板制成的板材。护面纸板主要起到提高板材抗弯、抗冲击的作用。

(2) 耐水纸面石膏板（代号S）是以建筑石膏为主要原料，掺入适量耐水外加剂构成耐水芯材，并与耐水的护面纸牢固黏结在一起的轻质建筑板材。耐水石膏板具有较好的耐水性，其他性能与普通纸面石膏板相同，主要用于厨房、卫生间等潮湿场所的装饰。

(3) 耐火纸面石膏板（代号H）是以建筑石膏为主，掺入适量无机耐火纤维材料构成芯材，并与护面纸牢固黏结在一起的耐火轻质建筑板材。板材的遇火稳定性（即在高温明火下焚烧时不断裂的性质）用遇火稳定时间来表示。

(4) 耐水耐火纸面石膏板（代号SH）以建筑石膏为主要原料，掺入耐水外加剂和无机耐火纤维增强材料等，在与水搅拌后，浇筑于耐水护面纸的面纸与背纸之间，并与耐水护面纸牢固地黏结在一起，旨在改善防水性能和提高防火性能的建筑板材。

常用的纸面石膏板的规格尺寸：板材的公称长度为1 500 mm、1 800 mm、2 100 mm、2 400 mm、2 440 mm、2 700 mm、3 000 mm、3 300 mm、3 600 mm和3 660 mm；板材的公称宽度为600 mm、900 mm、1 200 mm和1 220 mm；板材的公称厚度为9.5 mm、12.0 mm、15.0 mm、18.0 mm、21.0 mm和25.0 mm。

2. 普通纸面石膏板的技术要求

纸面石膏板板面平整，不应有影响使用的波纹、沟槽、方料、漏料和划伤、破损、污痕等缺陷。纸面石膏板的技术要求应符合《纸面石膏板》(GB/T 9775—2008)的规定。板材应切割成矩形，两对角线长度差不大于5 mm，纸面石膏板的板材尺寸偏差见表2-9。纸面石膏板的面密度应不大于表2-10的规定。对于棱边形状为楔形的板材，楔形棱边宽度应为30～80 mm，楔形棱边深度为0.6～1.9 mm。

表 2-9　纸面石膏板的板材尺寸偏差　　　　　　　　　　　　　　　　　　　　　mm

项目	长度	宽度	厚度	
			9.5	≥12.0
尺寸偏差	−6～0	−5～0	±0.5	±0.6

表 2-10　纸面石膏板的面密度

序号	板材厚度/mm	面密度/(kg·m^{-2})
1	9.5	9.5
2	12.0	12.0
3	15.0	15.0
4	18.0	18.0
5	21.0	21.0
6	25.0	25.0

板材的断裂荷载应不小于表 2-11 的规定。

表 2-11　板材的断裂荷载

序号	板材厚度/mm	断裂荷载/N			
		纵向		横向	
		平均值	最小值	平均值	最小值
1	9.5	400	360	160	140
2	12.0	520	460	200	180
3	15.0	650	580	250	220
4	18.0	770	700	300	270
5	21.0	900	810	350	320
6	25.0	1 100	970	420	380

3. 普通纸面石膏板的应用

普通纸面石膏板适用于办公楼、影剧院、饭店、宾馆、候车室、住宅等建筑的室内吊顶、墙面、隔断、内隔墙等的装饰，表面需要进行饰面再处理（如刮腻子、刷乳胶漆或贴壁纸等），但仅适用于干燥环境中，不宜用于厨房、卫生间及空气湿度大于 70% 的潮湿环境中。

耐水纸面石膏板具有较高的耐水性，其他性能与普通纸面石膏板相同，主要适用于厨房、卫生间、厕所等潮湿场所及空气相对湿度大于 70% 的潮湿环境中，其表面也需要进行饰面再处理。

耐火纸面石膏板具有较高的防火性能，其他性能与普通纸面石膏板相同。当耐火纸面石膏板安装在钢龙骨上时，可作为耐火等级为 A 级的装饰材料使用。

（四）吸声用穿孔石膏板

吸声用穿孔石膏板是吸声穿孔纸面石膏板和吸声穿孔装饰石膏板的统称。其是以装饰石膏板和纸面石膏板为基础材料，由穿孔石膏板、背覆材料、吸声材料及板后空气层等组合而成。表面形式如图 2-2 所示。石膏板本身不是吸声功能突出的材料，但在板面上冲孔打眼之后，使每个孔眼与其背后的空气层构成共振吸声结构，同时，为了防止杂物通过穿孔散落，通常在板背面粘贴一层膜状材料(如皱纹纸、皮纸、微孔玻纤布等),起着一种薄膜共振吸声作用。如果在其后装置一些多孔吸声材料(如玻璃棉、矿棉、泡沫塑料等),就能进一步提高吸声效果,尤其是对高频声的吸收。因此,在选择时,首先应考虑其吸声功能,其次还应对其规格尺寸和图案色彩做出选择。

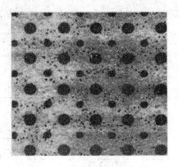

图 2-2 吸声用穿孔纸面石膏板表示

1. 吸声用穿孔石膏板的规格

板材的规格尺寸可分为 500 mm×500 mm 和 600 mm×600 mm 两种,厚度分别为 9 mm 和 12 mm 两种。板面上开有 $\phi 6$、$\phi 8$、$\phi 10$ 的孔眼,孔眼垂直于板面,孔距按孔眼的大小为 18~24 mm。穿孔率为 4.9%~15.7%,孔眼呈正方形或三角形排列。除标准所列的孔形外,实际应用中还有其他孔形。

2. 吸声用穿孔石膏板的技术要求

吸声用穿孔石膏板的技术要求应符合《吸声用穿孔石膏板》(JC/T 803—2007)的规定,见表 2-12~表 2-15。

表 2-12　吸声用穿孔石膏板的技术要求

序号	项目	内容
1	使用条件	吸声用穿孔石膏板主要用于室内吊顶和墙体的吸声结构中。在潮湿环境中使用或对耐火性能有较高要求时,则应采用相应的防潮、耐水或耐火基板
2	外观质量	(1)吸声用穿孔石膏板不应有影响使用和装饰效果的缺陷。对以纸面石膏板为基板的板材不应有破损、划伤、污痕、凹凸、纸面剥落等缺陷;对以装饰石膏板为基板的板材不应有裂纹、污痕、气孔、缺角、色彩不均匀等缺陷。(2)穿孔应垂直于板面
3	尺寸允许偏差	板材的尺寸允许偏差应符合表 2-13 的规定
4	含水率	板材的含水率应不大于表 2-14 中的规定值
5	断裂荷载	板材的断裂荷载应不小于表 2-15 中的规定值
6	护面纸与石膏芯的黏结	以纸面石膏板为基板的板材,护面纸与石膏芯的黏结按规定的方法测定时,不允许石膏芯裸露
7	吸声频率特征图表	根据需要,供方提供穿孔石膏板特定吸声结构的吸声频率特性图表,并注明组成吸声结构的材料与结构的详细情况

表 2-13　尺寸允许偏差　　　　　　　　　　　　　　　mm

项目	技术指标	项目	技术指标
边长	+1,−2	直角偏离度	≤1.2
厚度	±1.0	孔径	±0.6
不平度	≤2.0	孔距	±0.6

表 2-14　含水率　　　　　　　　　　　　　　　　　　　　　　　　%

含水率	技术指标
平均值	2.5
最大值	3.0

表 2-15　断裂荷载　　　　　　　　　　　　　　　　　　　　　　　　N

孔径/孔距 /mm	厚度 /mm	技术指标	
		平均值	最小值
φ6/18 φ6/22 φ6/24	9	130	117
	12	150	135
φ8/22 φ8/24	9	90	81
	12	100	90
φ10/24	9	80	72
	12	90	81

3. 吸声用穿孔石膏板的用途

吸声用穿孔石膏板是利用板面的盲孔、穿通孔及背面的吸声材料，以及具有一定厚度的浮雕花纹来共同达到吸声效果的。所以，孔眼、材料和浮雕等组成不同，吸声效果也就不尽相同。对于有一般吸声要求的建筑，可选用装饰石膏吸声板；对于吸声要求较高时，应选择具有良好吸声效果的吸声穿孔石膏板，也可采用浮雕板与穿孔板叠合。

吸声用穿孔石膏板主要用于室内吊顶和墙体的吸声结构中。安装时，应使吸声穿孔石膏板背面的箭头方向和白线一致，以保证图案花纹的整体性。在潮湿环境中使用或对耐火性能有较高要求时，则应采用相应的防潮、耐水或耐火基板。

吸声用穿孔石膏板具有轻质、防火、隔声、隔热、抗震性能好，可用于调节室内湿度等特点，并有施工简便、施工效率高、劳动强变小、干法作业及加工性能好等特点。

吸声用穿孔石膏板主要用于播音室、音乐厅、影剧院、会议室等对音质要求高的或对噪声限制较严的场所，作为吊顶、墙面的吸声装饰材料。

(四)石膏艺术装饰制品

石膏艺术装饰制品是采用建筑石膏粉为基料，以纤维增强材料、胶粘剂等，与水拌制成均匀的料浆，浇筑在具有各种造型、图案、花纹的模具内，经硬化、干燥、脱模而成。

1. 浮雕艺术石膏线板、线角、花角

浮雕艺术石膏线板、线角和花角(图 2-3～图 2-6)多采用高强度石膏或加筋建筑石膏制作，用浇筑法成型，其表面呈现雕花形和弧形，用于宾馆、饭店、写字楼和居民住宅的吊顶装饰。其具有表面光洁、颜色洁白高雅、花型和线条清晰、立体感强、尺寸稳定、强度高、无毒、防火、施工方便等优点，是一种造价低廉、装饰效果好、调节室内湿度和防火的理想装饰装修材料，可直接用粘贴石膏腻子和螺钉进行固定安装。

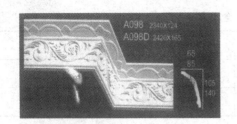

图 2-3　艺术石膏线角　　　　　　　图 2-4　艺术石膏花饰

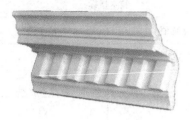

图 2-5　艺术石膏阴阳角　　　　　　图 2-6　艺术石膏花饰线板

2. 石膏花饰、壁挂、华台

石膏花饰是按设计图案先制作阴模（软模），然后浇入石膏麻丝料浆成型，经硬化、脱模、干燥而成的一种装饰板材，板厚一般为 15～30 mm。石膏花饰的花型图案、品种规格很多，表面可以为石膏天然白色，也可以制作成描金或象牙白色、暗红色、淡黄色等多种彩绘效果，用于建筑室内顶棚或墙面装饰。建筑石膏还可以制作成浮雕壁挂，表面可涂不同色彩的涂料，如图 2-7、图 2-8 所示。

图 2-7　艺术石膏花饰造型　　　　　图 2-8　艺术石膏壁挂

3. 装饰石膏柱、石膏壁炉

装饰石膏柱有罗马柱、麻花柱、圆柱、方柱等多种，柱的上、下端分别配以浮雕艺术石膏柱头和柱基（图 2-9），柱高和周边尺寸由室内层高和面积大小而定。柱身上的纵向浮雕条纹，可显得室内空间更加高大。在室内门厅、走道、墙壁等处设置装饰石膏柱，丰富了室内的装饰层次，给人以欧式装饰艺术和风格的享受。

装饰石膏壁炉更是增添了室内墙体的观赏性，使人置身于一种中西方文化和谐统一的艺术氛围之中，糅合精湛华丽的雕饰，达到美观、舒适与实用的效果。

图 2-9　石膏柱

第二节　水泥

水泥呈粉末状，与适量水拌和后形成可塑性浆体，经过物理、化学等变化过程，浆体能变成坚硬的石状体，并能将散粒状材料胶结成为整体，是一种良好的水硬性胶凝材料。它在胶凝材料中占有极其重要的地位，是最重要的建筑材料之一。

目前，我国经常生产的水泥约有 30 个品种，常用装饰水泥(如白色硅酸盐水泥、彩色水泥等)配制成水泥色浆、装饰砂浆和装饰混凝土，用于建筑物室内外表面的装饰，以其本身的质感、色彩美化建筑。有时也以水泥作为胶凝材料，以石材作为集料，配制成水磨石或彩色水磨石等来做建筑物的饰面。

一、通用硅酸盐水泥

以硅酸盐水泥熟料和适量的石膏及规定的混合材料制成的水硬性胶凝材料称为通用硅酸盐水泥。其主要包括硅酸盐水泥、普通硅酸盐水泥、矿渣硅酸盐水泥、火山灰质硅酸盐水泥、粉煤灰硅酸盐水泥和复合硅酸盐水泥。

(一)水泥的定义与代号

1. 硅酸盐水泥

凡由硅酸盐水泥熟料、0～5％石灰石或粒化高炉矿渣、适量石膏磨细制成的水硬性胶凝材料，称为硅酸盐水泥(国外通称为波特兰水泥)。硅酸盐水泥分两种类型，不掺加混合材料的称Ⅰ型硅酸盐水泥，用代号 P·Ⅰ表示；在硅酸盐水泥粉磨时掺入不超过水泥质量 5％的石灰石或粒化高炉矿渣的称Ⅱ型硅酸盐水泥，用代号 P·Ⅱ表示。

2. 普通硅酸盐水泥

凡由硅酸盐水泥熟料、5％～20％混合材料、适量石膏磨细制成的水硬性胶凝材料，称为普通硅酸盐水泥(简称普通水泥)，用代号 P·O 表示。

活性混合材料掺加量为大于 5％且小于或等于 20％，其中允许用不超过水泥质量 8％且符合国家标准《通用硅酸盐水泥》(GB 175—2007)规定的非活性材料或不超过水泥质量 5％且符合《通用硅酸盐水泥》(GB 175—2007)要求的窑灰代替。

3. 矿渣硅酸盐水泥

凡由硅酸盐水泥熟料和粒化高炉矿渣、适量石膏磨细制成的水硬性胶凝材料称为矿渣硅酸盐水泥(简称矿渣水泥)。其可分为 A 型和 B 型。A 型矿渣掺量大于 20％且小于或等于 50％，代号为 P·S·A；B 型矿渣掺量大于 50％且小于或等于 70％，代号为 P·S·B。允许用石灰石、窑灰、粉煤灰和火山灰质混合材料中的任何一种材料代替矿渣，代替数量不得超过水泥质量的 8％，替代后水泥中粒化高炉矿渣不得少于 20％。

4. 火山灰质硅酸盐水泥

凡由硅酸盐水泥熟料和火山灰质混合材料、适量石膏磨细制成的水硬性胶凝材料称为火山灰质硅酸盐水泥(简称火山灰水泥)，用代号 P·P 表示。水泥中火山灰质混合材料掺加量按质量百分比计为大于 20％且小于或等于 40％。

5. 粉煤灰硅酸盐水泥

凡由硅酸盐水泥熟料和粉煤灰、适量石膏磨细制成的水硬性胶凝材料称为粉煤灰硅酸水泥(简称粉煤灰水泥),用代号 P·F 表示。水泥中粉煤灰掺加量按质量百分比计为 20%～40%。

6. 复合硅酸盐水泥

凡由硅酸盐水泥熟料、两种或两种以上规定的混合材料、适量石膏磨细制成的水硬性胶凝材料称为复合硅酸盐水泥(简称复合水泥),用代号 P·C 表示。水泥中混合材料总掺加量按质量百分比计大于 20%且小于或等于 50%。

水泥中允许用不超过 8%的窑灰代替部分混合材料;掺矿渣时混合材料掺量不得与矿渣硅酸盐水泥重复。

通用硅酸盐水泥的组分应符合表 2-16 的规定。

表 2-16 通用硅酸盐水泥的组分

水泥品种	简称	代号	组分				
			熟料+石膏	粒化高炉矿渣	火山灰质混合材料	粉煤灰	石灰石
硅酸盐水泥		P·Ⅰ	100	—	—	—	—
		P·Ⅱ	≥95	≤5	—	—	—
			≥95	—	—	—	≤5
普通硅酸盐水泥	普通水泥	P·O	≥80且<95	>5且≤20①			
矿渣硅酸盐水泥	矿渣水泥	P·S·A	≥50且<80	>20且≤50②	—	—	—
		P·S·B	≥30且<50	>50且≤70②	—	—	—
火山灰质硅酸盐水泥	火山灰水泥	P·P	≥60且<0	—	>20且≤40③	—	—
粉煤灰硅酸盐水泥	粉煤灰水泥	P·F	≥60且<80	—	—	>20且≤40④	—
复合硅酸盐水泥	复合水泥	P·C	≥50且<80	>20且≤50⑤			

①本组分材料为符合《通用硅酸盐水泥》(GB 175—2007)第 5.2.3 条的活性混合材料,其中允许用不超过水泥质量 8%且符合《通用硅酸盐水泥》(GB 175—2007)第 5.2.4 条的非活性混合材料或不超过水泥质量 5%且符合《通用硅酸盐水泥》(GB 175—2007)第 5.2.5 条的窑灰代替。
②本组分材料为符合《用于水泥中的粒化高炉矿渣》(GB/T 203—2008)或《用于水泥、砂浆和混凝土中的粒化高炉矿渣粉》(GB/T 18046—2017)的活性混合材料,其中允许用不超过水泥质量 8%且符合《通用硅酸盐水泥》(GB 175—2007)第 5.2.3 条的活性混合材料或符合《通用硅酸盐水泥》(GB 175—2007)第 5.2.4 条的非活性混合材料或符合《通用硅酸盐水泥》(GB 175—2007)第 5.2.5 条的窑灰中的任一种材料代替。
③本组分材料为符合《用于水泥中的火山灰质混合材料》(GB/T 2847—2005)的活性混合材料。
④本组分材料为符合《用于水泥和混凝土中的粉煤灰》(GB/T 1596—2017)的活性混合材料。
⑤本组分材料为由两种(含)以上符合《通用硅酸盐水泥》(GB 175—2007)第 5.2.3 条的活性混合材料或(和)符合《通用硅酸盐水泥》(GB 175—2007)第 5.2.4 条的非活性混合材料组成,其中允许用不超过水泥质量 8%且符合《通用硅酸盐水泥》(GB 175—2007)第 5.2.5 条的窑灰代替,掺矿渣时混合材料掺量不得与矿渣硅酸盐水泥重复。

(二)硅酸盐水泥熟料

1. 硅酸盐水泥的生产

生产硅酸盐水泥的主要原料有石灰质原料、黏土质原料,有时加入少量铁矿粉等。将各种原料经破碎后按比例配合、磨细并调配成为成分合适、质量均匀的生料，称为生料的制备；生料在水泥窑内煅烧至部分熔融，所得以硅酸钙为主要成分的硅酸盐水泥熟料，称为熟料煅烧；熟料加适量石膏、混合材料共同磨细成粉状的水泥，并包装或散装出厂，称为水泥制成及出厂。在粉磨水泥时，根据混合材料的种类和掺入量不同，可以生产各类通用硅酸盐水泥。

生料制备的主要工序是生料粉磨，水泥制成及出厂的主要工序是水泥的粉磨，因此，也可将水泥的生产过程概括为"两磨一烧"。其生产工艺流程如图 2-10 所示。

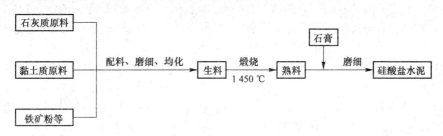

图 2-10　硅酸盐水泥生产工艺流程示意

2. 硅酸盐水泥熟料的矿物组成

生料在煅烧过程中，首先是石灰石和黏土分别分解出 CaO、SiO_2、Al_2O_3 和 Fe_2O_3，然后在 800 ℃～1 200 ℃ 的温度范围内相互反应，经过一系列的中间过程后，生成硅酸二钙（$2CaO·SiO_2$）、铝酸三钙（$3CaO·Al_2O_3$）和铁铝酸四钙（$4CaO·Al_2O_3·Fe_2O_3$）；在 1 400 ℃～1 450 ℃ 的温度范围内，硅酸二钙又与 CaO 在熔融状态下发生反应，生成硅酸三钙（$3CaO·SiO_2$）。

在硅酸盐水泥中，硅酸三钙、硅酸二钙一般占总量的 75% 以上；铝酸三钙、铁铝酸四钙占总量的 25% 左右。硅酸盐水泥熟料除上述主要组成外，还含有少量以下成分：

(1) 游离氧化钙。其含量过高将造成水泥安定性不良，危害很大。

(2) 游离氧化镁。其含量高、晶粒大时，也会导致水泥安定性不良。

(3) 含碱矿物及玻璃体等。含碱矿物及玻璃体中 Na_2O 和 K_2O 含量高的水泥，当遇有活性集料时，易产生碱—集料膨胀反应。

3. 硅酸盐水泥熟料的矿物含量及特性

水泥在水化过程中，四种矿物组成表现出不同的反应特性，见表 2-17，改变熟料中的矿物成分之间的比例关系，可以使水泥的性质发生相应变化，如适当提高水泥中的 C_3S 及 C_3A 的含量，可得到快硬高强水泥。而水利工程所用的大坝水泥则应尽可能降低 C_3A 的含量，降低水化热，以提高耐腐蚀性能。

表 2-17　硅酸盐水泥熟料的矿物含量及特性

矿物名称	矿物成分	简称	含量/%	密度/(g·cm^{-3})	水化反应速率	水化放热量	强度
硅酸三钙	$3CaO·SiO_2$	C_3S	37～60	3.25	快	大	高
硅酸二钙	$2CaO·SiO_2$	C_2S	15～37	3.28	慢	小	早期低、后期高
铝酸三钙	$3CaO·Al_2O_3$	C_3A	7～15	3.04	最快	最大	低
铁铝酸四钙	$4CaO·Al_2O_3·Fe_2O_3$	C_4AF	10～18	3.77	快	中	低

4. 硅酸盐水泥的水化

硅酸盐水泥与水接触后，其表面的熟料矿物会立即与水发生化学反应，生成各种水化产物，

并伴随放出一定的热量。其反应式为

$$2(3CaO \cdot SiO_2) + 6H_2O \longrightarrow 3CaO \cdot 2SiO_2 \cdot 3H_2O + 3Ca(OH)_2$$

$$2(2CaO \cdot SiO_2) + 4H_2O \longrightarrow 3CaO \cdot 2SiO_2 \cdot 3H_2O + Ca(OH)_2$$

$$3CaO \cdot Al_2O_3 + 6H_2O \longrightarrow 3CaO \cdot Al_2O_3 \cdot 6H_2O$$

$$4CaO \cdot Al_2O_3 \cdot Fe_2O_3 + 7H_2O \longrightarrow 3CaO \cdot Al_2O_3 \cdot 6H_2O + CaO \cdot Fe_2O_3 \cdot H_2O$$

铝酸三钙水化反应非常快,生成水化铝酸钙($3CaO \cdot Al_2O_3 \cdot 6H_2O$),水化铝酸钙呈晶体析出。为了调节水泥的凝结时间,在熟料磨细时掺加适量(约3%)的石膏($CaSO_4 \cdot 2H_2O$)作缓凝剂,水化铝酸钙和石膏反应生成水化硫铝酸钙(也称钙矾石,$3CaO \cdot Al_2O_3 \cdot 3CaSO_4 \cdot 31H_2O$)。水化硫铝酸钙为难溶于水的稳定的针状晶体。其反应式为

$$3CaO \cdot Al_2O_3 \cdot 6H_2O + 3(CaSO_4 \cdot 2H_2O) + 19H_2O \longrightarrow 3CaO \cdot Al_2O_3 \cdot 3CaSO_4 \cdot 31H_2O \tag{2-4}$$

在熟料颗粒表面形成的钙矾石保护膜封闭熟料组分的表面,阻止水分子及离子的扩散,从而延缓了熟料颗粒特别是 C_3A 的继续水化。

硅酸三钙水化速度也比较快,生成水化硅酸钙($3CaO \cdot 2SiO_2 \cdot 3H_2O$)和氢氧化钙[$Ca(OH)_2$],其中,水化硅酸钙是不溶于水的凝胶体,氢氧化钙以六方晶体析出。

综上所述,硅酸盐水泥经完全水化后,生成的水化物主要有水化硅酸钙、水化铁酸钙($CaO \cdot Fe_2O_3 \cdot H_2O$)凝胶体、氢氧化钙、水化铝酸钙和水化硫铝酸钙晶体。在完全水化的水泥石中,水化硅酸钙凝胶约占70%,且对水泥石形成强度起决定性作用;氢氧化钙晶体约占20%。

5. 硅酸盐水泥的凝结硬化

硅酸盐水泥加水拌和后,生成各种水化产物,从而形成可塑性的浆体,随着时间的延长(水化反应的进行),水泥浆逐渐失去可塑性并发展成具有一定强度的坚硬体,这称为水泥的凝结硬化。硅酸盐水泥的凝结硬化过程是很复杂的物理化学过程。在水泥浆体内,各种物理化学变化不能按时间来划分,但在不同的凝结硬化阶段,不同的变化起主要作用。硅酸盐水泥的凝结硬化主要可分为以下几个过程:

第一个过程:当硅酸盐水泥加水拌和后,未水化的水泥颗粒分散在水中,并与水化物形成水泥浆体。

第二个过程:硅酸盐水泥颗粒表面和水接触后,与水反应,形成不同的水化产物,由于水化产物的溶解度很小,且随着新生水化产物的增多,自由水分减少,各种水化产物先后析出,并包裹在水泥颗粒表面,形成包有水化产物膜层的水泥颗粒。

第三个过程:随着水化的不断进行,生成更多的水化产物。各种水化凝胶体和氢氧化钙、水化硅酸钙晶体相互连接形成网状结构,从而使浆体流动性和可塑性逐渐降低,水泥逐渐凝结。

第四个过程:随着水化的深入进行,各种晶体和凝胶体水化物越来越多,它们相互连生,形成较紧密的网状结晶结构,并在网状结构内部不断充实水化物,从而使水泥浆具有初步的强度。随着凝结硬化时间的延长,水泥颗粒内部未水化的部分继续水化,生成的水化物进一步发展,填充水泥颗粒内部和颗粒之间的毛细孔,使水泥浆体逐渐产生强度而进入硬化阶段,最后成为坚强的水泥石。

(三)硅酸盐水泥的性质

1. 细度

细度即水泥的粗细程度。硅酸盐水泥和普通硅酸盐水泥的细度以比表面积表示,不小于 $300 \text{ m}^2/\text{g}$;矿渣硅酸盐水泥、火山灰质硅酸盐水泥、粉煤灰硅酸盐水泥和复合硅酸盐水泥以筛

余量表示，80 μm方孔筛筛余不大于10%或45 μm方孔筛筛余不大于30%。

水泥须有足够的细度，使用中才能具有良好的和易性、不泌水等施工性能，并具有一定的早期强度，满足施工进度要求。从水泥生产来说，水泥的粉磨细度直接影响水泥的能耗、质量、产量和成本，故实际生产中必须权衡利弊，做出适当的控制。

2. 标准稠度用水量

为使水泥的凝结时间和体积安定性的测定结果具有可比性，规定必须用标准稠度的水泥净浆进行凝结时间和体积安定性的测定。水泥标准稠度用水量是指水泥净浆达到标准稠度时的需水量，常用水泥质量的百分比(水占水泥质量的百分数)P表示。

按《水泥标准稠度用水量、凝结时间、安定性检验方法》(GB/T 1346—2011)的要求进行水泥的标准稠度用水量、凝结时间和体积安定性的测定，测定方法有标准法和代用法，如果两种测量结果有异，以标准法为准。这里只介绍标准法：标准法是采用标准法维卡仪，以试杆沉入水泥净浆并距离底板(6 ± 1)mm的水泥净浆为标准稠度净浆，其拌合用水量为该水泥的标准稠度用水量。

3. 凝结时间

水泥的凝结时间可分为初凝和终凝。初凝为水泥加水拌和时起至标准稠度静浆开始失去可塑性所需要的时间；终凝为水泥加水拌和时起至标准稠度静浆完全失去可塑性并开始产生强度所经历的时间。为了确保水泥混凝土和砂浆有充分的时间进行如搅拌、运输、浇筑和振捣等施工工艺的操作，水泥的初凝时间不能过短；当施工完毕时，要求凝结硬化快、产生强度，所以，终凝时间不能太长，否则会影响工期。凝结时间按国家标准《水泥标准稠度用水量、凝结时间、安定性检验方法》(GB/T 1346—2011)的规定，用标准法维卡仪测定。以标准稠度净浆进行标准养护，从水泥加水拌和时起，至试针沉入水泥净浆并距离底板(4 ± 1) mm时为水泥的初凝时间，用min表示；从加水拌和时起，至试针沉入试件0.5 mm时，即终凝时间，用min表示。

国家标准规定，硅酸盐水泥的初凝时间不小于45 min，终凝时间不大于390 min。

4. 体积安定性

水泥的体积安定性是指水泥凝结硬化前后，体积变化的均匀程度。如果水泥构件硬化前后体积变化不均匀，将会产生膨胀、裂缝或翘曲，严重降低工程质量。国家标准规定，体积安定性不良的水泥严禁用于工程中。导致水泥体积安定性不良的主要原因是熟料中含有过量的游离氧化钙、游离氧化镁或磨细时掺入过量的石膏。《水泥标准稠度用水量、凝结时间、安定性检验方法》(GB/T 1346—2011)规定，水泥体积安定性检验用沸煮法，包括雷氏法(标准法)和试饼法(代用法)两种，其中，雷氏法是通过观测水泥标准稠度净浆在雷氏夹中沸煮(180 ± 5)min后指针的相对位移来表征其体积的膨胀程度，以检验水泥的体积安定性；代用法是通过观测水泥标准稠度净浆试饼沸煮(180 ± 5)min后的外形变化情况来表征其体积安定性。有争议时，以雷氏法为准。国家标准规定，硅酸盐水泥的体积安定性以沸煮法检验必须合格。

用沸煮法只能检测出游离的氧化钙造成的体积安定性不良，而由于游离氧化镁含量过多造成的体积安定性不良，必须用压蒸法才能检验出来，石膏造成的体积安定性不良则需长时间在温水中浸泡才能发现，由于后两种原因造成的体积安定性不良不易检验，所以，国家标准规定，熟料中氧化镁含量不得超过5%，经压蒸试验合格后，允许放宽到6%，三氧化硫含量不得超过3.5%。

5. 强度

水泥的强度是评价和选用水泥的重要技术指标，也是划分强度等级的重要依据。水泥的强度除受水泥熟料的矿物组成、混合料的掺量、石膏掺量、细度、龄期和养护条件等因素影响外，还与试验方法有关。水泥的强度依据《水泥胶砂强度检验方法(ISO法)》(GB/T 17671—1999)按灰砂比(C/S)1∶3，水胶比(W/B)0.5，其中，水泥(450±2)g，ISO标准砂(1350±5)g，水(225±1)g，按标准方法制成40 mm×40 mm×160 mm试件，标准条件下[温度(20±1)℃，湿度≥90%]养护，测定龄期3 d、28 d的抗折和抗压强度，根据测定结果来确定该水泥的强度等级。根据3 d和28 d的抗折和抗压强度，硅酸盐水泥分为42.5、42.5R、52.5、52.5R、62.5、62.5R六个强度等级。通用硅酸盐水泥各龄期强度值不得低于表2-18规定的数值。硅酸盐水泥根据3 d的强度分为普通型和早强型(R型)，其中早强型水泥的3 d强度可达到28 d强度的50%；同强度等级的早强型水泥，3 d抗压强度较普通型的可提高10%~24%。

表2-18 通用硅酸盐水泥的强度等级和各龄期的强度值

品种	强度等级	抗压强度/MPa		抗折强度/MPa	
		3 d	28 d	3 d	28 d
硅酸盐水泥	42.5	≥17.0	≥42.5	≥3.5	≥6.5
	42.5R	≥22.0		≥4.0	
	52.5	≥23.0	≥52.5	≥4.0	≥7.0
	52.5R	≥27.0		≥5.0	
	62.5	≥28.0	≥62.5	≥5.0	≥8.0
	62.5R	≥32.0		≥5.5	
普通硅酸盐水泥	42.5	≥17.0	≥42.5	≥3.5	≥6.5
	42.5R	≥22.0		≥4.0	
	52.5	≥23.0	≥52.5	≥4.0	≥7.0
	52.5R	≥27.0		≥5.0	
矿渣硅酸盐水泥 火山灰质硅酸盐水泥 粉煤灰硅酸盐水泥 复合硅酸盐水泥	32.5	≥10.0	≥32.5	≥2.5	≥5.5
	32.5R	≥15.0		≥3.5	
	42.5	≥15.0	≥42.5	≥3.5	≥6.5
	42.5R	≥19.0		≥4.0	
	52.5	≥21.0	≥52.5	≥4.0	≥7.0
	52.5R	≥23.0		≥4.5	

6. 水化热

水化热是指水泥在水化过程中放出的热量。水化热通常在水泥水化初期放出，其大小取决于熟料中各矿物成分的含量、掺合料的数量、水泥的细度、养护条件、外加剂的品种等。硅酸盐水泥是通用水泥中放热量最大的一种。水化热大的水泥不适用于大体积混凝土工程，如大坝、桥墩、厚大型基础等，主要是因为水化热积聚在内部，从而造成构件内外温差较大，产生温度应力，导致产生混凝土裂缝。但是水化热大的水泥利于冬期施工，可防止冻害。因此，硅酸盐水泥可优先用于冬期施工，但不适合用于大体积混凝土工程。

7. 化学性质

通用硅酸盐水泥的化学指标应符合表 2-19 要求。

表 2-19 通用硅酸盐水泥的化学指标(质量含量)   %

品　种	代号	不溶物	烧失量	三氧化硫	氧化镁	氯离子
硅酸盐水泥	P·Ⅰ	≤0.75	≤3.0	≤3.5	≤5.0①	≤0.06③
硅酸盐水泥	P·Ⅱ	≤1.50	≤3.5	≤3.5	≤5.0①	≤0.06③
普通硅酸盐水泥	P·O	—	≤5.0			≤0.06③
矿渣硅酸盐水泥	P·S·A	—	—	≤4.0	≤6.0②	≤0.06③
矿渣硅酸盐水泥	P·S·B	—	—	≤4.0	—	≤0.06③
火山灰质硅酸盐水泥	P·P	—	—	≤3.5	≤6.0②	≤0.06③
粉煤灰硅酸盐水泥	P·F	—	—	≤3.5	≤6.0②	≤0.06③
复合硅酸盐水泥	P·C	—	—	≤3.5	≤6.0②	≤0.06③

①如果水泥压蒸试验合格，则水泥中氧化镁的含量允许放宽至 6.0%。
②如果水泥中氧化镁的含量大于 6.0%，则需要进行水泥压蒸安定性试验并合格。
③当有更低要求时，该指标由买卖双方协商确定。

(四)水泥的应用、运输与储存

1. 水泥的应用

由于硅酸盐水泥熟料中硅酸三钙和铝酸三钙含量高，凝结硬化快，强度高，尤其是早期强度高，主要用于重要结构的高强度混凝土、预应力混凝土和有早强要求的混凝土工程，还适用于寒冷地区和严寒地区遭受反复冻融的混凝土工程。硅酸盐水泥抗碳化性能高，可用于有碳化要求的混凝土工程中。硅酸盐水泥耐磨性好，可应用于路面和机场跑道等混凝土工程中。

由于硅酸盐水泥熟料中硅酸三钙和铝酸三钙含量高，其水化产物中易腐蚀的氢氧化钙和水化铝酸三钙含量高，因此耐腐蚀性差，不宜长期使用于含有侵蚀性介质(如软水、酸和盐)的环境中，且硅酸盐水泥水化热高并释放集中，不宜用于大体积混凝土工程中。硅酸盐水泥耐热性差，不宜用于有耐热性要求的混凝土工程中。

2. 水泥的运输与储存

硅酸盐水泥在运输与储存过程中，应十分注意防水防潮。因为水泥遇水后，会发生凝结硬化、丧失部分胶结能力，导致强度降低，甚至不能用于工程中。

水泥的存放应按不同品种、不同强度等级及出厂日期分别堆放，并加贴标志。散装水泥应分库储存，袋装水泥堆放高度应不超过 10 袋。使用时应掌握先到先用的原则，储存较长时间的水泥，应重新测定其强度并按实际强度使用。在一般条件下储存的水泥，3 个月后强度降低 10%~20%；6 个月后强度降低 15%~30%；1 年以后，强度降低 25%~40%。因此，水泥的储存期一般为 3 个月。

二、白色硅酸盐水泥

1. 白色硅酸盐水泥的定义

由白色硅酸盐水泥熟料加入适量石膏磨细制成的水硬性胶凝材料称为白色硅酸盐水泥(简称白水泥)。磨制水泥时，允许加入不超过水泥质量 5% 的石灰石或窑灰作为外加物。

2. 白色硅酸盐水泥的生产

硅酸盐水泥通常呈灰黑色，主要是由熟料中氧化铁的含量所引起的，随着氧化铁含量的变化，水泥熟料的颜色也会发生变化，见表2-20。

表2-20　水泥熟料中氧化铁含量与水泥熟料颜色的关系

水泥熟料中 Fe_2O_3 含量/%	3～4	0.45～0.70	0.35～0.45
熟料颜色	暗灰色	淡绿色	白色（略带淡绿色）

白色硅酸盐水泥的生产工艺与硅酸盐水泥相似，其区别在于降低熟料中氧化铁的含量。另外，对于其他着色氧化物的含量也要加以控制。通常采取的措施有：原材料要纯净且品质好，燃料灰分要少，含铁量要低；缓凝剂石膏白度大于90%，使用时应剔除杂质和带色部分；原料配比要适当，粉磨生料和熟料时，为了防止铁及其氧化物污染，磨机衬板应用花岗岩、陶瓷或优质耐磨钢制成，研磨体用硅质鹅卵石、瓷球或高铬铸铁材料制成；对白色硅酸盐水泥熟料进行特殊漂白处理；适当提高水泥的细度等。

3. 白色硅酸盐水泥的技术要求

白色硅酸盐水泥的技术要求应符合《白色硅酸盐水泥》(GB/T 2015—2017)的规定，见表2-21、表2-22。

表2-21　白色硅酸盐水泥的技术要求

序号	项目	说明
1	三氧化硫	水泥中的三氧化硫的含量应不大于3.5%
2	水泥中水溶性六价铬(M)	水泥中水溶性六价铬不大于10 mg/kg
3	氯离子	氯离子不大于0.06%
4	碱含量（选择性指标）	水泥中碱含量按 $Na_2O+0.658K_2O$ 计算值表示。当使用活性集料，用户要求提供低碱水泥时，水泥中的碱含量宜不大于0.60%或由买卖双方协商确定
5	细度	45 μm方孔筛筛余应不超过30.0%
6	凝结时间	初凝应不小于45 min，终凝应不大于10 h
7	安定性	沸煮法安定性检验合格
8	水泥白度	1级白度(P·W-1)应不小于89；2级白度(P·W-2)应不小于87
9	强度	白色硅酸盐水泥强度等级按规定的抗压强度和抗折强度来划分，具体为32.5、42.5、52.5三个强度等级，各强度等级的各龄期强度应不低于表2-22的数值

表2-22　白色硅酸盐水泥各龄期的强度值

强度等级	抗压强度/MPa		抗折强度/MPa	
	3 d	28 d	3 d	28 d
32.5	≥12.0	≥32.5	≥3.0	≥6.0
42.5	≥17.0	≥42.5	≥3.5	≥6.5
52.5	≥22.0	≥52.5	≥4.0	≥7.0

4. 白色硅酸盐水泥的应用

使用白色硅酸盐水泥进行装饰施工时应注意以下几点：

(1)用白色硅酸盐水泥制备混凝土时,粗细集料宜采用白色或彩色大理石、石灰石、石英砂和各种颜色的石屑,不能掺入其他杂质,以免影响其白度及色彩。

(2)白色硅酸盐水泥的施工和养护方法与普通硅酸盐水泥相同,但施工时底层及搅拌工具必须清洗干净,否则将影响白色硅酸盐水泥的装饰效果。

(3)白色硅酸盐水泥浆刷浆时,必须保证基层湿润,并及时养护涂层。为加速涂层的凝固,可在水泥浆中加入水泥质量1%～2%的无水氯化钙,或再加入水泥质量7%的皮胶水,以提高水泥浆的黏结力,解决水泥浆脱粉、被冲洗脱落等问题。

(4)白色硅酸盐水泥在硬化过程中所形成的碱饱和溶液经干燥作用便在水泥表面析出氢氧化钙、碳酸钙等白色晶体(称为白霜),低温和潮湿无风状态可助长白霜的出现,影响其白度及鲜艳度。

三、彩色硅酸盐水泥

1. 彩色硅酸盐水泥的定义

以白色硅酸盐水泥熟料、优质白色石膏及矿物颜料、外加剂(防水剂、保水剂、增塑剂等)共同粉磨而成,或在白色硅酸盐水泥生料中加入金属氧化物着色剂直接烧成的一种水硬性胶凝材料,称为彩色硅酸盐水泥,简称彩色水泥。

2. 彩色硅酸盐水泥的生产

彩色硅酸盐水泥的生产方法有间接法生产和直接法生产两种。

(1)间接法生产。间接法是指白色硅酸盐水泥或普通水泥在粉磨时(或现场使用时)将彩色颜料掺入,混匀成为彩色水泥。制造红色、褐色、黑色较深的彩色水泥,一般用硅酸盐水泥熟料;浅色的彩色水泥用白色硅酸盐水泥熟料。常用的颜料有氧化铁(红、黄、褐红)、氧化锰(黑、褐色)、氧化铬(绿色)、赭石(赭色)、群青(蓝色)和炭黑(黑色)等。颜料必须着色性强,不溶于水,分散性好,耐碱性强,对光和大气稳定性好,掺入后不能显著降低水泥的强度。此法较简单,水泥色彩较均匀,色泽较多,但颜料用量较大。

(2)直接法生产。直接法是指在白色硅酸盐水泥生料中加入着色物质,煅烧成彩色水泥熟料,然后再加适量石膏磨细制成彩色硅酸盐水泥。着色物质为金属氧化物或氢氧化物。如加入Cr_2O_3或$Cr(OH)_3$可制得绿色水泥;加CaO在还原气氛中可制得浅蓝色水泥,而在氧化气氛中则得玫瑰红色水泥,颜色深浅随着色剂掺量(0.1%～2.0%)而变化。此法着色剂用量少,有时可用工业副产品,成本较低,但存在一些缺点:目前生产的色泽有限,窑内气氛变化会造成熟料颜色不均匀;由彩色熟料磨制成的彩色水泥在使用过程中会因彩色熟料矿物的水化而出现"白霜",使颜色变淡。

我国目前尚未有彩色硅酸盐水泥的国家标准,物理力学性能可参照白色硅酸盐水泥或普通水泥的标准。彩色硅酸盐水泥的凝结时间一般比白色硅酸盐水泥快,凝结时间的长短随颜色的品种和掺量而异。硬化彩色硅酸盐水泥浆体强度因掺入颜料而降低。

3. 彩色硅酸盐水泥的应用

(1)配制彩色硅酸盐水泥浆。彩色硅酸盐水泥浆是以各种彩色水泥为基料,掺入适量氧化钙促凝剂和皮胶液胶结料配制成的刷浆材料。它可作为彩色硅酸盐水泥涂料用于建筑物内外墙、顶棚和柱子的粉刷,还广泛应用于贴面装饰工程的擦缝和勾缝工序,具有很好的辅助装饰效果。

(2)配制彩色混凝土。彩色混凝土是以白色、彩色硅酸盐水泥为胶凝材料,加入适当品种的集料制得白色、彩色硅酸盐混凝土,根据不同的施工工艺可达到不同的装饰效果;也可制成各种制品,如彩色砌块、彩色水泥砖等。

(3)配制彩色水泥砂浆。彩色水泥砂浆是以各种彩色硅酸盐水泥与细集料配制而成的装饰材料，主要用于建筑物内外墙装饰。

第三节　混凝土

混凝土是世界上使用量最大的人工建筑材料之一，它是一种由胶凝材料、粗细集料、水及其他外掺料配制而成的复合材料。其具有表观密度大、抗压强度高而抗拉强度低、质量重、养护时间长、传热系数较大、耐高温较差等特点。

一、混凝土的分类与组成材料

(一)混凝土的分类

按表观密度分类：重混凝土(表观密度大于2 800 kg/m³)、普通混凝土(表观密度为2 000～2 800 kg/m³)、轻混凝土(表观密度小于2 000 kg/m³)。

(1)按胶凝材料分类：无机胶凝材料混凝土，如水泥混凝土、石膏混凝土、硅酸盐混凝土、水玻璃混凝土等；有机胶凝材料混凝土，如沥青混凝土、聚合物混凝土等。

(2)按使用功能分类：防水混凝土、道路混凝土、装饰混凝土、结构混凝土、保温混凝土、耐火混凝土、防辐射混凝土等。

(3)按施工工艺分类：灌浆混凝土、喷射混凝土、泵送混凝土等。

(4)按拌合物的和易性分类：干硬性混凝土、半干硬性混凝土、塑性混凝土、流动性混凝土、高流动性混凝土、流态混凝土等。

(5)按配筋方式分类：素(即无筋)混凝土、钢筋混凝土、纤维混凝土等。

(二)混凝土的组成材料

1. 水泥

水泥是混凝土中的胶结材料，是决定混凝土成本的主要材料，是决定混凝土强度、耐久性及经济性的重要因素，故水泥的选用特别重要。水泥的选用主要考虑水泥的品种和强度等级，水泥的质量和性能详见本章第二节。

水泥强度等级的选择是指水泥强度等级和混凝土设计强度等级的关系。若水泥强度过高，水泥的用量就会过少，从而影响混凝土拌合物的工作性；反之，水泥强度过低，则可能影响混凝土的最终强度。根据经验，一般情况下水泥强度等级应为混凝土设计强度等级的1.5～2.0倍。对于较高强度等级的混凝土，应为混凝土强度等级的0.9～1.5倍。选用普通强度等级的水泥配制高强度混凝土(＞C60)时并不受此比例的约束。对于低强度等级的混凝土，可采用特殊种类的低强度水泥或掺加一些可改善工作性的外掺材料(如粉煤灰等)。

2. 细集料

混凝土集料按其粒径大小可分为细集料和粗集料。粒径小于4.75 mm的岩石颗粒，称为细集料；混凝土的细集料主要采用天然砂和人工砂。按规定砂的表观密度一般应大于2 500 kg/m³，松散密度大于1 350 kg/m³，孔隙率小于47%。

天然砂主要有河砂、湖砂、山砂和淡化海砂。河砂和海砂由于长期受水流的冲刷作用，颗粒表面比较圆滑、洁净，且产源较广。但海砂中常含有贝壳碎片及可溶性盐等有害杂质。

山砂颗粒多具棱角，表面粗糙，砂中含泥量及有机质等有害杂质含量较大。建筑工程中多采用河砂。

人工砂为经除土处理的机制砂和混合砂的统称。机制砂是由机械破碎、筛分制成的，其颗粒尖锐，有棱角，较洁净，但片状颗粒及细粉含量较多，成本较高。混合砂是由机制砂和天然砂混合制成的。一般在当地缺乏天然砂源时，采用人工砂。

根据《建设用砂》(GB/T 14684—2011)的规定，砂按细度模数大小分为粗、中、细三种规格，按技术要求分为Ⅰ类、Ⅱ类、Ⅲ类。Ⅰ类砂宜用于强度等级大于C60的混凝土；Ⅱ类砂宜用于强度等级在C30～C60及有抗冻、抗渗或其他要求的混凝土；Ⅲ类砂宜用于强度等级小于C30的混凝土和建筑砂浆。

对砂的质量和技术要求主要有以下几个方面：

(1)含泥量和有害杂质含量。含泥量是指天然砂中粒径小于75 μm的颗粒含量。砂中所含的泥附着在砂粒表面，妨碍水泥与砂的黏结，增大混凝土的用水量，降低混凝土的强度和耐久性，增加混凝土的干缩，对混凝土具有危害性，须严加控制。

砂中的有害杂质主要有云母、轻物质、有机物、硫化物、硫酸盐、氯盐，以及草根、树叶、树枝等。其限量应符合表2-23的要求。

表 2-23 有害杂质限量

类别	Ⅰ	Ⅱ	Ⅲ
云母(按质量计)/%	≤1.0	≤2.0	
轻物质(按质量计)/%	≤1.0		
有机物	合格		
硫化物及硫酸盐(按SO_3质量计)/%	≤0.5		
氯化物(以氯离子质量计)/%	≤0.01	≤0.02	≤0.06
贝壳(按质量计)/%*	≤3.0	≤5.0	≤8.0
* 该指标仅适用于海砂，其他砂种不作要求			

(2)砂的颗粒集配和细度模数(M_X)。砂的颗粒级配是指砂中不同粒径的颗粒互相搭配及组合的情况。如果砂的粒径相同，如图2-11(a)所示，则其空隙率很大，在混凝土中填充砂子空隙的水泥浆用量就多；当用两种粒径的砂搭配时，空隙就减少了，如图2-11(b)所示；而用三种粒径的砂组配，空隙会更少，如图2-11(c)所示。

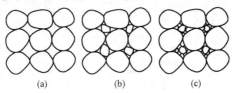

图 2-11 集料的颗粒级配

(a)粒径相同的砂组合；(b)两种粒径的砂搭配；
(c)三种粒径的砂组配

由此可知，颗粒大小均匀的砂是级配不良的砂；当砂中含有较多的粗颗粒，并以适量的中粗颗粒及少量的细颗粒填充其空隙时，其即具有良好的颗粒级配，可使砂的空隙率和总表面积均较小,这样的砂才是比较理想的。使用级配良好的砂,填充空隙用的水泥浆少,节约水泥,而且混凝土的和易性好,强度耐久性好。综上所述,选择细集料时应同时考虑砂的粗细程度和颗粒级配,只有这样才能既满足设计与施工的要求,又节约水泥。

砂的颗粒级配和粗细程度常用筛分法进行测定。其测定方法为:称取500 g干砂试样,使其依次通过一套方孔孔径为9.50 mm、4.75 mm、2.36 mm、1.18 mm、600 μm、300 μm、150 μm的标准筛,然后称量余留在各筛上的砂量,并计算出各筛上的分计筛余和累计筛余。分计筛余是各号筛中所余的砂质量占砂样总质量的百分数,从大到小分别以 a_1、a_2、$\cdots$、a_6 表示。累计筛余是指等于和大于某号筛筛孔的砂子质量之和占砂样总质量的百分数,从大到小分别以 A_1、A_2、$\cdots$、A_6 表示。如:

$$\begin{matrix} A_1 = a_1 \\ A_2 = a_1 + a_2 \\ \cdots \\ A_2 = a_1 + a_2 + \cdots + a_6 \end{matrix} \Bigg\}$$

砂的粗细程度用细度模数 M_X 表示,其计算公式为

$$M_X = \frac{(A_2 + A_3 + A_4 + A_5 + A_6) - 5A_1}{100 - A_1} \tag{2-5}$$

式中 M_X——细度模数;

A_1、A_2、A_3、A_4、A_5、A_6——4.75 mm、2.36 mm、1.18 mm、600 μm、300 μm、150 μm 筛的累计筛余百分率。

细度模数越大,表示砂越粗。普通混凝土用砂的细度模数范围一般为3.7~1.6。其中,M_X=3.7~3.1为粗砂,M_X=3.0~2.3为中砂,M_X=2.2~1.6为细砂。

砂的颗粒级配用级配区表示,以级配区或筛分曲线判断砂级配的合理性。对细度模数为3.7~1.6的普通混凝土用砂,根据600 μm 孔径筛(控制粒级)的累计筛余,划分为1区、2区、3区三个级配区(表2-24),普通混凝土用砂应处于表2-24中的任何一个级配区才符合级配要求。

表2-24 砂的颗粒级配

砂的分类	天然砂			机制砂		
级配区	1区	2区	3区	1区	2区	3区
方筛孔	累计筛余/%					
4.75 mm	10~0	10~0	10~0	10~0	10~0	10~0
2.36 mm	35~5	25~0	15~0	35~5	25~0	15~0
1.18 mm	65~35	50~10	25~0	65~35	50~10	25~0
600 μm	85~71	70~41	40~16	85~71	70~41	40~16
300 μm	95~80	92~70	85~55	95~80	92~70	85~55
150 μm	100~90	100~90	100~90	97~85	94~80	94~75

以累计筛余为纵坐标,以筛孔尺寸为横坐标,根据表2-24的数值可以画出砂的级配曲线(图2-12)。通过比较所测定的砂的筛分曲线是否完全落在三个级配区的任一区内,即可判定该砂是否合格。同时,也可根据筛分曲线的偏向情况,大致判断砂的粗细程度。

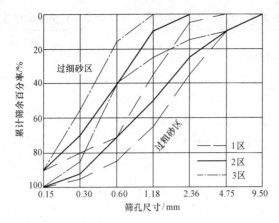

图 2-12 筛分曲线

(3)砂的坚固性。砂的坚固性是指砂在自然风化和其他外界物理、化学因素的作用下抵抗破裂的能力。按标准规定,天然砂用硫酸钠溶液检验,砂样经 5 次循环后,测定其质量损失。人工砂采用压碎指标法进行试验,其相应的指标值均应符合表 2-25 的规定。

表 2-25 砂的坚固性及压碎指标

项目	指标		
	Ⅰ	Ⅱ	Ⅲ
质量损失/%	<8	<8	<10
单级最大压碎指标/%	<20	<25	<30

(4)碱—集料反应。水泥、外加剂等混凝土组分及环境中的碱与集料中碱活性矿物在潮湿环境下会缓慢发生反应,导致混凝土膨胀开裂而破坏。所以混凝土应进行碱—集料反应试验,经碱—集料反应试验后,由砂制备的试件应无裂缝、酥松、胶体外溢等现象,并在规定的试验龄期内膨胀应小于 0.10%。

3. 粗集料

粗集料是指粒径为 4.75~9.0 mm 的岩石颗粒,俗称石子。

普通混凝土常用的粗集料有碎石和卵石。碎石是由天然岩石、卵石或矿山废石经机械破碎、筛分制成的粒径大于 4.75 mm 的岩石颗粒。卵石是由自然风化、水流搬运和分选、堆积形成的,粒径大于 4.75 mm 的岩石颗粒,按其产源可分为河卵石、海卵石、山卵石等。天然卵石表面光滑,少棱角,孔隙率及表面积小,由其拌制的混凝土的和易性好,但与水泥的胶结能力较差。碎石表面粗糙,有棱角,与水泥浆黏结牢固,由其拌制的混凝土的强度较高。使用粗集料时应根据工程要求及就地取材的原则选用。《建设用卵石、碎石》(GB/T 14685—2011)将卵石、碎石按技术要求分为Ⅰ类、Ⅱ类、Ⅲ类。Ⅰ类用于强度等级大于 C60 的混凝土;Ⅱ类用于强度等级为 C30~C60 及抗冻、抗渗或有其他要求的混凝土;Ⅲ类用于强度等级小于 C30 的混凝土。

根据《建设用卵石、碎石》(GB/T 14685—2011)的规定,对碎石和卵石的质量及技术要求有以下几个方面:

(1)含泥量、泥块含量和有害杂质含量。碎石、卵石的含泥量指粒径小于 75 μm 的颗粒含量;泥块含量是指粒径大于 4.75 mm 经水浸洗、手捏后小于 2.36 mm 的颗粒含量。碎石和卵石含泥量、泥块含量和有害杂质含量应符合表 2-26 的要求。

表 2-26　碎石、卵石含泥量、泥块含量和有害杂质含量

项目	质量指标		
	Ⅰ类	Ⅱ类	Ⅲ类
含泥量（按质量计）/%	≤0.5	≤1.0	≤1.5
泥块含量（按质量计）/%	0	≤0.2	≤0.5
有机物	合格	合格	合格
硫化物及硫酸盐含量（按 SO_3 质量计）/%	≤0.5	≤1.0	≤1.0

（2）颗粒形状和表面特征。集料颗粒形状一般有多面体形、球形、棱角形、针状和片状等几种类型。比较理想的集料接近正多面体或球形颗粒。当集料中针、片状颗粒含量超过一定界限时，将使集料空隙率增加，不仅影响混凝土拌合物的拌和性能，而且还会不同程度地危害混凝土的强度。碎石和卵石颗粒的长度大于颗粒所属相应粒级平均粒径 2.4 倍的为针状颗粒；厚度小于平均粒径 0.4 倍的为片状颗粒。平均粒径是指该粒级上、下限粒径的平均值。碎石和卵石的针、片状颗粒含量应符合表 2-27 的规定。

表 2-27　碎石和卵石的针、片状颗粒含量

项目	指标		
	Ⅰ	Ⅱ	Ⅲ
针、片状颗粒（按质量计）/% ≤	≤5	≤10	≤15

粗集料的表面特征主要是指表面的粗糙度和孔隙特征，它们将影响集料和水泥浆之间的黏结力，从而影响混凝土的强度，尤其是抗弯强度。而对于高强度混凝土，这种影响更为显著。一般来说，表面粗糙多孔的集料，其与水泥浆的黏结力较强；反之，表面圆滑的集料与水泥浆的黏结力较差。在水胶比较低的相同条件下，碎石混凝土较卵石混凝土的强度高10%左右。

（3）最大粒径与颗粒级配。粗集料的公称粒径的上限称为该粒级的最大粒径。在集料中最大粒径增大将使集料的总表面积减少，因而，需水量和水泥用量都将有所减少，拌制的混凝土比较经济。但最大粒径的选用要受到诸如结构物断面尺寸、钢筋间距，以及搅拌机容量、叶片强度等因素的制约。根据《混凝土结构工程施工质量验收规范》（GB 50204—2015）的规定，混凝土用粗集料的最大粒径不得大于结构截面最小尺寸的 1/4，同时不得大于钢筋最小净距的 3/4；对于混凝土实心板，可允许采用最大粒径达 1/2 板厚的集料，但最大粒径不得超过 50 mm。

粗集料的级配也是通过筛分试验来确定的，其方孔标准筛的孔径依次为 2.36 mm、4.75 mm、9.50 mm、16.0 mm、19.0 mm、26.5 mm、31.5 mm、37.5 mm、53.0 mm、63.0 mm、75.0 mm 及 90.0 mm 共十二个筛。粗集料的级配应符合国家标准的规定。

（4）坚固性。坚固性是碎石和卵石在自然风化及其他外界物理、化学因素作用下抵抗破裂的能力。集料由于干湿循环或冻融交替等作用引起体积变化，导致混凝土破坏。集料越密实、强度越高、吸水性越小时，其坚固性越高；而结构酥松、矿物成分越复杂、构造越不均匀，其坚固性越差。

坚固性的测定采用硫酸钠溶液法进行试验，碎石、卵石的质量损失应符合表 2-28 的规定。

表 2-28　卵石、碎石的坚固性指标

类别	Ⅰ	Ⅱ	Ⅲ
质量损失/%	≤5	≤8	≤12

(5)强度。粗集料在混凝土中要形成坚实的骨架,故其强度要满足一定的要求。粗集料的强度有立方体抗压强度和压碎指标值两种。

立方体抗压强度是用浸水饱和状态下的集料母体岩石制成的 50 mm×50 mm×50 mm 立方体试件,在标准试验条件下测得的抗压强度值。要求该强度:火成岩不小于 80 MPa,变质岩不小于 60 MPa,水成岩不小于 30 MPa。

压碎指标是对粒状粗集料强度的另一种测定指标。测定方法是将气干的石子按规定方法填充于压碎指标测定仪(内径为 152 mm 的圆筒)内,其上放置压头,在试验机上均匀加荷至 200 kN 并稳荷 5 s,卸荷后称量试样质量(G_1),然后再用孔径为 2.36 mm 的筛进行筛分,称其筛余量(G_2),则压碎指标 Q_e 可用下式表示:

$$Q_e = \frac{G_1 - G_2}{G_2} \times 100\% \tag{2-6}$$

压碎指标值越大,说明集料的强度越小。该种方法操作简便,在实际生产质量控制中的应用较普遍。根据国家标准《建设用卵石、碎石》(GB/T 14685—2011),粗集料的压碎指标值的控制可参照表 2-29。

表 2-29 卵石、碎石的压碎指标

类别	I	II	III
碎石压碎指标/%	≤10	≤20	≤30
卵石压缩指标/%	≤12	≤14	≤16

4. 拌合用水

混凝土拌合用水按水源可分为饮用水、地表水、地下水、海水。拌合用水所含物质对混凝土、钢筋混凝土和预应力混凝土不应产生以下有害作用:
(1)影响混凝土的工作性及凝结;
(2)有碍混凝土强度的发展;
(3)降低混凝土的耐久性,加快钢筋腐蚀及导致预应力钢筋脆断;
(4)污染混凝土表面。

根据以上要求,符合国家标准《混凝土用水标准》(JGJ 63—2006)的生活用水(自来水、河水、江水、湖水)可直接拌制各种混凝土。海水只可用于拌制素混凝土。地表水和地下水首次使用前应按表 2-30 的规定进行检测,有关指标值在限值内才可作为拌合用水。

表 2-30 混凝土拌合用水有害物质含量的限值

项目	预应力混凝土	钢筋混凝土	素混凝土
pH 值	≥5.0	≥4.5	≥4.5
不溶物/(mg·L^{-1})	≤2 000	≤2 000	≤5 000
可溶物/(mg·L^{-1})	≤2 000	≤5 000	≤10 000
Cl$^-$/(mg·L^{-1})	≤500	≤1 000	≤3 500
SO$_4^{2-}$/(mg·L^{-1})	≤600	≤2 000	≤2 700
碱含量/(mg·L^{-1})	≤1 500	≤1 500	≤1 500

注:碱含量按 Na$_2$O+0.658K$_2$O 计算值来表示。采用非碱活性集料时,可不检验碱含量

5. 外加剂

(1)减水剂。

1)减水剂的作用原理。常用减水剂均属表面活性物质，其分子结构由亲水基团和憎水基团两部分组成。当水泥加水拌和后，水泥颗粒之间分子凝聚力的作用使水泥浆形成絮凝结构，如图 2-13(a)所示，在这些絮凝结构中包裹了一定的拌合用水(游离水)，从而降低了混凝土的和易性。例如，在水泥浆中加入适量的减水剂，减水剂的表面活性作用致使亲水基团指向水溶液，憎水基团定向吸附于水泥颗粒表面，使水泥颗粒表面带有相同的电荷，在电性斥力作用下，水泥颗粒分开，如图 2-13(b)所示，絮凝结构解体，包裹的游离水被释放出来，从而有效地增加了混凝土的流动性。当水泥颗粒表面吸附足够的减水剂后，水泥颗粒表面形成一层稳定的溶剂化水膜，如图 2-13(c)所示，它阻止了水泥颗粒之间的直接接触并在颗粒之间起润滑作用，也改善了混凝土的和易性。另外，由于水泥颗粒被有效分散，颗粒表面被水分充分润湿，增大了水泥颗粒的水化面积，使水化比较充分，从而提高了混凝土的强度。

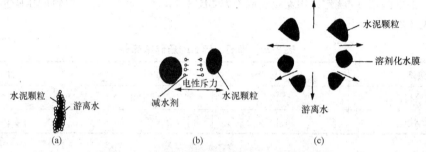

图 2-13　水泥浆的絮凝结构和减水剂作用示意
(a)絮凝结构；(b)、(c)减水剂对水泥浆分散作用

2)减水剂的效果。

①减少用水量。在保持拌合物流动性不变的情况下，可减少用水量10%～20%。

②提高流动性。在用水量及水胶比不变的条件下，掺入减水剂后，可提高混凝土的流动性且不影响混凝土的强度。

③提高混凝土强度。在保持流动性及水泥用量不变的条件下，可减少用水量，从而降低了水胶比，使混凝土强度提高15%～20%，特别是早期强度提高更为显著。

④节约水泥。在保持流动性及水胶比不变的条件下，可以在减少拌合用水量的同时，相应减少水泥用量，即在保持混凝土强度不变时，节约水泥用量。

⑤改善混凝土的耐久性。由于减水剂的掺入，显著地改善了混凝土的孔结构，使混凝土的密实度提高，从而提高混凝土抗渗、抗冻、抗化学腐蚀性，使耐久性提高。

另外，掺用减水剂后，还可以改善混凝土的泌水、离析现象；延缓混凝土的凝结时间；降低水泥水化放热速度。可配制特殊混凝土、高强度混凝土、高性能混凝土。

3)常用的减水剂。

①木质素系减水剂。这类减水剂包括木质素磺酸钙(木钙)、木质素磺酸钠(木钠)、木质素磺酸镁(木镁)等。其中，木钙减水剂(又称 M 型减水剂)使用较多。

木钙减水剂的掺量一般为水泥质量的0.2%～0.3%，其减水率为10%～15%，混凝土 28 d 抗压强度提高10%～20%。若不减水，混凝土坍落度将增大80～100 mm。若保持混凝土的抗压强度和坍落度不变，加入木钙减水剂可节约水泥用量10%左右。木钙减水剂对混凝土有缓凝作用，掺量过多或在低温下缓凝作用更为显著，而且可能使混凝土强度降低，使用时应注意。

木钙减水剂可用于素混凝土、钢筋混凝土、预应力混凝土，并可制备高强度、高性能混凝土。木钙减水剂不宜单独用于冬期施工,在日最低气温低于5℃时,应将其与早强剂或防冻剂复合使用。木钙减水剂也不宜单独用于蒸养混凝土,以免蒸养后混凝土表面出现疏松现象。

②萘磺酸盐减水剂。萘磺酸盐减水剂简称萘系减水剂,一般为棕黄色粉末,也有的为棕色黏稠液体。这类减水剂品牌很多,我国主要有NNO、NF、FDN、UNF、MF等品牌。

萘系减水剂的掺量为水泥质量的0.5%~1.0%,减水率为12%~25%,混凝土28 d强度提高20%以上。在保持混凝土强度和坍落度相近时,可节约水泥10%~20%。掺入萘磺酸盐减水剂后,混凝土的其他力学性能,以及抗渗、耐久性等均有所改善。萘系减水剂适用于配制早强、高强、流态、泵送、蒸养混凝土,可用于冬期施工。

③水溶性树脂减水剂。此类减水剂是以一些水溶性树脂为主要原料制成。该类减水剂增强效果显著,为高效减水剂,我国产品有SM树脂减水剂等。

SM减水剂掺量为水泥质量的0.5%~2.0%,其减水率为20%~30%,混凝土3 d强度提高30%~100%,28 d强度可提高20%~30%。同时,能提高混凝土抗渗、抗冻性能。SM减水剂适于配制高强度混凝土、早强混凝土、流态混凝土及蒸养混凝土等。

(2)早强剂。早强剂是加速混凝土早期强度发展并对后期强度发展无显著影响的外加剂。早强剂宜用于蒸养、常温、低温和最低温度不低于−5℃环境中有早强要求的混凝土工程,炎热条件及温度低于−5℃环境下不宜使用早强剂,不宜用于大体积混凝土结构,多用于冬期施工和抢修工程。早强剂按其化学成分可分为无机盐类、有机物类和复合型三大类。

1)无机盐类早强剂。无机盐类早强剂中,以氯化物、硫酸盐最为常用。

①氯化物类。氯化物主要有氯化钙和氯化钠,其中以氯化钙应用最广。氯化钙掺量一般为水泥质量的0.5%~1.0%,能使混凝土3 d强度提高50%~100%,7 d强度提高20%~40%,同时能降低混凝土中水的冰点,防止混凝土早期受冻。

在混凝土中掺氯化钙后,氯化钙可与水泥中的铝酸三钙作用生成不溶性的复盐——水化氯铝酸钙($C_3A \cdot CaCl_2 \cdot 10H_2O$),并与氢氧化钙作用生成不溶性复盐——氧氯化钙[$CaCl_2 \cdot 3Ca(OH)_2 \cdot 12H_2O$]。这些复盐的形成,增加了水泥浆中固相的比例,有助于水泥石结构的形成。同时,由于氯化钙与氢氧化钙的迅速反应,降低了液相中的碱度,使C_3S、C_2S水化反应加快,也有利于提高水泥石早期强度。

②硫酸盐类。硫酸盐类早强剂主要有硫酸钠、硫代硫酸钠、硫酸钙和硫酸铝等。其中硫酸钠应用最广。硫酸钠一般掺量为0.5%~2.0%,当掺量为1%~1.5%时,达到混凝土设计强度70%的时间可缩短一半左右。

在混凝土中掺入硫酸钠后,硫酸钠与水泥水化产物$Ca(OH)_2$迅速发生化学反应,生成高分散性的硫酸钙,均匀分布在混凝土中,这些高度分散的硫酸钙,极易与C_3A反应,能迅速生成水化硫铝酸钙,大大加快了水泥的硬化。同时,由于上述反应的进行,溶液中$Ca(OH)_2$浓度降低,从而促使C_3S水化加速,使混凝土早期强度提高。

硫酸钠对钢筋无锈蚀作用,适用于不允许掺用氯盐的混凝土。但由于它与$Ca(OH)_2$作用生成强碱NaOH,为防止碱—集料反应,硫酸钠严禁用于含有活性集料的混凝土。同时,应注意硫酸钠不能超量掺加,以免混凝土产生后期膨胀开裂破坏,以及防止混凝土表面产生"白霜"。

2)有机物类早强剂。有机物类早强剂主要有三乙醇胺、三异丙醇胺和尿素等,其中早强效果以三乙醇胺为佳。三乙醇胺为无色或淡黄色油状液体,呈碱性,能溶于水。其掺量为水泥质量的0.02%~0.05%,一般不单独使用,常与其他早强剂(如氯化钠、氯化钙和硫酸钠等)复合使用,早强效果更加显著。

三乙醇胺对混凝土稍有缓凝作用,掺量过多会造成混凝土严重缓凝和混凝土强度下降,故应严格控制掺量,掺量不大于水泥质量的0.05%。

3)复合型早强剂。复合型早强剂可以是无机盐类与有机物类的复合,也可以是无机盐类与无机盐类的复合,还可以是有机物类与有机物类之间的复合。复合型早强剂往往比单组分早强剂效果好,并能改善单组分早强剂的不足,掺量也比单组分早强剂低。在众多复合型早强剂中,以三乙醇胺与无机盐类复合型早强剂效果最好,应用最广。

(3)引气剂。引气剂是指在混凝土搅拌过程中,能引入大量分布均匀的微小气泡,以减少混凝土泌水、离析,改善和易性,并能显著提高硬化混凝土的抗冻性、耐久性的外加剂。

目前,应用较多的引气剂为松香热聚物、松香皂和烷基苯磺酸盐等。其中,以松香热聚物的效果最好、应用最多,松香热聚物是由松香与硫酸、石炭酸起聚合反应,再经氢氧化钙中和而成。松香热聚物的适宜掺量为水泥质量的 0.005%~0.02%,混凝土的含气量为 3%~5%,减水率为 8%左右。

引气剂属憎水性表面活性剂,由于其能显著降低水的表面张力和界面性能,使水溶液在搅拌过程中极易产生许多微小的封闭气泡。同时,引气剂定向吸附在气泡表面,形成较为牢固的液膜,使气泡稳定而不易破裂。由于大量微小、封闭并均匀分布的气泡的存在,混凝土的某些性能得到明显改善。

1)改善混凝土的和易性。混凝土内大量微小封闭球状气泡,如同滚珠一样,减小了颗粒之间的摩擦力,使混凝土流动性增加。同时,由于水分均匀分布在大量气泡的表面,使能自由移动的水量减少,混凝土的泌水量大大减少,保水性、黏聚性也随之提高。

2)显著提高混凝土的抗渗性、抗冻性。大量均匀分布的封闭气泡切断了混凝土中毛细管渗水通道,改变了混凝土的孔结构,使混凝土抗渗性显著提高。同时,封闭气泡有较大的弹性变形能力,对由于结冰所产生的膨胀应力有一定的缓冲作用,因而,混凝土的抗冻性也得到了提高。

3)降低混凝土的强度。由于大量气泡的存在,减少了混凝土的有效受力面积,混凝土的强度有所降低。一般混凝土的含气量每增加 1%时,其抗压强度将降低 4%~5%。

(4)缓凝剂。缓凝剂是指能延缓混凝土凝结的时间并对混凝土后期强度发展无不利影响的外加剂。

1)缓凝剂的品种。

①葡萄糖、蔗糖、糖蜜、糖钙等糖类化合物;

②柠檬酸(钠)、酒石酸(钾钠)、葡萄糖酸(钠)、水杨酸及其盐类等,羟基羧酸及其盐类;

③山梨醇、甘露醇等多元醇及其衍生物;

④2-膦酸丁烷-1,2,4-三羧酸(PBTC)、氨基三甲叉膦酸(ATMP)及其盐类等,有机膦酸及其盐类;

⑤磷酸盐、锌盐、硼酸及其盐类、氟硅酸盐等无机盐类;

⑥复合缓凝剂,是指由不同的缓凝组分复合而成的缓凝剂。

2)缓凝剂的作用。缓凝剂具有缓凝、减水、降低水化热的作用,对钢筋也无锈蚀作用,主要适用于大体积混凝土、炎热气候下施工的混凝土及需要长时间停放或长距离运输的混凝土。

缓凝剂的掺量不宜过多,否则会引起混凝土强度降低,甚至长时间不凝结。另外,缓凝剂对水泥品种适应性十分明显,不同水泥品种缓凝效果不相同。因此,使用前应通过试验选择缓凝剂品种。

缓凝剂不宜用于日最低气温 5℃以下施工的混凝土,也不宜单独用于有早强要求的混凝土及蒸养混凝土。

(5)防冻剂。防冻剂是指在规定温度下,能显著降低混凝土的冰点,使混凝土液相不冻结或仅部分冻结，以保证水泥的水化作用，并在一定的时间内获得预期强度的外加剂。

1)防冻剂品种。

①混凝土工程可采用以某些醇类、尿素等有机化合物为防冻组分的有机化合物类防冻剂。

②混凝土工程可采用下列无机盐类防冻剂：

a. 以亚硝酸盐、硝酸盐、碳酸盐等无机盐为防冻组分的无氯盐类。

b. 含有阻锈组分并以氯盐为防冻组分的氯盐阻锈类。

c. 以氯盐为防冻组分的氯盐类。

③混凝土工程可采用防冻组分与早强、引气和减水组分复合而成的防冻剂。

2)防冻剂施工。

①防冻剂的品种、掺量应以混凝土浇筑后 5 d 内的预计日最低气温选用。在日最低气温为 －5 ℃～－10 ℃、－10 ℃～－15 ℃、－15 ℃～－20 ℃时，应分别选用规定温度为－5 ℃、－10 ℃、－15 ℃的防冻剂。

②掺防冻剂的混凝土所用原材料应符合下列要求：宜选用硅酸盐水泥、普通硅酸盐水泥；集料应清洁，不得含有冰、雪、冻块及其他易冻裂物质。

③防冻剂与其他外加剂同时使用时，应经试验确定，并应满足设计和施工要求后再使用。

④使用液体防冻剂时，储存和输送液体防冻剂的设备应采取保温措施。

⑤掺防冻剂混凝土的入模温度不应低于 5 ℃。

二、混凝土的技术性质

(一)混凝土的和易性

1. 和易性的概念

和易性是指混凝土能保持其组成成分均匀，不发生分层离析、泌水等现象，适用于运输、浇筑、捣实成型等施工作业，并能获得质量均匀、密实的混凝土的性能。和易性是一项综合技术性能，包括流动性、黏聚性和保水性三个方面。

(1)流动性是指混凝土在自重或机械振捣力的作用下，能产生流动并均匀密实地充满模型的性能。流动性的大小反映混凝土的稀稠程度。拌合物太稠，混凝土难以振捣，易造成内部孔隙；拌合物过稀，会分层离析，影响混凝土的均匀性。

(2)黏聚性是指混凝土内部组分之间具有一定的黏聚力，在运输和浇筑过程中不致发生离析分层现象，而使混凝土能保持整体均匀的性能。

(3)保水性是指混凝土具有一定的保持内部水分的能力，在施工过程中不致产生严重的泌水现象。

2. 和易性的测定方法

混凝土的和易性是一项综合的技术性质，目前难以用一个单一的指标来全面衡量。根据我国现行标准《普通混凝土拌合物性能试验方法标准》(GB/T 50080—2016)规定，混凝土的流动性大小用坍落度与坍落扩展度法和维勃稠度法测定，如图 2-14 所示，同时，辅以直观经验来评定黏聚性和保水性，以评定和易性。

(1)坍落度与坍落扩展度的测定。将拌合物按规定的方法装入坍落度筒内并均匀插捣，装满刮平后，将坍落度筒垂直提起，拌合物在自重作用下向下坍落，量出筒高与混凝土试体最高点之间的高度差(以 mm 计)，该差值即坍落度值(用 T 表示)，如图 2-14(a)所示，坍落度值越大，表示混凝土流动性越好。

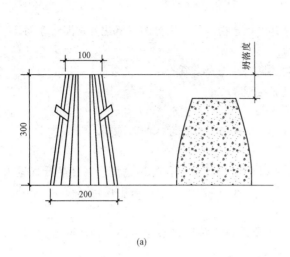 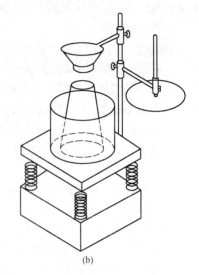

图 2-14　坍落度与坍落扩展度法及维勃稠度试验示意
(a)坍落度与坍落扩展度法；(b)维勃稠度试验

在进行坍落度试验过程中，同时观察拌合物的黏聚性和保水性。用捣棒在已坍落的混凝土锥体侧面轻轻敲打，此时如果锥体保持整体均匀，逐渐下沉，则表示拌合物黏聚性良好；若锥体突然倒塌、部分崩裂或出现离析现象，则表示拌合物黏聚性较差。若有较多的稀浆从锥体底部析出，锥体部分的混凝土也因失浆而集料外露，则表明混凝土保水性不好；如无稀浆或仅有少量稀浆自底部析出，则表明此混凝土保水性良好。

坍落度为 10～220 mm，对混凝土的稠度具有良好的反映能力，但当坍落度大于 220 mm 时，需要做坍落扩展度试验。

坍落扩展度试验是在做坍落度试验的基础上，当坍落度值大于 220 mm 时，测量混凝土扩展后最终的最大直径和最小直径。在最大直径和最小直径的差值小于 50 mm 时，用其算术平均值作为其坍落扩展度值。如果粗集料在中央堆积、水泥浆从边缘析出，这是混凝土在扩展的过程中产生离析而造成的，说明混凝土抗离析性能很差。

(2)维勃稠度的测定。对于干硬性混凝土，若采用坍落度试验，测出的坍落度值过小，不易准确反映其工作性，这时需要用维勃稠度试验测定。其方法是：将坍落度筒置于维勃稠度仪上的圆形容器内并固定在规定的振动台上。将混凝土按规定方法装入坍落度筒内，将坍落度筒垂直提起后，将维勃稠度仪上的透明圆盘转至试体顶面，使之与试体接触，如图 2-14(b)所示。开启振动台的同时用秒表计时，记录下当透明圆盘下面布满水泥浆时，所经历的时间(以 s 计)，称为该拌合物的维勃稠度。

(3)混凝土流动性(坍落度)的选择。选择混凝土的坍落度，原则上应在不妨碍施工操作并保证振捣密实的条件下进行，尽量采用较小的坍落度，以节约水泥并获得质量高的混凝土。要根据结构类型、构件截面大小、配筋疏密、输送方式和施工捣实方法等因素来确定混凝土的坍落度。若构件截面较小、钢筋较密或采用人工插捣，坍落度可选择大些；反之，若构件截面尺寸较大、钢筋较疏或采用机械振捣时，坍落度可选择小些。混凝土浇筑时的坍落度选择见表 2-31。维勃稠度值越大，表示混凝土的流动性越小。

表 2-31　混凝土浇筑时的坍落度选择

结构种类	坍落度/mm
基础或地面等的垫层、无筋的大体积结构(挡土墙、基础等)或配筋稀疏的结构	10～30
板、梁或大型及中型截面的柱子等	30～50
配筋密列的结构(薄壁、斗仓、筒仓、细柱等)	50～70
配筋特密的结构	70～90

注：1. 本表是采用机械振捣时的坍落度，当采用人工振捣时可适当增大。
　　2. 轻集料混凝土，坍落度宜较表中数值减少 10～20 mm

3. 影响和易性的主要因素

(1) 水泥浆的用量与稠度。混凝土拌合物的流动性主要取决于水泥浆用量。水泥浆填充于集料颗粒之间的空隙，并包裹集料，使其表面形成一层水泥浆层。水泥浆的存在起到了润滑剂的作用，使得集料之间的相对运动更容易进行。水泥浆层的厚度越大，集料颗粒产生相对运动的阻力就会越小。所以，混凝土中水泥浆含量增多，集料含量相对减少，混凝土拌合物的流动性就会增大。但水泥浆过多容易造成流浆、分层离析，使拌合物黏聚性和保水性变差，硬化后的混凝土强度和耐久性严重下降。故水泥浆量不宜过多或过少。

另外，混凝土拌合物的流动性还与水泥浆的稠度有关，而稠度的变化又取决于水胶比(水与胶凝材料质量之比)。稠度越大，水胶比越小，集料相对运动的阻力就越大，拌合物的流动性就越小；反之，拌合物的流动性就大。在胶凝材料用量不变的条件下，水胶比小，即用水量减少，拌合物的黏聚性好、泌水少，但水胶比过小则会因拌合物的流动性太小而不易密实成型。同样，增大水胶比，即增加用水量，可使拌合物的流动性增大。但随着用水量的进一步增大，混凝土拌合物的黏聚性和保水性也会随之恶化；同时，若保持水胶比不变，则胶凝材料用量会随之增多。因此，不应盲目增加混凝土拌合物的用水量。

(2) 水泥的品种和细度。水泥的品种不同，其需水量也不同，对混凝土拌合物的和易性也会造成一定影响。

一般来说，当水胶比相同时，用普通硅酸盐水泥所拌制的混凝土拌合物的流动性大，保水性好；用矿渣水泥拌制时，混凝土拌合物的保水性差；用粉煤灰水泥拌制时，混凝土拌合物的流动性小，黏聚性和保水性也较好；用火山灰水泥拌制时，混凝土拌合物的流动性小，黏聚性和保水性较好。

水泥细度越小，即总表面积越大，其需水量也相应增加。但细度大的水泥其拌合物的黏聚性和保水性较好，并能减少离析和泌水现象。

(3) 砂率。砂率是指混凝土拌合物中砂的用量占砂、石总用量的百分率。由适当含量的细集料组成的砂浆，在拌合物中起着润滑作用，可减少粗集料颗粒之间的摩擦阻力。所以，在一定砂率范围内，随着砂率的增加，润滑作用也明显增加，混凝土拌合物流动性提高。但当砂率过大时，因砂子用量过多，其总表面积增加较大，需要润湿砂的表面水也增加，在一定的加水量条件下，拌合物的流动性降低。砂率过小，即石子用量过大、砂子用量过小时，水泥砂浆的数量不足以包裹石子，使拌合物易于产生离析现象。同时，由于砂浆过稀，还会使泌水增加。因此，在配制混凝土时，要根据不同情况选择最佳砂率。所谓最佳砂率，是指在满足混凝土和易性要求的条件下，使得单位体积用水量最小的砂率。

(4) 粗集料。粗集料的品种、粒径、级配和表面形状等都对混凝土拌合物的和易性产生影响。在材料用量相同的情况下，卵石混凝土拌合物的流动性优于碎石混凝土。集料级配好，其空隙率小。在相同水泥浆量的情况下，填充集料空隙的水泥浆越少，则剩余水泥浆越多，就可在集料表面形成较厚的水泥浆层而提高拌合物的流动性。石子越接近球形颗粒，颗粒之间摩擦阻力越小，流动性越高。若石子中针、片状颗粒增多，就会使拌合物的和易性下降。

(5)外加剂。外加剂(如减水剂、引气剂等)对拌合物的和易性有很大的影响。在拌制混凝土时，加入少量的外加剂能使混凝土拌合物在不增加水泥用量的条件下获得良好的和易性，不仅混凝土流动性显著增加，而且还有效地改善了拌合物的黏聚性和保水性。

(6)时间和温度。混凝土拌合物的和易性随时间的延续而降低，这是由于拌合物中的水分因水化反应、集料颗粒对水的吸附及蒸发等原因而逐渐减少所造成的。

随着温度的升高，混凝土拌合物的流动性也要降低，这是因为环境温度升高使水分蒸发及水化反应速度加快所致。因此，夏期施工时，为了保持一定的和易性，应适当增加拌合物的用水量。

(二)混凝土硬化后的强度

混凝土硬化后的强度包括抗压、抗拉、抗弯、抗剪及握裹强度等，其中以抗压强度最大，故在工程上其为混凝土所承受的主要压力，而且混凝土的抗压强度与其他强度之间有一定的相关性，可以根据抗压强度的大小来估计其他强度值，因此，混凝土的抗压强度是最重要的一项性能指标。

1. 混凝土立方体抗压强度

混凝土抗压强度是指其标准试件在压力作用下直至破坏时，单位面积所能承受的最大压力。根据《混凝土物理力学性能试验方法标准》(GB/T 50081—2019)的规定，混凝土抗压强度是指按标准方法制作的边长为 150 mm 的立方体试件，成型后立即用不透水的薄膜覆盖表面，在温度为(20±5)℃的环境中静置 1~2 昼夜，然后在标准养护条件[温度为(20±2)℃，相对湿度为 95% 以上或在温度为(20±2)℃的不流动的 $Ca(OH)_2$ 饱和溶液中]下，养护至 28 d 龄期(从搅拌加水开始计时)，经标准方法测试得到的抗压强度值，称为混凝土立方体抗压强度，以 f_{cc} 表示。

混凝土物理力学性能试验方法标准

测定混凝土抗压强度，也可以按粗集料最大粒径的尺寸选用边长为 100 mm 和 200 mm 的立方体非标准试块，在特殊情况下，可采用 ϕ150 mm×300 mm 的圆柱体标准试件或 ϕ100 mm×200 mm 和 ϕ200 mm×400 mm 的圆柱体非标准试件。但在计算其抗压强度时，应乘以换算系数，以得到相当于标准试件的试验结果。

《混凝土结构设计规范(2015 年版)》(GB 50010—2010)规定，混凝土强度等级应按立方体抗压强度标准值确定。测定混凝土立方体抗压强度，作为检查混凝土质量及确定混凝土强度等级的主要依据。立方体抗压强度试验应至少采用 3 个不同的配合比，其中一个应为试拌配合比，另外，两个水胶比宜较试拌配合比分别增加和减少 0.05，用水量应与试拌配合比相同，砂率可分别增加和减少 1%。每个配合比至少制作一组试件并应标准养护到 28 d 或设计规定龄期时试压。测定抗压强度的混凝土试件承压面的平面度公差不得超过 0.000 5d(d 为边长)，试件的相邻面间的夹角应为 90°，其公差不得超过 0.5，试件各边长、直径和高的尺寸公差不得超过 1 mm。

2. 混凝土轴心抗压强度

混凝土的强度等级是采用立方体试件来确定的。但在实际工程中，混凝土结构构件的形式极少是立方体，大部分是棱柱体或圆柱体，为了更好地反映混凝土的实际抗压性能，在钢筋混凝土构件承载力计算时，常采用混凝土轴心抗压强度作为设计依据。

根据《混凝土物理力学性能试验方法标准》(GB/T 50081—2019)的规定，测定轴心抗压强度采用 150 mm×150 mm×300 mm 的棱柱体作为标准试件，在标准养护条件下养护至 28 d 龄期后按照标准试验方法测得，用 f_{cp} 表示。在立方体抗压强度 $f_{cc}=10\sim55$ MPa 的范围内，混凝土轴心抗压强度 f_{cp} 为立方体抗压强度 f_{cc} 的 70%~80%。

3. 影响混凝土强度的主要因素

混凝土承受外界应力的能力不仅取决于其所受应力的种类，而且还取决于如材料的品种、性能、配合比、成型及养护的条件等因素。

(1)水泥强度等级与水胶比。水泥强度等级和水胶比是影响混凝土强度的最主要因素，因为混凝土强度主要取决于水泥石的强度及水泥石与集料的黏结力。水泥强度等级越高，水胶比越小，水泥石强度越高，它与集料的黏结力也越大。在水泥强度等级相同的情况下，混凝土强度将随水胶比的增大而降低，这是由于水胶比的增大虽能使混凝土和易性得到改善，但多余的水分会残留在混凝土中。当水分蒸发后在混凝土内部就形成了许多孔隙，使混凝土强度降低。

(2)集料。当集料级配良好、砂率适当时，由于组成了坚固紧密的骨架，故有利于混凝土强度的提高。如果混凝土集料中有害杂质较多，且集料品质较差、级配不好时，所配制的混凝土强度就会降低。

集料的形状和表面状态对其与水泥砂浆的黏结也有较大的影响。表面粗糙、多棱角的碎石集料较表面光滑的卵石集料与水泥砂浆有更强的黏结力，因而，混凝土强度也较后者为高。另外，集料的形状以接近球形或正多面体为好。若含有较多扁平或细长颗粒，将会使混凝土内部的孔隙率增大，增加混凝土的薄弱环节，导致混凝土强度下降。

集料的强度对混凝土强度的影响也较大。一般情况下，集料强度越高，所配制的混凝土强度也越高，尤其是在低水胶比和配制高强度混凝土时特别明显。

(3)养护温度和湿度。混凝土强度是一个渐进发展的过程，其发展的程度和速度取决于水泥的水化状况，而温度和湿度是影响水泥水化速度和程度的重要因素。因此，养护的目的就是为混凝土提供一个适宜的温度和足够的湿度，以确保水泥水化的正常进行。养护温度高，水化速度快，混凝土的强度发展也快；反之，在低温下混凝土强度发展缓慢，当温度降至冰点以下时，则由于混凝土中的水分大部分结冰而使混凝土强度发展停止。同时，孔隙中水分结冰对孔壁产生较大压力，使孔壁开裂，混凝土内部结构遭到破坏。混凝土早期强度越低越容易冻坏，故应防止混凝土早期受冻。

水是水泥水化反应的必要条件，只有环境湿度适宜，水泥水化才能顺利进行。若浇筑后使混凝土处于干燥环境中，混凝土会因失水干燥而使水化不能正常进行，甚至停止水化。水泥水化不充分还会使混凝土内部结构疏松，形成干缩裂缝，从而影响混凝土的强度和耐久性。

(4)龄期。混凝土强度随龄期的增长而逐渐提高。在正常养护条件下，混凝土的强度发展有如下规律：早期强度发展快，一般 28 d 即可达到设计强度的规定值；后期强度发展较缓慢，甚至延续数十年之久。

(5)外加剂及矿物掺合料。在混凝土中加入外加剂或矿物掺合料时，混凝土强度会受到一定的影响。如掺入减水剂时，可提高混凝土的强度；掺入早强剂可提高混凝土的早期强度；掺入粉煤灰，混凝土早期强度虽有所降低，但后期强度将会提高。

(三)混凝土的耐久性

混凝土结构物在实际使用过程中，由于受环境中干湿交替、冻融循环、化学侵蚀等的影响，将会受到不同程度的损害。混凝土抵抗环境介质作用而保持其强度的能力，称为耐久性。混凝土的耐久性包括抗冻性、抗渗性、抗腐蚀性、抗碳化及碱—集料反应等。

《混凝土耐久性检验评定标准》(JGJ/T 193—2009)规定，混凝土性能等级划分如下：

(1)混凝土的抗冻性能、抗水渗透性能和抗硫酸盐侵蚀性能的等级划分应符合表 2-32 的规定。

表 2-32　混凝土的抗冻性能、抗水渗透性能和抗硫酸盐侵蚀性能的等级划分

抗冻等级（快冻法）		抗冻等级（慢冻法）	抗渗等级	抗硫酸盐侵蚀等级
F50	F250	D50	P4	KS30
F100	F300	D100	P6	KS60
F150	F350	D150	P8	KS90
F200	F400	D200	P10	KS120
>F400		>D200	P12	KS150
			>P12	>KS150

(2) 混凝土抗氯离子渗透性能的等级划分应符合下列规定：

1) 当采用氯离子迁移系数（RCM法）划分混凝土抗氯离子渗透性能等级时，应符合表 2-33 的规定，且混凝土测试龄期应为 84 d。

表 2-33　混凝土抗氯离子渗透性能的等级划分（RCM 法）

等级	RCM-Ⅰ	RCM-Ⅱ	RCM-Ⅲ	RCM-Ⅳ	RCM-Ⅴ
氯离子迁移系数 D_{RCM}（RCM 法）/($\times 10^{-12} m^2 \cdot s^{-1}$)	$D_{RCM} \geq 4.5$	$3.5 \leq D_{RCM} < 4.5$	$2.5 \leq D_{RCM} < 3.5$	$1.5 \leq D_{RCM} < 2.5$	$D_{RCM} < 1.5$

2) 当采用电通量划分混凝土抗氯离子渗透性能等级时，应符合表 2-34 的规定，且混凝土测试龄期宜为 28 d。当混凝土中水泥混合材料与矿物掺合料之和超过胶凝材料用量的 50% 时，测试龄期可为 56 d。

表 2-34　混凝土抗氯离子渗透性能的等级划分（电通量法）

等级	Q-Ⅰ	Q-Ⅱ	Q-Ⅲ	Q-Ⅳ	Q-Ⅴ
电通量 Q_s/C	$Q_s \geq 4\,000$	$2\,000 \leq Q_s < 4\,000$	$1\,000 \leq Q_s < 2\,000$	$500 \leq Q_s < 1\,000$	$Q_s < 500$

(3) 混凝土抗碳化性能的等级划分应符合表 2-35 的规定。

表 2-55　混凝土抗碳化性能的等级划分

等级	T-Ⅰ	T-Ⅱ	T-Ⅲ	T-Ⅳ	T-Ⅴ
碳化深度 d/mm	$d \geq 30$	$20 \leq d < 30$	$10 \leq d < 20$	$0.1 \leq d < 10$	$d < 0.1$

(4) 混凝土早期抗裂性能的等级划分应符合表 2-36 的规定。

表 2-36　混凝土早期抗裂性能的等级划分

等级	L-Ⅰ	L-Ⅱ	L-Ⅲ	L-Ⅳ	L-Ⅴ
单位面积上的总开裂面积 c/(mm$^2 \cdot$m^{-2})	$c \geq 1\,000$	$700 \leq c < 1\,000$	$400 \leq c < 700$	$100 \leq c < 400$	$c < 100$

三、混凝土配合比设计

(一)混凝土配合比设计的基本要求

《普通混凝土配合比设计规程》(JGJ 55—2011)规定,混凝土配合比设计应满足混凝土配制强度及其他力学性能、拌合物性能、长期性能和耐久性能的设计要求。一般来说,混凝土配合比设计的基本要求包括以下四个方面:
(1)满足施工对混凝土和易性的要求;
(2)满足结构设计提出的对混凝土强度等级的要求;
(3)满足工程所处环境对混凝土的抗渗性、抗冻性及其他耐久性的要求;
(4)在满足(1)~(3)要求的前提下,尽量节省水泥,以满足经济性要求。

普通混凝土配合比设计规程

(二)混凝土配合比设计的基本参数

水胶比、单位用水量和砂率是混凝土配合比设计的三个基本参数,它们与混凝土各项性能之间有着非常密切的关系。因此,混凝土配合比设计主要是正确地确定出这三个参数,以保证配制出满足工程要求的混凝土。

(1)水胶比的确定。水胶比的确定主要取决于混凝土的强度和耐久性。从强度角度看,水胶比应小些,水胶比可根据混凝土的强度公式来确定;从耐久性角度看,水胶比越小,水泥用量越多,混凝土的密度就会越高,则耐久性越好,这可通过控制最大水胶比和最小水泥用量来满足。由强度和耐久性分别决定的水胶比往往是不同的,此时应取较小值;但在强度和耐久性都已满足的前提下,水胶比应取较大值,以获得较高的流动性。

(2)单位用水量的确定。用水量的多少是影响混凝土拌合物流动性大小的重要因素。单位用水量在水胶比和水泥用量不变的情况下,实际反映的是水泥浆量与集料用量之间的比例关系。水泥浆量须满足包裹粗、细集料表面并保持足够的流动性的要求,但用水量过大,会降低混凝土的耐久性。

(3)砂率的确定。砂率的大小不仅影响拌合物的流动性,而且对黏聚性和保水性也有很大的影响,因此,配合比设计应选用合理砂率。砂率主要应从满足工作性和节约水泥两个方面考虑。在水泥浆量不变的前提下,砂率应取坍落度最大而黏聚性和保水性又好的砂率,即合理砂率。在工作性满足的情况下,砂率应尽可能取小值,以达到节约水泥的目的。

(三)混凝土配合比设计的步骤

根据《普通混凝土配合比设计规程》(JGJ 55—2011),混凝土配合比设计步骤如下。

1. 计算配合比

(1)混凝土的配制强度。当混凝土的强度等级小于 C60 时,配制强度应按下式确定:

$$f_{cu,0} \geqslant f_{cu,k} + 1.645\sigma \tag{2-7}$$

式中 $f_{cu,0}$——混凝土配制强度(MPa);
$f_{cu,k}$——混凝土立方体抗压强度标准值,这里取混凝土的设计强度等级值(MPa);
σ——混凝土强度标准差(MPa)。

当设计强度等级不小于 C60 时,配制强度应按下式确定:

$$f_{cu,0} \geqslant 1.15 f_{cu,k} \tag{2-8}$$

当具有近 1~3 个月的同一品种、同一强度等级混凝土的强度资料且试件组数不小于 30 时,其混凝土强度标准差可由计算得出。

当没有近期的同一品种、同一强度等级混凝土的强度资料时，其强度标准差 σ 可按表 2-37 的规定取值。

表 2-37 标准差 σ 值　　　　　　　　　　　　　　　　　　MPa

混凝土强度标准值	≤C20	C25～C45	C50～C55
σ	4.0	5.0	6.0

(2) 水胶比。当混凝土的强度等级小于 C60 时，混凝土水胶比宜按下式计算：

$$W/B = \frac{\alpha_a f_b}{f_{cu,0} + \alpha_a \alpha_b f_b} \tag{2-9}$$

式中　W/B——混凝土水胶比；

　　　α_a，α_b——回归系数，有条件时可以通过试验测定，无试验条件时，按表 2-38 取值；

　　　f_b——胶凝材料 28 d 胶砂抗压强度（MPa）。

f_b 可实测，试验方法应按现行国家标准《水泥胶砂强度检验方法（ISO 法）》(GB/T 17671—1999) 执行；当无实测资料时，可按 $f_b = \gamma_f \gamma_s f_{ce}$ 计算，其中，γ_f、γ_s 为粉煤灰影响系数和粒化高炉矿渣粉影响系数，可按表 2-39 选用。f_{ce} 为水泥 28 d 胶砂抗压强度（MPa），可实测，当无实测资料时，可按 $f_{ce} = \gamma_c f_{ce,g}$ 计算，其中，$f_{ce,g}$ 为水泥的强度等级值（MPa），γ_c 为水泥强度等级值的富余系数，可按实际统计资料确定；当缺乏实际统计资料时，也可按表 2-40 选用。

表 2-38　回归系数 α_a、α_b 取值表

系数 \ 粗集料品种	碎石	卵石
α_a	0.53	0.49
α_b	0.20	0.13

表 2-39　粉煤灰影响系数（γ_f）和粒化高炉矿渣粉影响系数（γ_s）

掺量/% \ 种类	粉煤灰影响系数（γ_f）	粒化高炉矿渣粉影响系数（γ_s）
0	1.00	1.00
10	0.85～0.95	1.00
20	0.75～0.85	0.95～1.00
30	0.65～0.75	0.90～1.00
40	0.55～0.65	0.80～0.90
50	—	0.70～0.85

注：1. 采用Ⅰ级、Ⅱ级粉煤灰宜取上限值；
　　2. 采用 S75 级粒化高炉矿渣粉宜取下限值，采用 S95 级粒化高炉矿渣粉宜取上限值，采用 S105 级粒化高炉矿渣粉可取上限值加 0.05；
　　3. 当超出表中的掺量时，粉煤灰和粒化高炉矿渣粉影响系数应经试验确定

表 2-40　水泥强度等级值的富余系数（γ_c）

水泥强度等级值	32.5	42.5	52.5
富余系数	1.12	1.16	1.10

(3)用水量和外加剂用量。每立方米干硬性或塑性混凝土的用水量(m_{w0})应符合下列规定：混凝土水胶比在 0.40～0.80 范围时，可按表 2-41 和表 2-42 选取。

混凝土水胶比小于 0.40 时，可通过试验确定。

表 2-41　干硬性混凝土的用水量　　　　　　　　　　　　　　kg/m³

拌合物稠度		卵石最大公称粒径/mm			碎石最大公称粒径/mm		
项目	指标	10.0	20.0	40.0	16.0	20.0	40.0
维勃稠度/s	16～20	175	160	145	180	170	155
	11～15	180	165	150	185	175	160
	5～10	185	170	155	190	180	165

表 2-42　塑性混凝土的用水量　　　　　　　　　　　　　　　kg/m³

拌合物稠度		卵石最大公称粒径/mm				碎石最大公称粒径/mm			
项目	指标	10.0	20.0	31.5	40.0	16.0	20.0	31.5	40.0
坍落度/mm	10～30	190	170	160	150	200	185	175	165
	35～50	200	180	170	160	210	195	185	175
	55～70	210	190	180	170	220	205	195	185
	75～90	215	195	185	175	230	215	205	195

注：1. 本表用水量是用中砂时的取值。采用细砂时，每立方米混凝土的用水量可增加 5～10 kg；采用粗砂时，可减少 5～10 kg；

2. 掺用矿物掺合料和外加剂时，用水量应相应调整

掺外加剂时，每立方米流动性或大流动性混凝土的用水量(m_{w0})可按下式计算：

$$m_{w0} = m'_{w0}(1-\beta) \tag{2-10}$$

式中　m_{w0}——计算配合比每立方米混凝土的用水量(kg/m³)；

　　　m'_{w0}——未掺外加剂时推定的满足实际坍落度要求的每立方米混凝土的用水量(kg/m³)，以表 2-42 中 90 mm 坍落度的用水量为基础，按每增大 20 mm 坍落度相应增加 5 kg/m³ 用水量来计算，当坍落度增大到 180 mm 以上时，随坍落度相应增加的用水量可减少；

　　　β——外加剂的减水率(%)，应经混凝土试验确定。

每立方米混凝土中外加剂用量(m_{a0})应按下式计算：

$$m_{a0} = m_{b0}\beta_a \tag{2-11}$$

式中　m_{a0}——计算配合比每立方米混凝土中外加剂用量(kg/m³)；

　　　m_{b0}——计算配合比每立方米混凝土中胶凝材料用量(kg/m³)；

　　　β_a——外加剂掺量(%)，应经混凝土试验确定。

(4)胶凝材料、矿物掺合料和水泥用量。每立方米混凝土的胶凝材料用量(m_{b0})应按下式计算并应进行试拌调整，在拌合物性能满足要求的情况下，取经济合理的胶凝材料用量。

$$m_{b0} = \frac{m_{w0}}{W/B} \tag{2-12}$$

式中　m_{b0}——计算配合比每立方米混凝土中胶凝材料用量(kg/m³)；

m_{w0}——计算配合比每立方米混凝土的用水量(kg/m³);

W/B——混凝土水胶比。

每立方米混凝土的矿物掺合料用量(m_{f0})应按下式计算：

$$m_{f0}=m_{b0}\beta_f \tag{2-13}$$

式中 m_{f0}——计算配合比每立方米混凝土中矿物掺合料用量(kg/m³);

β_f——矿物掺合料掺量(%)，应经混凝土试验确定，若没有试验资料，可按表2-43确定。

表 2-43 砂样筛分结果

筛孔尺寸/mm	筛余量/g	分计筛余百分率/%	累计筛余百分率/%
4.75	8	1.6	1.6
2.36	82	16.4	18
1.18	70	14	32
0.6	98	19.6	51.6
0.3	124	24.8	76.4
0.15	106	21.2	97.6

每立方米混凝土的水泥用量(m_{c0})应按下式计算：

$$m_{c0}=m_{b0}-m_{f0} \tag{2-14}$$

式中 m_{c0}——计算配合比每立方米混凝土中水泥用量(kg/m³)。

(5)砂率。砂率(β_s)应根据集料的技术指标、混凝土性能和施工要求，参考既有历史资料确定。当缺乏砂率的历史资料时，混凝土砂率的确定应符合下列规定：

1)坍落度为10～60 mm的混凝土，其砂率可根据粗集料品种、最大公称粒径及水胶比按表2-44的规定选取。

2)坍落度大于60 mm的混凝土，其砂率可经试验确定，也可在表2-44的基础上，按坍落度每增大20 mm、砂率增大1%的幅度予以调整。

3)坍落度小于10 mm的混凝土，其砂率应经试验确定。

表 2-44 混凝土的砂率 %

水胶比	卵石最大公称粒径/mm			碎石最大公称粒径/mm		
	10.0	20.0	40.0	16.0	20.0	40.0
0.40	26～32	25～31	24～30	30～35	29～34	27～32
0.50	30～35	29～34	28～33	33～38	32～37	30～35
0.60	33～38	32～37	31～36	36～41	35～40	33～38
0.70	36～41	35～40	34～39	39～44	38～43	36～41

注： 1. 本表数值是中砂的选用砂率，对细砂或粗砂，可相应减少或增大砂率；
2. 采用人工砂配制混凝土时，砂率可适当增大；
3. 只用一个单粒级粗集料配制混凝土时，砂率应适当增大。

(6)粗、细集料用量。粗、细集料用量的计算有质量法与体积法两种。配合比设计所采用的细集料含水率应小于0.5%，粗集料含水率应小于0.2%。

当采用质量法计算混凝土配合比时,粗、细集料用量应按式(2-15)计算;砂率应按式(2-16)计算。

$$m_{cp}=m_{f0}+m_{c0}+m_{s0}+m_{g0}+m_{w0} \quad (2\text{-}15)$$

$$\beta_s=\frac{m_{s0}}{m_{s0}+m_{g0}}\times 100\% \quad (2\text{-}16)$$

式中　m_{cp}——每立方米混凝土的假定质量(kg),可取 2 350~2 450 kg/m³;

　　　m_{s0}——计算配合比每立方米混凝土的细集料用量(kg/m³);

　　　m_{g0}——计算配合比每立方米混凝土的粗集料用量(kg/m³);

　　　β_s——砂率(%)。

当采用体积法计算混凝土配合比时,砂率应按式(2-16)计算,粗、细集料用量应按式(2-17)计算。

$$\frac{m_{c0}}{\rho_c}+\frac{m_{f0}}{\rho_f}+\frac{m_{s0}}{\rho_s}+\frac{m_{g0}}{\rho_g}+\frac{m_{w0}}{\rho_w}+0.01\alpha=1 \quad (2\text{-}17)$$

式中　ρ_c——水泥密度(kg/m³),可按现行国家标准《水泥密度测定方法》(GB/T 208—2014)测定,也可取 2 900~3 100 kg/m³;

　　　ρ_f——矿物掺合料密度(kg/m³),可按现行国家标准《水泥密度测定方法》(GB/T 208—2014)测定;

　　　ρ_s——细集料(砂)的表观密度(kg/m³),应按现行行业标准《普通混凝土用砂、石质量及检验方法标准》(JGJ 52—2006)测定;

　　　ρ_g——粗集料(石)的表观密度(kg/m³),应按现行行业标准《普通混凝土用砂、石质量及检验方法标准》(JGJ 52—2006)测定;

　　　ρ_w——水的密度(kg/m³),可取 1 000 kg/m³;

　　　α——混凝土的含气量百分数,在不使用引气剂或引气型外加剂时,可取 $\alpha=1$。

2. 试拌配合比

《普通混凝土配合比设计规程》(JGJ 55—2011)规定:在计算配合比的基础上应进行试拌。计算水胶比宜保持不变并应通过调整配合比其他参数使混凝土性能符合设计和施工要求,然后修正计算配合比,提出试拌配合比。

按计算配合比,根据表 2-45 规定的数量称取混凝土的各原材料,搅拌均匀后测定坍落度或维勃稠度并观察其黏性及保水性。当坍落度或维勃稠度不能满足要求或黏聚性、保水性不好时,应在保证水胶比不变的条件下相应调整用水量或砂率,直到符合要求为止。

表 2-45　混凝土试配的最小搅拌量

粗集料最大公称粒径/mm	拌合物数量/L
≤31.5	20
40.0	25

调整可按以下原则进行:

(1)当坍落度太小时,应保持水胶比不变,适当增加水与胶凝材料用量。一般用水量每增加 2%~3%,坍落度增加 10 mm。

(2)当坍落度太大但黏聚性良好时,可保持砂率不变,增加砂、石集料用量。

(3)每次调整都要对各种材料的调整量进行记录,调整后要重新进行坍落度试验,调整至和易性符合要求后,测定混凝土的实际表观密度并提出供混凝土强度试验用的"试拌配合比"。

试拌配合比的每立方米混凝土各种材料用量可按下式计算:

水泥用量：

$$m_{ca}=\frac{m'_{c0}}{m'_{c0}+m'_{f0}+m'_{w0}+m'_{s0}+m'_{g0}}\times\rho_{0c,t} \quad (2\text{-}18)$$

矿物掺合料用量：

$$m_{fa}=\frac{m'_{f0}}{m'_{c0}+m'_{f0}+m'_{w0}+m'_{s0}+m'_{g0}}\times\rho_{0c,t} \quad (2\text{-}19)$$

水的用量：

$$m_{wa}=\frac{m'_{w0}}{m'_{c0}+m'_{f0}+m'_{w0}+m'_{s0}+m'_{g0}}\times\rho_{0c,t} \quad (2\text{-}20)$$

砂的用量：

$$m_{sa}=\frac{m'_{s0}}{m'_{c0}+m'_{f0}+m'_{w0}+m'_{s0}+m'_{g0}}\times\rho_{0c,t} \quad (2\text{-}21)$$

石子的用量：

$$m_{ga}=\frac{m'_{g0}}{m'_{c0}+m'_{f0}+m'_{w0}+m'_{s0}+m'_{g0}}\times\rho_{0c,t} \quad (2\text{-}22)$$

式中 m'_{c0}、m'_{f0}、m'_{w0}、m'_{s0}、m'_{g0}——调整后试拌混凝土的水泥、矿物掺合料、水、砂、石子的用量(kg/m^3)；

$\rho_{0c,t}$——调整后混凝土的实测表观密度(kg/m^3)。

3. 试验配合比

经和易性调整得出的试拌配合比，其水胶比不一定选择合适，即强度不一定能满足要求，所以还应检验混凝土的强度。

混凝土强度试验时应至少采用 3 个不同的配合比，其中一个应是试拌配合比，另外两个配合比的水胶比宜较试拌配合比分别增加或减少 0.05，其用水量与试拌配合比基本相同，砂率可分别增加或减少 1%。当不同配合比的混凝土坍落度与要求值相差超过允许偏差时，可以增、减用水量进行调整。每种配合比至少制作一组(3 块)试件并标准养护到 28 d 时试压。在制作试件时，还需要检验混凝土的和易性并测定混凝土的表观密度。

混凝土表观密度和配合比校正系数的计算应符合下列规定。

(1)配合比调整后的混凝土的表观密度应按下式计算：

$$\rho_{c,c}=m_c+m_f+m_g+m_s+m_w \quad (2\text{-}23)$$

式中 $\rho_{c,c}$——混凝土拌合物的表观密度计算值(kg/m^3)；

m_c——每立方米混凝土的水泥用量(kg/m^3)；

m_f——每立方米混凝土的矿物掺合料用量(kg/m^3)；

m_g——每立方米混凝土的粗集料用量(kg/m^3)；

m_s——每立方米混凝土的细集料用量(kg/m^3)；

m_w——每立方米混凝土的用水量(kg/m^3)。

(2)混凝土配合比校正系数应按下式计算：

$$\delta=\frac{\rho_{c,t}}{\rho_{c,c}} \quad (2\text{-}24)$$

式中 δ——混凝土配合比校正系数；

$\rho_{c,t}$——混凝土表观密度实测值(kg/m^3)。

当混凝土表观密度实测值与计算值之差的绝对值不超过计算值的 2%时，材料用量不必校正；若两者之差超过 2%，应将配合比中每项材料用量乘以校正系数 δ，即确定的混凝土实验室配合比。

4. 施工配合比换算

实验室确定配合比时，集料均以干燥状态为准，而工地现场的砂、石材料都含有一定的水分，为了准确地实现实验室配合比，应根据现场砂石的含水率对配合比进行换算。

若现场砂的含水率为 $a\%$，石子的含水率为 $b\%$，经换算后，每立方米混凝土各种材料的用量为

水泥用量：
$$m_c' = m_c \tag{2-25}$$

矿物掺合料用量：
$$m_f' = m_f \tag{2-26}$$

砂用量：
$$m_s' = m_s(1+a\%) \tag{2-27}$$

石子用量：
$$m_g' = m_g(1+b\%) \tag{2-28}$$

水用量：
$$m_w' = m_w - m_s \cdot a\% - m_g \cdot b\% \tag{2-29}$$

四、装饰混凝土

对普通混凝土进行适当处理，使其表面具有一定的色彩、线条、质感或花饰，产生一定的装饰效果，达到设计的艺术感，这种具有艺术效果的混凝土称为装饰混凝土。装饰混凝土具有图形美观自然、色彩真实持久、质地坚固耐用等特点。

1. 原材料要求

装饰混凝土所用原材料基本上与普通混凝土相同，只是在颜色等方面要求更为严格。一个工程用的水泥，应选用同一工厂同一批号；集料颜色应一致，且应选用同一产源；所选颜料应不溶于水，与水泥不发生化学反应，且为耐碱耐光的矿物颜料；水和外加剂的选择，与普通混凝土相同。

2. 清水装饰混凝土

清水装饰混凝土利用混凝土结构或构件的线条或几何外形的处理获得装饰效果。它具有简单、明快、大方的立面装饰效果，也可以在成型时利用模板等在构件表面上做出凹凸花纹，使立面质感更加丰富，从而获得艺术装饰效果。清水装饰混凝土在拆除浇筑模板后，表面光滑，棱角分明，无任何外墙装饰，只是在表面涂一层或两层透明的保护剂，显得十分天然、庄重，改变了传统混凝土的外观形象。

清水混凝土成型方法有正打成型工艺、反打成型工艺和立模工艺三种。

(1)正打成型工艺。多用在大板建筑的墙板预制，是在混凝土墙板浇筑完毕水泥初凝前后，在混凝土表面进行压印，做出线型和花饰的工艺。

根据其表面的加工工艺方法不同，可分为压印和挠刮两种方式。压印工艺一般有凸纹和凹纹两种做法。凸纹是用刻有镂花图案的模具，在刚浇筑的壁板表面上印出的。挠刮工艺是在新浇筑的混凝土壁板上，用硬毛刷等工具挠刮形成一定毛面质感。正打压印、挠刮工艺制作简单，施工方便，但壁面形成的凹凸程度小，层次少，质感不丰富。

(2)反打成型工艺。即在浇筑混凝土的底面模板上做出凹槽，或在底模上加垫具有一定花纹、图案的衬模，拆模后使混凝土表面具有线型或立体装饰图案。

(3)立模工艺。正打、反打成型工艺均为预制条件下的成型工艺。立模工艺即在现浇混凝土

墙面做饰面处理，利用墙板升模工艺，在外模内侧安置衬模，脱模时使模板先平移，离开新浇筑混凝土墙面再提升。这样，随着模板爬升形成具有直条形纹理的装饰混凝土，立面效果别具一格。

3. 彩色混凝土

在普通混凝土中掺入适当的着色颜料，可以制成着色的彩色混凝土。

彩色混凝土的装饰效果在于色彩，色彩效果取决于混凝土的着色，与颜料性质、掺量和掺加方法有关。在混凝土中掺入适量的彩色外加剂、无机氧化物颜料和化学着色剂等着色料，或者干撒着色硬化剂等，都是混凝土着色的常用方法。

(1)无机氧化物颜料。直接在混凝土中加入无机氧化物颜料，并按一定的投料顺序进行搅拌。

(2)化学着色剂。化学着色剂是一种水溶性金属盐类，能在混凝土孔隙中生成难溶且抗磨性好的颜色沉淀物。这种着色剂中含有稀释的酸，能轻微腐蚀混凝土，从而使着色剂渗透较深，且色调更加均匀。化学着色剂的使用，应在混凝土养护至少一个月以后进行。施加前，应将混凝土表面的尘土、杂质清除干净，以免影响着色效果。

(3)干撒着色硬化剂。干撒着色硬化剂是一种表面着色方法，由细颜料、表面调节剂、分散剂等拌制而成，将其均匀干撒在新浇筑的混凝土表面即可着色，适用于混凝土板、地面、人行道、车道及其他水平表面的着色，但不适用于在垂直的大面积墙面使用。

国外多采用白色硅酸盐水泥和彩色水泥作装饰混凝土，但我国目前彩色硅酸盐水泥产量少，价格高，所以，应用范围还不很广泛，整体着色的彩色混凝土应用还少，而在普通混凝土基材表面加做彩色饰面层，制成面层着色的彩色混凝土路面砖，已经得到广泛应用。

4. 露集料混凝土

露集料混凝土是在混凝土硬化前或硬化后，通过一定工艺手段使混凝土集料适当外露，以集料的天然色泽和不规则的分布达到外饰面的美感要求，从而取得一定的装饰效果。露集料混凝土的制作方法有水洗法、缓凝剂法、酸洗法、水磨法、喷砂法、抛丸法、凿剁法、火焰喷射法和劈裂法等。

(1)水洗法工艺。水洗法工艺是在水泥硬化前冲刷水泥浆以暴露集料的做法。这种方法只适用于预制墙板正打工艺，即在混凝土浇筑成型后 $1\sim2\ h$，水泥浆即将凝结前，将模板一端抬起，用具有一定压力的水流将面层水泥浆冲刷掉，使集料暴露出来，养护后即露集料装饰混凝土。

(2)缓凝剂法工艺。现场施工采用立模浇筑或预制反打工艺中，因工作面受模板遮挡不能及时冲刷水泥浆，就需要借助缓凝剂使表面的水泥不硬化，待脱模后再冲洗。缓凝剂在混凝土浇筑前涂刷于底模上。

因为大多数集料色泽稳定、不易受到污染，所以露集料装饰混凝土的装饰耐久性好，并能够营造现代、复古、自然等多种环境氛围。

5. 装饰混凝土制品

装饰混凝土除用作建筑物内、外墙表面的装饰外，还可以制成路面砖、装饰砌块、装饰混凝土饰面板、彩色混凝土瓦等制品。装饰混凝土制品是当今水泥混凝土制品发展的方向之一。

(1)装饰混凝土砌块。其主要用于外墙装饰和庭院围护。

(2)装饰混凝土饰面板。其主要形式有外墙面干挂和粘贴，常用于大型公共建筑(以干挂为主)和普通建筑物的饰面粘贴，也见于公共设施，如庭院、厕所饰面。

(3)装饰混凝土建筑小品。常见的有公共饮水器围护设施、公园亭台桌凳、垃圾箱、门面柱头、艺术雕塑、假山等。

(4)彩色混凝土瓦。其用于建筑物屋面防水，并兼具装饰功能。

(5)装饰混凝土花坛砌块和车挡。装饰混凝土花坛砌块用来砌筑花坛或园林、庭院的各种围护设施；车挡主要用于停车场、广场周边、街区道路出入口等，既具有阻挡车辆随意通行的功能，又兼具建筑小品的装饰或休息用座凳的作用。

(6)装饰混凝土路面砖和植草砖。其用于公共绿地、停车场。

(7)装饰混凝土路墩石。其用于城镇道路边缘围护装饰和园林绿地周边围护。

6. 彩色混凝土地坪

彩色混凝土地坪采用表面处理技术，在混凝土基层面上进行表面着色强化处理，能在原本普通的新旧混凝土表层，通过色彩、色调、质感、款式、纹理和不规则线条的创意设计，图案与颜色的有机组合，创造出各种天然大理石、花岗石、砖、瓦、木地板等铺设效果，同时，对着色强化处理过的地面进行渗透保护处理，以达到洁净底面与保养地面的要求。

彩色混凝土地坪可广泛应用于住宅、社区、商业、市政及文娱康乐等各种场合所需要的人行道、公园、广场、游乐场、高档小区道路、停车场、庭院、地铁站台、游泳池等处的景观创造，具有极高的安全性和耐用性。

第四节　装饰砂浆

装饰砂浆是指专门用于建筑物室内、外表面装饰，以增加建筑物美观为主的砂浆。其是在抹面的同时，经各种工艺处理而获得特殊的表面效果。

装饰砂浆获得装饰效果的具体做法可分为两类：一类是通过水泥砂浆的着色或水泥砂浆表面形态的工艺加工，获得一定的色彩、线条、纹理、质感，达到装饰目的，称为灰浆类饰面；另一类是在水泥浆中掺入各种彩色石碴作集料，制得水泥石碴浆，然后用水洗、斧剁、水磨等手段除去表面水泥浆皮，露出石碴的颜色、质感的饰面做法，称为石碴类饰面。石碴类饰面与灰浆类饰面的主要区别在于：石碴类饰面主要靠石碴的颜色、颗粒形状来达到装饰目的；而灰浆类饰面则主要靠掺入颜料，以及砂浆本身所能形成的质感来达到装饰目的。与灰浆类相比，石碴类饰面的色泽比较明亮，质感相对更为丰富，并且不易褪色。但石碴类饰面相对于灰浆类而言，功效低、造价高。

一、装饰砂浆的组成材料

1. 胶凝材料

建筑砂浆常用的胶凝材料有水泥、石灰、石膏等。在选用时，应根据使用环境、用途等合理选择。在干燥条件下使用的砂浆既可选用气硬性胶凝材料，又可选用水硬性胶凝材料；若为在潮湿环境或水中使用的砂浆，则必须选用水泥作为胶凝材料。

用于砂浆的水泥，其强度等级应根据砂浆强度等级进行选择，并应尽量选用中、低强度等级的水泥。水泥强度以砂浆强度的4~5倍为宜，水泥强度的等级过高，将会因砂浆中水泥用量不足而导致保水性不良。

2. 集料

装饰砂浆所用集料除普通砂外，还常采用石英砂、彩釉砂和着色砂，以及石碴、石屑、砾石及彩色瓷粒和玻璃珠等。

(1)石英砂。石英砂可分为天然石英砂、人造石英砂及机制石英砂三种。人造石英砂和机制石英砂是将石英岩加以焙烧，经人工或机械破碎筛分而成。它们比天然石英砂质量好，纯净且SiO_2含量高。除用于装饰工程外，石英砂可用于配制耐腐蚀砂浆。

(2)彩釉砂和着色砂。彩釉砂和着色砂均为人工砂，其特性如下：

1)彩釉砂。彩釉砂是由各种不同粒径的石英砂或白云石粒加颜料焙烧后，再经化学处理而制得的一种外墙装饰材料。它在高温80 ℃、负温-20 ℃下不变色，且具有防酸、耐碱性能。

2)着色砂。着色砂是在石英砂或白云石细粒表面进行人工着色而制得的，着色多采用矿物颜料。人工着色的砂粒色彩鲜艳、耐久性好。在实际施工中，每个装饰工程所用的色浆应一次配制出，所用的着色砂也应一次生产完毕，以免出现颜色不均现象。

(3)石碴。石碴也称石粒、石米等，是由天然大理石、白云石、方解石、花岗岩破碎加工而成，具有多种色泽，是石碴类饰面的主要集料，也是人造大理石、水磨石的原料。

(4)石屑。石屑是粒径比石粒更小的细集料，主要用于配制外墙喷涂饰面用聚合物砂浆。常用的有松香石屑、白云石屑等。

(5)彩色瓷粒和玻璃珠。彩色瓷粒是用石英、长石和瓷土为主要原料烧制而成的，粒径为1.2～3 mm。以彩色瓷粒代替彩色石碴用于室外装饰，具有大气稳定性好、颗粒小、表面瓷粒均匀、露出的黏结砂浆部分少、饰面层薄、质量轻等优点。玻璃珠即玻璃弹子，产品有各种镶色或花芯。

彩色瓷粒和玻璃珠均可镶嵌在水泥砂浆、混合砂浆或彩色砂浆底层上作为装饰饰面用，如檐口、腰线、外墙面、门头线、窗套等，均可在其表面上镶嵌一层各种色彩的瓷粒或玻璃珠，可取得很好的装饰效果。

3. 水

砂浆拌合用水与混凝土拌合用水的要求基本相同，应选用无有害杂质的洁净水拌制砂浆，未经试验鉴定的污水不能使用。

4. 掺合料

(1)为改善砂浆的和易性，常在砂浆中加入无机微细颗粒的掺合料，如石灰膏、磨细生石灰、消石灰粉及磨细粉煤灰等。

(2)采用生石灰时，生石灰应熟化成石灰膏。熟化时应用孔径不大于3 mm×3 mm的网过滤，熟化时间不得少于7 d。对于沉淀池中储存的石灰膏，应采取防止干燥、冻结和污染的措施。严禁使用脱水硬化的石灰膏。使用消石灰粉时也应预先浸泡，不得直接将其用于砌筑砂浆。

(3)石灰膏、电石膏试配时的稠度应为(120±5)mm。

(4)粉煤灰的品质指标应符合国家有关标准的要求。

(5)砂浆中所掺入的微沫剂等有机塑化剂，应经砂浆性能试验合格后才可使用。

二、砂浆的技术性质

1. 砂浆的和易性

新拌砂浆的和易性是指新拌砂浆是否便于施工并保证质量的综合性质。新拌砂浆应具有良好的和易性。新拌砂浆的和易性包括流动性和保水性。和易性好的砂浆有利于施工操作，灰缝饱满密实，与砖、石的黏结牢固，砌体强度高及整体性好；和易性不良的砂浆施工操作困难，水分易被砖、砌块等吸收，使砂浆变得干涩，灰缝难以填实，与砖、石黏结力差。

(1)流动性。砂浆的流动性又称稠度，是指砂浆在自重或外力作用下流动的性能。砂浆流动性的大小用砂浆稠度仪来测定，以沉入度来表示。沉入度数值大表示砂浆流动性大，但是砂浆流动性过大，会导致硬化后砂浆的强度降低；流动性过小则不便于施工操作。影响砂浆流动性的因素很多，通常有胶凝材料的种类及用量、用水量，细集料的粗细和级配，砂浆的搅拌时间、放置时间，环境温度、湿度等方面因素。无论是采用手工施工，还是采用机械施工，砂浆都要有一定的流动性。

砂浆稠度值的选择要考虑砌体材料的吸水性能、砌体受力特点、施工时的气象情况和施工方法等因素。通常情况下，基底为多孔吸水材料或者在干热条件下施工时，配制砂浆的稠度值要相应选择大一些；基底为密实不吸水的砌体材料或冷湿环境下施工时，配制砂浆的稠度值要选择小一点。

(2)保水性。保水性是指新拌砂浆保持内部水分的能力。保水性好的砂浆，在存放、运输和使用过程中，能很好地保持其中的水分使其不致很快流失，在砌筑时容易被铺成均匀、密实的砂浆薄层，以保证砌体的质量。

砂浆的保水性用砂浆分层度测定仪测定，以分层度(mm)表示。先将搅拌均匀的砂浆拌合物一次装入分层度筒，测定沉入度，然后静置 30 min 后，去掉上节 200 mm 砂浆，将剩余的 100 mm 砂浆倒出放在搅拌锅内搅拌 2 min，再测其沉入度，两次测得的沉入度之差即该砂浆的分层度值。砂浆的分层以 10～20 mm 为宜。分层度过大，砂浆易产生离析，不便于施工和水泥硬化，因此，水泥砂浆的分层度不应大于 30 mm，水泥混合砂浆的分层度一般不会超过 20 mm，分层度接近于零的砂浆，容易出现干缩裂缝。

2. 砂浆的强度

(1)砂浆强度和强度等级。砂浆的强度是指砂浆标准试件(70.7 mm×70.7 mm×70.7 mm 的立方体)在标准条件下养护 28 d 后，用标准试验方法测得的抗压强度平均值。砂浆以抗压强度值划分强度等级，通常将砂浆的强度等级划分为 M2.5、M5.0、M7.5、M10、M15、M20、M25、M30 八个等级。水泥砂浆及预拌砂浆的强度等级为 M5.0、M7.5、M10、M15、M20、M25、M30；水泥混合砂浆的强度等级分为 M5.0、M7.5、M10、M15；水泥抹灰砂浆的强度等级分为 M15、M20、M25、M30；水泥石灰抹灰砂浆的强度等级分为 M2.5、M5.0、M7.5、M10。

(2)影响砂浆强度的因素。当原材料的质量一定时，砂浆的强度主要取决于水泥强度和水泥用量。另外，砂浆强度还与砂、外加剂、掺入的混合材料，以及砌筑和养护条件有关；砂中泥及其他杂质含量多时，砂浆强度也受影响；砌体材料的吸水率也会对砂浆强度产生影响。

1)不吸水砌体材料。当所砌筑的砌体材料不吸水或吸水率很小时（如密实石材），砂浆组成材料与其强度之间的关系与混凝土相似，主要取决于水泥强度和水胶比。其计算公式为

$$f_{m,0}=Af_{ce}\left(\frac{C}{W}-B\right) \tag{2-30}$$

式中　$f_{m,0}$——砂浆 28 d 抗压强度(MPa)；

　　　f_{ce}——水泥的实际强度(MPa)，确定方法与混凝土中相同；

　　　C/W——胶水比(水泥与水质量比)；

　　　A,B——回归系数，其中，$A=0.29,B=0.4$。

2)吸水砌体材料。当砌体材料具有较高的吸水率时，虽然砂浆具有一定的保水性，但砂浆中的部分水仍会被砌体吸走。因而，即使砂浆用水量不同，经基底吸水后保留在砂浆中的水分却大致相同。这种情况下，砂浆的强度主要取决于水泥的强度及水泥用量，而与拌合用水量无关。其强度计算公式为

$$f_{m,0}=\frac{\alpha \cdot f_{ce} \cdot Q_c}{1000}+\beta \tag{2-31}$$

式中 Q_c——每立方米砂浆的水泥用量(kg/m³);

$f_{m,0}$——砂浆的配制强度(MPa);

f_{ce}——水泥的实测强度(MPa);

α,β——砂浆的特征系数,当为水泥混合砂浆时,$\alpha=3.03$,$\beta=-15.09$。

3. 砂浆的黏结力

砂浆能将许多块状的砖石材料黏结成为一个整体。因此,砌体的强度、耐久性及抗震性取决于砂浆黏结力的大小。砂浆的黏结力随其抗压强度的增大而提高。另外,砂浆的黏结力与砖石的表面状态、清洁程度、湿润状况及施工养护条件等因素有关。粗糙、洁净、湿润的砂浆的表面黏结力较好。

4. 砂浆的变形性

砂浆在承受荷载或温度、湿度发生变化等情况时,均会产生一定的变形。如果变形过大或不均匀,砌体的整体性容易下降,产生沉陷或裂缝,影响到整个砌体的质量。抹面砂浆在空气中容易产生收缩等变形,变形过大也会使面层产生裂纹或剥离等质量问题。因此,要求砂浆具有较小的变形性。

砂浆变形性的影响因素很多,如胶凝材料的种类和用量、用水量、细集料的种类与级配和质量、外部环境条件等。

5. 砂浆的耐久性

砂浆的耐久性是指砂浆在使用条件下经久耐用的性质。在受冻融影响较多的建筑部位,要求砂浆具有一定的抗冻性。对有冻融次数要求的砌筑砂浆,经冻融试验后,质量损失率不得大于5%,抗压强度损失率不得大于25%。

三、砂浆配合比设计

砂浆配合比一般情况下可查阅有关手册或资料来选择。重要工程用砂浆或无参考资料时,可根据《砌筑砂浆配合比设计规程》(JGJ/T 98—2010),按下列步骤计算。

砌筑砂浆配合比设计规程

1. 水泥混合砂浆配合比计算

(1)确定砂浆的试配强度。砂浆的试配强度按式(2-32)计算:

$$f_{m,0}=k \cdot f_2 \tag{2-32}$$

式中 $f_{m,0}$——砂浆的试配强度(MPa),精确至 0.1 MPa;

f_2——砂浆强度等级值(MPa),精确至 0.1 MPa;

k——与施工水平有关的系数,施工水平优良时取 1.15,施工水平一般时取 1.20,施工水平较差时取 1.25。

(2)计算水泥用量。其计算公式为

$$Q_c=\frac{1\,000(f_{m,0}-\beta)}{\alpha \cdot f_{ce}} \tag{2-33}$$

式中 Q_c——每立方米砂浆的水泥用量(kg),精确至 1 kg;

f_{ce}——水泥的实测强度(MPa),精确至 0.1 MPa[在无法取得水泥的实测强度时,按下式计算:$f_{ce}=\gamma_c \cdot f_{ce,k}$。$\gamma_c$ 为水泥强度等级值的富余系数,宜按实际统计资料确定,无实际资料时取 1.0;$f_{ce,k}$ 为水泥强度等级值(MPa)];

α,β——砂浆的特征系数($\alpha=3.03$,$\beta=-15.09$)。

(3)石灰膏用量计算。其计算公式为

$$Q_D=Q_A-Q_C \tag{2-34}$$

式中 Q_D——每立方米砂浆的石灰膏用量(kg),精确至 1 kg,石灰膏使用时的稠度宜为 (120±5)mm;

Q_A——每立方米砂浆中水泥和石灰膏的总量(kg),精确至 1 kg,可为 350 kg;

Q_C——每立方米砂浆中水泥的用量(kg),精确至 1 kg。

(4)砂用量计算。每立方米砂浆中的砂用量应按干燥状态(含水率小于 0.5%)的堆积密度值作为计算值,单位为 kg/m³。

(5)用水量计算。根据砂浆稠度等要求可选用 210~310 kg。

2. 水泥砂浆的配合比选用

水泥砂浆如按水泥混合砂浆同样计算水泥用量,则水泥用量普遍偏少,因为水泥与砂浆相比,其强度太高,造成通过计算出现不大合理的结果。因而,水泥砂浆材料用量可按表 2-46 选用,避免由计算带来的不合理情况。表 2-46 中每立方米砂浆用水量范围仅供参考,不必加以限制,仍以达到稠度要求为根据。

表 2-46 每立方米水泥砂浆材料用量   kg/m³

强度等级	每立方米砂浆水泥用量/kg	每立方米砂浆用砂量/kg	每立方米砂浆用水量/kg
M5	200~230	砂的堆积密度值	270~330
M7.5	230~260		
M10	260~290		
M15	290~330		
M20	340~400		
M25	360~410		
M30	430~480		

注:1. M15 及 M15 以下强度等级水泥砂浆,水泥强度等级为 32.5 级;M15 以上强度等级水泥砂浆,水泥强度等级为 42.5 级。
2. 当采用细砂或粗砂时,用水量分别取上限或下限。
3. 稠度小于 70 mm 时,用水量可小于下限。
4. 施工现场气候炎热或干燥季节,可酌量增加水量

3. 配合比试配、调整与确定

(1)砂浆试配时应考虑工程实际的要求,搅拌应符合相关的规定。

(2)按计算或查表所得配合比进行试拌时,应按现行行业标准《建筑砂浆基本性能试验方法标准》(JGJ/T 70—2009)测定砂浆拌合物的稠度和保水率。当稠度和保水率不能满足要求时,应调整材料用量,直到其符合要求为止,然后将其确定为试配时的砂浆基准配合比。

(3)试配时至少应采用 3 个不同的配合比,其中一个配合比应为按《砌筑砂浆配合比设计规程》(JGJ/T 98—2010)得出的基准配合比,其余两个配合比的水泥用量应按基准配合比分别增加及减少 10%。在保证稠度、保水率合格的条件下,可对用水量,石灰膏、保水增稠材料或粉煤灰等活性掺合料的用量做相应调整。

(4)砂浆试配时稠度应满足施工要求,并应按现行行业标准《建筑砂浆基本性能试验方法标准》(JGJ/T 70—2009)分别测定不同配合比砂浆的表观密度及强度;同时,应选定符合试配强度及和易性要求、水泥用量最低的配合比作为砂浆的试配配合比。

(5)砂浆试配配合比还应按下列步骤进行校正:

1)应根据《砌筑砂浆配合比设计规程》(JGJ/T 98—2010)确定的砂浆配合比材料用量,按下

式计算砂浆的理论表观密度值：

$$\rho_t = Q_C + Q_D + Q_s + Q_w \tag{2-35}$$

式中 Q_s——每立方米砂浆的砂用量；

Q_w——每立方米砂浆的水用量；

ρ_t——砂浆的理论表观密度值（kg/m^3），应精确至 $10\ kg/m^3$。

2）应按下式计算砂浆配合比校正系数 δ：

$$\delta = \frac{\rho_c}{\rho_t} \tag{2-36}$$

式中 ρ_c——砂浆实测表观密度（kg/m^3），应精确至 $10\ kg/m^3$。

3）当砂浆的实测表观密度值与理论表观密度值之差的绝对值不超过理论值的 2% 时，可将按《砌筑砂浆配合比设计规程》（JGJ/T 98—2010）得出的试配配合比确定为砂浆设计配合比；当其超过 2% 时，应将试配配合比中每项的材料用量均乘以校正系数（δ）后，确定为砂浆设计配合比。

(6) 生产预拌砂浆前应对其进行试配、调整与确定，并应使其符合现行国家标准《预拌砂浆》（GB/T 25181—2019）的规定。

四、灰浆类砂浆饰面

1. 搓毛灰

搓毛灰是在罩面灰浆初凝时，用硬木抹子由上而下搓出的一条细而直的纹路。也可水平方向搓出一条L形细纹路，当纹路明显搓出后即停。这种装饰方法工艺简单，造价低，效果朴实大方。

2. 扫毛灰

扫毛灰是用竹丝扫帚把按设计组合分格的面层砂浆扫出不同方向的条纹，或做成仿岩石的装饰抹灰。扫毛灰做成假石可以代替天然石饰面。此法工序简单，施工方便，造价低廉，适用于影剧院、宾馆的内墙和庭院的外墙饰面。

3. 拉条抹灰

拉条抹灰是采用专用模具将面层砂浆做出竖向线条的装饰做法。拉条抹灰有细条形、粗条形、半圆形、波形、梯形、方形等多种形式。一般细条形抹灰可采用同一种砂浆级配，多次加浆抹灰拉模而成；粗条形抹灰则采用底、面层两种不同配合比的砂浆，多次加浆抹灰拉模而成。砂浆不得过干，也不得过稀，以能拉动可塑为宜。它具有美观大方、不易积灰、成本低等优点，并有良好的音响效果，适用于公共建筑门厅、会议室、观众厅等。

4. 假面砖

假面砖是采用掺氧化铁系颜料的水泥砂浆通过手工操作达到模拟面砖装饰效果的饰面做法，适用于房屋建筑外墙饰面。

5. 假大理石

假大理石是用掺适量颜料的石膏色浆和素石膏浆按 1：10 的比例配合，通过手工操作，做成具有大理石表面特征的装饰抹灰。这种装饰工艺对操作技术要求较高，但如果做得好，在颜色、花纹和光洁度等方面都接近天然大理石的效果，适用于高级装饰工程中的室内墙面抹灰。

6. 外墙喷涂

外墙喷涂是用挤压式砂浆泵或喷斗将聚合物水泥砂浆喷涂在墙面基层或底灰上形成饰面层，在涂层表面再喷一层甲基硅醇钠或甲基硅树脂疏水剂，以提高涂层耐久性和减少墙面污染。根据涂层质感可分为波面喷涂、颗粒喷涂和花点喷涂。饰面效果各不相同。

7. 弹涂

弹涂是在墙体表面涂刷一道聚合物水泥色浆后,通过电动(或手动)筒形弹力器,分几遍将各种水泥色浆弹到墙面上,形成直径为 1～3 mm 的大小近似、颜色不同、互相交错的圆粒状色点,深浅色点互相衬托,构成一种彩色的装饰层面。这种饰面黏结力好,可直接弹涂在底层灰上和基底较平整的混凝土墙板、石膏等墙面上。

五、石碴类砂浆饰面

1. 水刷石

水刷石是将水泥和粒径为 5 mm 左右的石碴按比例混合,配制成水泥石碴砂浆,用作建筑物表面的面层抹灰,待水泥浆初凝后,以硬毛刷蘸水刷洗,或用喷浆泵、喷枪等喷以清水冲洗,将表面的水泥浆冲走,使石碴半露而不脱落。水刷石饰面具有石料饰面的质感效果,如果再结合适当的艺术处理,如分格、分色、凹凸线条等,可使饰面获得自然美观、明快庄重、秀丽淡雅的艺术效果。水刷石饰面除用于建筑物外墙面外,檐口、腰线、窗套、阳台、雨篷、勒脚及花台等部位也经常采用。

2. 拉假石

拉假石是用废锯条或 5～6 mm 厚的薄钢板加工成锯齿形,钉于木板上构成抓耙,用抓耙挠刮去除表层水泥浆皮露出石碴,形成条纹效果。与斩假石相比,其施工速度快,劳动强度低,装饰效果类似斩假石,可大面积使用。

拉假石饰面的材料与斩假石基本相同,也可用石英砂代替石屑。但因石英砂较硬,故不能在斩假石工艺中使用。

3. 干粘石

在素水泥浆或聚合物水泥砂浆的黏结层上,将石粒、彩色石子等备好的集料粘在其上,再拍平压实即干粘石。干粘石的操作方法有手工甩粘和机械甩粘两种。其要求将石子粘牢,不掉粒,不露浆,石子应压入砂浆厚度的 2/3。

4. 斩假石

斩假石又称剁斧石,是以水泥石碴浆或水泥石屑浆作面层抹灰,待其硬化具有一定强度时,用钝斧及各种凿子等工具在面层上剁斩出类似石材经雕琢的纹理效果的一种人造石材装饰方法。

斩假石既有似石材一样的质感,又有精工细作的特点,给人以朴实、自然、素雅、庄重的感觉。其缺点是费工、费时,劳动强度大,施工效率低。斩假石饰面一般多用于局部小面积装饰,如勒脚、台阶、桩面、扶手等。

5. 水磨石

水磨石是以水泥或水泥和树脂的混合物为胶粘剂,以天然碎石或石粉为主要集料,经搅拌、振动或压制成型、养护,表面经研磨和/或抛光等工序制作而成的建筑装饰材料。水磨石可以是预制的,也可以是现浇的。

第五节　胶粘剂

胶粘剂又称黏合剂、黏结剂,是指能直接将两种材料牢固地黏结在一起的物质。其能在两种物体表面之间形成薄膜,使之黏结在一起,其形态通常为液态和膏状。

一、胶粘剂的组成

胶粘剂一般是以聚合物为基本组分的多组分体系。其组分主要包括黏结料、固化剂、增韧剂、稀释剂、填料、改性剂。

1. 黏结料

黏结料是胶粘剂中的基本组分,它使胶粘剂具有黏附特性。它对胶粘剂的黏结性能起重要作用。胶粘剂中的黏结物质通常是由一种或几种高分子化合物混合而成,通常为合成橡胶或合成树脂。其中,用于胶结结构受力部位的胶粘剂以热固性树脂为主,用于非受力部位和变形较大部位的胶粘剂以热塑性树脂和橡胶为主。

2. 固化剂

固化剂是促使黏结物质通过化学反应加快固化的组分,它可以增加胶层的内聚强度。其性质和用量对胶粘剂的性能起着重要的作用。常用的有胺类、酸酐类、高分子类和硫黄类等。在选择固化剂时,应按黏结料的特性及对固化后胶膜性能(如硬度、韧性和耐热等)的要求来选择。

3. 增韧剂

增韧剂也称增塑剂,主要是可以改善胶粘剂的韧性,提高胶结的抗剥离、抗冲击能力及耐寒性等。常用的增塑剂主要有邻苯二丁酯和邻苯二甲酸二辛酯等。

4. 稀释剂

稀释剂主要起降低胶粘剂黏度的作用,以便于操作,提高胶粘剂的湿润性和流动性。常用的稀释剂有丙酮、苯、甲苯等。

5. 填料

填料一般在胶粘剂中不发生化学反应,但加入填料后能使胶粘剂的稠度增加,降低热膨胀系数,减少收缩性,改善胶粘剂的抗冲击韧性和机械强度。常用的品种有滑石粉、石棉粉、铝粉等。

6. 改性剂

改性剂是为了改善胶粘剂的某一方面性能,以满足特殊要求而加入的一些组分。如将偶联剂加入胶粘剂中,可以提高黏结强度和改善其水稳定性。另外,还有防老化剂、防腐剂、防霉剂、阻燃剂、稳定剂等。

二、胶粘剂的分类

胶粘剂品种繁多,按黏结料性质可分为无机胶粘剂和有机胶粘剂两大类。无机胶粘剂有磷酸盐类、硼酸盐类、硅酸盐类等;有机胶粘剂又可分为天然胶粘剂和合成胶粘剂。天然胶粘剂常用于胶粘纸浆、木材、皮革等,由于来源少,性能不完善,逐渐趋于淘汰。合成胶粘剂则品种多、发展快、性能优良,如树脂型胶粘剂、橡胶型胶粘剂和混合型胶粘剂。

按胶粘剂的固化条件可分为室温固化胶粘剂、低温固化胶粘剂、高温固化胶粘剂、光敏固化胶粘剂、电子束固化胶粘剂等。

按胶粘剂的主要用途可分为通用型胶粘剂、结构型胶粘剂和特种胶粘剂。通用型胶粘剂有一定的黏结强度,但不能承受较大的负荷和温度,可用于非受力金属部件的黏结和本体强度不高的非金属材料的黏结,如聚氨酯胶粘剂;结构型胶粘剂具有较高的强度和一定的耐温性,用于受力构件的黏结,如酚醛—缩醛胶;特种胶粘剂不仅具有黏结强度,而且还有导电、耐高温、耐超低温等性能,如超低温聚氨酯胶。

三、常用胶粘剂的品种

1. 壁纸、壁布胶粘剂

(1)聚乙烯醇胶粘剂。聚乙烯醇胶粘剂可作为纸张(壁纸)、纸盒加工、织物及各种粉刷灰浆中的胶粘剂。

(2)聚乙烯醇缩甲醛胶(108胶)。108胶可用于塑料壁纸、壁布与墙面的黏结。也可作室内涂料的胶料和外墙装饰的胶料。

(3)801胶。801胶可用于壁布、壁纸、瓷砖及水泥制品等的粘贴,也可用作内外墙和地面涂料的胶料。

(4)聚醋酸乙烯胶粘剂(白乳胶)。聚醋酸乙烯胶粘剂(白乳胶)可广泛用于黏结纸制品(壁纸),也可作防水涂料和木材的胶粘剂。

(5)SG8104胶。SG8104胶适用在水泥砂浆、混凝土、水泥石棉板、石膏板、胶合板等墙面上粘贴纸基塑料壁纸。

2. 木制品胶粘剂

(1)白乳胶。白乳胶主要适用于木龙骨基架、木制基层及成品木制面层板的黏结,也适用于墙面壁纸、墙面底腻的粘贴和增加胶性强度。

(2)309胶(万能胶)。309胶(万能胶)主要适用于成品木制面层板、塑料制面层板、金属制面层板和无钉木制品的黏结。

(3)地板胶。地板胶主要适用于木制地面板材。

(4)专用地板乳胶。专用地板乳胶适用于复合地板企口黏结。

(5)鱼骨胶。鱼骨胶主要适用于木制楔铆、插接部分的黏结。

3. 塑料地板胶粘剂

(1)水性10号塑料地板胶。水性10号塑料地板胶适用于聚氯乙烯地板、木地板与水泥地面的黏结。

(2)PAA胶粘剂。PAA胶粘剂是聚醋酸乙烯类胶粘剂,主要用于水泥地面、菱苦土地面、木板地面上粘贴塑料地板。

(3)8123聚氯乙烯塑料地板胶粘剂。8123聚氯乙烯塑料地板胶粘剂适用于硬质、半硬质、软质聚氯乙烯塑料地板与水泥地面的粘贴,也适用于硬木拼花地板与水泥地面的粘贴。

(4)CX401胶粘剂。CX401胶粘剂适用于金属、橡胶、玻璃、木材、水泥制品、塑料和陶瓷等的黏合;常用于水泥墙面、地面黏合橡胶、塑料制品、塑料地板和软木地板等。

(5)405胶。405胶是聚氨酯类胶粘剂。常用于胶结塑料、木材、皮革等。

(6)HN-605胶。HN-605胶适用于各种金属、塑料、橡胶和陶瓷等多种材料的黏结。

4. 瓷砖、大理石胶粘剂

(1)AH-03大理石胶粘剂。AH-03大理石胶粘剂适用于大理石、花岗石、陶瓷马赛克、陶瓷面砖等与水泥基层的黏结。

(2)TAM型通用瓷砖胶粘剂。TAM型通用瓷砖胶粘剂适用于在混凝土,砂浆墙面、地面和石膏板等表面粘贴瓷砖、陶瓷马赛克、天然大理石、人造大理石等。

(3)TAS型高强度耐水瓷砖胶粘剂。TAS型高强度耐水瓷砖胶粘剂适用于在混凝土、钢铁、玻璃、木材等表面粘贴各种瓷砖、墙面砖、地砖,用于厨房、浴室、厕所等场所。

(4)TAG型瓷砖勾缝剂。TAG型瓷砖勾缝剂适用于各色瓷砖的勾缝,也可用于游泳池中的瓷砖勾缝。

5. 墙面腻底胶粘剂

在装修墙面腻子的施工过程中，除添加白乳胶外，还必须添加其他纤维较长的胶粘剂，以增加其强度。常用的有以下两种：

(1)107胶。107胶主要适用于墙面腻底和壁纸粘贴。一般不单独使用，铺地面时常加入混凝土中；贴壁纸时常与熟胶粉混合使用；刷墙时常与滑石粉、熟胶粉、白乳胶混合使用，以增强黏度。需要提醒的是，107胶因甲醛含量严重超标，2001年7月已被原国家建设部列为淘汰产品，禁止使用，家庭装修中，最好用熟胶粉代替。

(2)熟胶粉。熟胶粉主要适用于墙面底腻调制和壁纸粘贴，熟胶粉凝固慢，不单独使用。黏结强度低，有收缩现象；比107胶纤维还长，阻燃，溶解于水。

6. 其他用途胶粘剂

(1)玻璃胶。玻璃胶适用于装饰工程中造型玻璃的黏结、固定，也具备一定的密封作用。

(2)防水密封胶。防水密封胶适用于门窗、阳台窗的防水密封。

(3)PVC专用胶。PVC专用胶适用于黏结PVC管及管件。

(4)电工专用胶。电工专用胶适用于黏结塑料接线管及管件和绝缘密封。

四、胶粘剂的选用原则

胶粘剂的品种很多，性能差异很大，选用时一般要考虑以下因素。

1. 被粘物质的种类、特性和胶粘剂的性能

不同的材料，如金属、塑料、橡胶等，其本身分子结构、极性大小不同，在很大程度上会影响黏结强度。因此，要根据不同的材料选用不同的胶粘剂。

2. 被粘物品的受力情况

受力构件的黏结应选用强度高、韧性好的胶粘剂，若受力不大时，则可选用通用型胶粘剂。

3. 黏结件的使用温度

一般来说，橡胶型胶粘剂只能在−60 ℃~80 ℃下工作；而以双酚A环氧树脂为黏结料的胶粘剂的工作温度为−50 ℃~18 ℃。冷热交变是胶粘剂最苛刻的使用条件之一，特别是当被黏结材料性能差异较大时，对黏结强度的影响更显著，为了消除不同材料在冷热交变时由于膨胀系数不同产生的内应力，应选用韧性较好的胶粘剂。另外，还应考虑施工条件、工艺、经济可靠和环保等因素。

本章小结

石膏、水泥、混凝土、砂浆、建筑胶粘剂都是建筑工程中使用最为广泛的建筑材料，也是最基础的建筑材料。本章主要介绍的石膏、水泥、混凝土、砂浆、建筑胶粘剂的规格、分类、品种、性质等。

思考与练习

一、判断题

1. 建筑石膏晶体较细，调制成一定稠度的浆体时，需要量大，所以硬化后的建筑石膏制品

孔隙率大，强度较低。（　　）
2. 水泥须有足够的细度，使用中才能具有良好的和易性、不泌水等施工性能，并具有一定的早期强度，满足施工进度要求。（　　）
3. 国家标准规定，硅酸盐水泥的初凝时间不小于 60 min，终凝时间不大于 120 min。（　　）
4. 白色硅酸盐水泥的生产工艺与硅酸盐水泥相似，其区别在于升高熟料中氧化铁的含量。（　　）
5. 测定轴心抗压强度采用 150 mm×150 mm×300 mm 的棱柱体作为标准试件，在标准养护条件下养护至 30 d 龄期后按照标准试验方法测得。（　　）
6. 新拌砂浆的和易性包括固定性和保水性。（　　）
7. 增韧剂也称增塑剂，它主要是可以改善胶粘剂的韧性，提高胶结的抗剥离、抗冲击能力及耐寒性等。（　　）

二、填空题

1. 生产石膏的原料主要是以_____为主要成分的传统气硬性胶凝材料之一。
2. 建筑石膏的凝结硬化分为_____和_____两个过程。
3. 建筑石膏按原材料种类可分为_____、_____、_____。
4. 以硅酸盐水泥熟料和适量的石膏及规定的混合材料制成的水硬性胶凝材料称为_____。
5. 硅酸盐水泥的生产中生料制备的主要工序是生料粉磨，水泥制成及出厂的主要工序是水泥的粉磨，因此，也可将水泥的生产过程概括为_____。
6. _____是指水泥凝结硬化前后，体积变化的均匀程度。
7. 混凝土按表观密度分为_____、_____、_____。
8. _____是指其标准试件在压力作用下直至破坏时，单位面积所能承受的最大压力。
9. _____、_____和_____是混凝土配合比设计的三个基本参数，它们与混凝土各项性能之间有着非常密切的关系。
10. _____是指能直接将两种材料牢固地黏结在一起的物质。

三、选择题

1. 凡由硅酸盐水泥熟料、0～5%石灰石或粒化高炉矿渣、适量石膏磨细制成的水硬性胶凝材料，称为（　　）。
   A. 硅酸盐水泥　　　　　　　　B. 普通硅酸盐水泥
   C. 矿渣硅酸盐水泥　　　　　　D. 通用水泥
2. 混凝土中对砂的质量和技术要求不包括（　　）方面。
   A. 含泥量和有害杂质含量　　　B. 砂的颗粒级配和细度模数
   C. 砂的流动性　　　　　　　　D. 碱—集料反应
3. （　　）是指混凝土能保持其组成成分均匀，不发生分层离析、泌水等现象，适于运输、浇筑、捣实成型等施工作业，并能获得质量均匀、密实的混凝土的性能。
   A. 和易性　　B. 流动性　　C. 黏聚性　　D. 保水性
4. 清水混凝土成型方法不包括（　　）。
   A. 正打成型工艺　B. 反打成型工艺　C. 立模工艺　D. 缓凝剂法工艺
5. （　　）是促使黏结物质通过化学反应加快固化的组分，它可以增加胶层的内聚强度。
   A. 增韧剂　　B. 稀释剂　　C. 固化剂　　D. 改性剂

四、简答题

1. 什么是胶凝材料？胶凝材料可分为哪些？

2. 天然石膏有哪两种？石膏胶凝材料的生产过程是什么？
3. 建筑石膏的特性有哪些？
4. 石膏装饰品有哪些？
5. 硅酸盐水泥熟料的矿物组成有哪些？
6. 水泥的运输与储存有什么要求？
7. 什么是彩色硅酸盐水泥？彩色硅酸盐水泥的生产方法有哪两种？
8. 什么是混凝土抗压强度？
9. 影响混凝土强度的主要因素有哪些？
10. 装饰砂浆获得装饰效果的具体做法有哪两类？
11. 灰浆类砂浆饰面包括哪些？
12. 胶粘剂的品种很多，性能差异很大，选用时一般要考虑哪些因素？

第三章　建筑装饰石材

> **知识目标**
>
> 1. 了解石材的形成与分类；掌握建筑石材的技术性能，石材的加工。
> 2. 了解天然大理石的概念；熟悉大理石的品种、应用，大理石板材的规格等级、标记；掌握天然大理石板材的技术要求。
> 3. 了解天然花岗石的概念；熟悉天然花岗石的规格等级、标记；掌握天然花岗石板材的技术要求。
> 4. 了解人造石材的概念；熟悉人造石材的类型、应用和常用人造石材。

> **能力目标**
>
> 能根据天然大理石性能正确应用大理石有关制品；能根据天然花岗石性能正确应用花岗石有关装饰制品；能根据人造石材性能正确应用人造石材。

第一节　石材的基本知识

一、石材的形成与分类

岩石是组成地壳的主要物质成分，是矿物的集合体，是在地质作用下产生的，是由一种矿物或多种矿物以一定的规律组成的自然集合体。自然界中岩石的种类很多，依据不同的形成条件，岩石大致可分为岩浆岩、沉积岩、变质岩三类。

1. 岩浆岩

岩浆岩又称火成岩，是指岩浆侵入地壳或喷出地表，经过冷凝后形成的岩石。岩浆岩是组成地壳的主要岩石，占地壳总质量的 89%。岩浆岩根据岩浆冷却条件的不同，又分为深成岩、浅成岩、喷出岩和火山岩。

(1) 深成岩。深成岩是岩浆于地壳深处(3 km 以下)在很大的覆盖压力下缓慢冷却而成的岩石，其特性是：结构致密，密度大，晶粒大，抗压强度高，吸水率小，抗冻性好，耐磨性和耐久性好。例如，花岗岩、正长岩、辉长石、闪长石、橄榄岩等。

(2) 浅成岩。浅成岩是岩浆在地表浅处较快冷却结晶而成的岩石，与深成岩相似，但晶粒小。如辉绿岩，强度高但硬度低，可锯成板材和异型材，经表面磨光，光泽明亮，常用于铺砌地面、镶砌柱面等。

(3) 喷出岩。熔融的岩浆喷出地壳表面，迅速冷却而成的岩石称为喷出岩。由于岩浆喷出地表时压力骤减且迅速冷却，结晶条件差，其多呈隐晶质或玻璃体结构。如喷出岩凝固成很厚的岩层，其结构接近深成岩。当喷出岩凝固成比较薄的岩层时，常呈多孔构造。工程中常用的喷出岩有玄武岩、安山岩等。

玄武岩为岩浆冲破覆盖岩层喷出地表冷凝而成的岩石，由辉石和长石组成。其体积密度为 2 900~3 300 kg/m³，抗压强度为 100~300 MPa，脆性大，抗风化性较强，主要用于基础、桥梁等石砌体，破碎后可作为高强度混凝土的集料。

(4) 火山岩。火山岩又称火山碎屑岩，是火山爆发时岩浆被喷到空中，经急速冷却落下而形成的碎屑岩石，如火山灰、浮石等。火山岩是轻质多孔结构的材料，强度、硬度、耐水性、抗冻性等耐久性指标都较低，保温性好。其中，火山灰被大量用作水泥的混合材，浮石作为轻质集料，在配制轻集料混凝土时用作墙体材料。

2. 沉积岩

沉积岩是由原来的母岩风化后，经过搬运、沉积等作用形成的岩石。沉积岩为层状构造，其各层的成分、结构、颜色、层厚等均不相同。与火成岩相比，其特性是：结构致密性较差，密度较小，孔隙率及吸水率均较大，强度较低，耐久性也较差。

沉积岩在地球上分布极广，加之藏于地表不太深处，故易于开采。根据生成条件，沉积岩可分为机械沉积岩、化学沉积岩和生物沉积岩三类。根据胶结物质不同可分为硅质的、泥质的和石灰质的。硅质的代表性岩石有石英岩、砂岩、砾岩和硅藻土等；泥质的有泥岩、页岩和油页岩等；灰质的有石灰岩、白云岩、泥灰岩、石灰角砾岩等。

3. 变质岩

变质岩是由原生的岩浆岩和沉积岩经过地壳内部高温、高压等变化作用后形成的岩石。其中沉积岩变质后，性能变好，结构变得致密，坚实耐久，如石灰岩变质为大理岩，硅质砂浆岩变质为石英岩；而石英岩变质后，性质反而变差，如花岗岩变质成的片麻岩易产生分层剥落，使耐久性变差。因为耐久性强，固常用作重要建筑物的贴面石，在工业上石英石可作为耐磨及耐酸的贴面材料。其碎块可用于道路或作混凝土的集料。

二、石材的技术性能

1. 表观密度

天然石材按其表观密度大小可分为重石和轻石两类。表观密度大于 1 800 kg/m³ 的为重石，主要用于建筑的基础、贴面、地面、路面、房屋外墙、挡土墙、桥梁及水工构筑物等；表观密度小于 1 800 kg/m³ 的为轻石，主要用作墙体材料，如采暖房屋外墙等。

2. 抗压强度

根据《砌体结构设计规范》(GB 50003—2011)的规定，石材的强度等级可用边长为 70 mm 的立方体试块的抗压强度表示。抗压强度取三个试件破坏强度的平均值。试件也可采用 200 mm、150 mm、100 mm、50 mm 的立方体，但应对其试验结果乘以相应的换算系数 1.43、1.28、1.14、0.86 后才可作为石材的强度等级。用标准试验方法测得的抗压强度值作为评定石材强度等级标准。天然石材的强度等级为 MU100、MU80、MU60、MU50、MU40、MU30、MU20、MU15、MU10 九个等级。

3. 吸水性

石材吸水性的大小用吸水率表示，其大小主要与石材的化学成分、孔隙率、孔隙特征等因素有关。酸性岩石比碱性岩石的吸水性强。常用岩石的吸水率：花岗石小于 0.5%；致密石灰岩一般小于 1%；贝壳石灰岩约为 15%。石材吸水后，降低了矿物的黏结力，破坏了岩石的结构，从而降低了石材的强度和耐水性。

4. 抗冻性

抗冻性是指石材抗冻融破坏的能力，是衡量石材耐久性的一个重要指标。石材的抗冻性用冻融循环次数表示，石材在吸水饱和状态下，经规定的冻融循环次数后，若无贯穿裂缝且质量损失不超过5%，强度降低不大于25%，则认为其抗冻性合格。

5. 耐水性

石材的耐水性用软化系数 K 表示。按 K 值的大小，石材的耐水性可分为高、中、低三等，$K>0.90$ 的石材为高耐水性石材，$K=0.70\sim0.90$ 的石材为中耐水性石材，$K=0.60\sim0.70$ 的石材为低耐水性石材。一般 $K<80$ 的石材不允许用在重要建筑中。

另外，石材的耐水性、耐磨性及冲击韧性，根据用途不同，对其也有不同的要求。

三、石材的加工

天然岩石必须经开采加工成石材后才能在建筑工程中使用。开采出来的石材需被送往加工厂，按照设计所需要的规格及表面肌理，加工成各类板材及一些特殊规格形状的产品。荒料加工成材后，对其表面还要进行加工处理，如机械研磨、烧毛加工、凿毛加工等。

1. 机械研磨

研磨是使用研磨机械使石材表面平整和呈现出光泽的工艺，一般可分为粗磨、细磨、半细磨、精磨和抛光五道工序。研磨设备有摇臂式手扶研磨机和桥式自动研磨机，分别用于小件加工和面积在 $1 m^2$ 以上的板材的加工。磨料多使用碳化硅加胶粘剂（树脂和高铝水泥等），也可采用金刚砂。抛光是将石材表面加工成镜面光泽的加工工艺。板材经研磨后，用毡盘或麻盘加上抛光材料，对板面上的微细痕迹进行机械磨削和化学腐蚀，使石材表面具有最大的反射光线的能力及良好的光滑度，并使石材本身的固有花纹、色泽最大限度地呈现出来。对抛光后的表面有时还可打蜡，以使表面光滑度更高并起到保护表面的作用。

2. 烧毛加工

烧毛加工是指将锯切后的花岗石毛板，用火焰进行表面喷烧，利用某些矿物在高温下开裂的特性进行表面烧毛，使石材恢复天然粗糙表面，以获得特定的色彩和质感。

3. 凿毛加工

凿毛加工方法可分为手工、机具与手工相结合法。传统的手工雕琢法耗人力、周期长，但加工出的制品表面层次丰富、观赏性强，而机具雕琢法提高了生产规模和效率。

第二节　天然大理石

一、天然大理石的概念与性能特点

大理石是大理岩的俗称，因云南大理盛产大理石而命名。它是石灰岩经过地壳内高温、高压作用形成的变质岩，常呈层状结构，有明显的结晶和纹理，主要矿物为方解石和白云石，它属于中硬石材。

天然大理石具有以下性能特点：

（1）优点。

1）结构致密，抗压强度高，加工性好，不变形。天然大理石质地致密而硬度不大，其莫氏硬度在50左右，故大理石较易进行锯解、磨光等加工。

2）装饰性好。纯大理石为雪白色，当含有氧化铁、石墨、锰等杂质时，可呈米黄色、玫瑰红色、浅绿色、灰色、黑色等色调，磨光后，光泽柔润，绚丽多彩。浅色天然大理石板的装饰效果庄重而清雅，深色大理石板的装饰效果华丽而高贵。

3）吸水率小，耐腐蚀，耐久性好。

（2）缺点。

1）硬度较低，如在地面上使用，磨光面易损坏，其耐用年限一般为30～80年。

2）抗风化能力差，除个别品种大理石，如汉白玉、艾叶青等可用于室外，其他都不宜用于建筑物外墙面和其他露天部位的装饰。因为城市工业中所产生的二氧化硫与空气中的水分接触产生亚硫酸、硫酸等所谓酸雨，与大理石中的碳酸钙反应，生成二水石膏，发生局部体积膨胀，从而造成大理石表面强度降低，变色掉粉，很快失去表面光泽甚至出现斑点等现象而影响其装饰性能。

二、天然大理石的品种

我国大理有矿产资源极其丰富，储量大、品种多，总储量居世界前列。据不完全统计，初步查明国产大理有近400余个品种，石质细腻，光泽柔润。目前，开采利用的天然大理石主要有3类，即云灰大理石、白色大理石和彩花大理石。

1. 云灰大理石

云灰大理石因多呈云灰色或在云灰底色上泛起朵朵酷似天然云彩状花纹而得名，有的看上去像青云直上，有的像乱云飞渡，有的如乌云滚滚，有的若浮云漫天。其中，花纹似水波纹者称水花石，水花石常见图案有"微波荡漾""烟波浩渺""水天相连"等。云灰大理石加工性能特别好，主要用来制作建筑饰面板材，是目前开采利用最多的一种。

2. 白色大理石

白色大理石洁白如玉，晶莹纯净，熠熠生辉，故又称汉白玉、苍山白玉或白玉，它是大理石中的名贵品种，是重要建筑物的高级装修材料。

3. 彩花大理石

彩花大理石生产于云灰大理石层间，是大理石中的精品，经过研磨、抛光，便呈现色彩斑斓、千姿百态的天然图画，为世界所罕见，如呈现山水林木、花草虫鱼、云雾雨雪、珍禽异兽、奇岩怪石等。若在其上点出图的主题，写上画名或题以诗文，则越发引人入胜。例如，如呈现山水画面的题"万里云山尽晖""群峰叠翠""满目清山夕照明""清泉石上流"等；呈现岩石画面的题"怪石穿空""千岩竞秀"等；似云雾的画面题"云移青山翠""幽谷出奇烟""云气苍茫""云飞雾涌"等；像禽兽的画面题"凤凰回首""鸳鸯戏水""骏马奔腾"等；像人物的画面题"云深采药""老农过桥""牛郎牧童""双仙画石"等；像四季景物的画面题"春风杨柳""夏山欲雨""落叶满山秋"等。

从众多的彩花大理石中，通过精心选择和琢磨，还可获得人们企求的理想天然图画。如大理县大理石厂为毛主席纪念堂制作的14个大理石花盆，每个花盆的正面图案都具有深刻的含义，画面中有韶山、井冈山、娄山关、赤水河、金沙江、大渡河、雪山、草地、延安等。再如，人民大会堂云南厅的大屏风上，镶嵌着一块呈现山河云海图的彩花大理石，气势雄伟，十分壮观。这是大理人民借大自然的"神笔"描绘出的歌颂祖国大好河山的画卷。

三、天然大理石的应用

天然大理石板主要用于建筑物室内饰面，如地面、柱面、墙面、造型面、酒吧台侧立面与台面、服务台立面与台面、电梯间门口等。由于天然大理石板材耐磨性相对较差，表面光亮、细腻，易受污染和划伤，因此虽可用于室内地面，但不宜用于人流较多的场所。又由于抗风化能力差，除个别品种（如汉白玉、艾叶青等）外，一般只适用于室内。

大理石磨光板有美丽多姿的花纹，如似青云飞渡的云彩花纹，似天然图画的彩色图案纹理，这类大理石板常用来镶嵌或刻出各种图案的装饰品。天然大理石磨光板还可制成大理石拼花及大理石与花岗石混合拼花，再配合各种陈设，可造成一种特定的环境，以满足不同的色彩构成要求，体现不同的室内设计风格。

天然大理石板还被广泛地用于高档卫生间的洗漱台面及各种家具的台面。

四、天然大理石板材的规格、等级、标记

1. 规格

天然大理石板材按形状分为毛光板(MG)、普型板(PX)、圆弧板(HM)和异型板(YX)。按矿物组成可分为方解石大理石(FL)、白云石大理石(BL)和蛇纹石大理石(SL)；按表面加工分为镜面板(JM)和粗面板(CM)。

2. 等级

天然大理石板材按加工质量和外观分为 A、B、C 三级。

3. 标记

(1)标记顺序。荒料产地地名、花纹色调特征描述、大理石；编号按《天然大理石建筑板材》(GB/T 19766—2016)的规定、类别、规格尺寸、等级、标准号。

(2)示例。用房山汉白玉大理石荒料加工的 600 mm×600 mm×20 mm、普型、A 级镜面板材示例如下：

房山汉白玉大理石(或 M1101)BL PX JM 600×600×20 A GB/T 19766—2016

五、天然大理石板材的技术要求

天然大理石板材的技术要求应符合《天然大理石建筑板材》(GB/T 19766—2016)的规定，具体要求如下。

1. 尺寸系列

普型板的尺寸系列见表3-1，圆弧板、异型板和特殊要求的普型板规格尺寸由供需双方协商确定。

表3-1 普型板的尺寸系列　　　　　　　　　　　　　　　　　　　　　mm

边长系列	300*、305*、400、500、600*、700、800、900、1 000、1 200
厚度系列	10*、12、15、18、20*、25、30、35、40、50
*为常用规格	

(1)规格尺寸允许偏差。

1)天然大理石普型板规格尺寸允许偏差见表3-2。

表3-2 天然大理石普型板规格尺寸允许偏差　　　　　　　　　　　　　mm

项目		允许偏差		
		A	B	C
长度、宽度		0 −1.0	0 −1.0	0 −1.5
厚度	≤12	±0.5	±0.8	±1.0
	>12	±1.0	±1.5	±2.0

2)天然大理石圆弧板壁厚的最小值应不小于20 mm，其规格允许偏差见表3-3。

表3-3 天然大理石圆弧板规格允许偏差　　　　　　　　　　　　　mm

项目	允许偏差		
	A	B	C
弦长	0 −1.0		0 −1.5
高度	0 −1.0		0 −1.5

(2)平面度允许偏差。

1)天然大理石普型板平面度允许公差见表3-4。

表3-4 天然大理石普型板平面度允许公差　　　　　　　　　　　　mm

板材长度	技术指标					
	镜面板材			粗面板材		
	A	B	C	A	B	C
≤400	0.2	0.3	0.5	0.5	0.8	1.0
>400～≤800	0.5	0.6	0.8	0.8	1.0	1.4
>800	0.7	0.8	1.0	1.0	1.5	1.8

2)天然大理石圆弧板直线度与轮廓度允许公差见表3-5。

表3-5 天然大理石圆弧板直线度与轮廓度允许公差　　　　　　　　mm

项目		技术指标					
		镜面板材			粗面板材		
		A	B	C	A	B	C
直线度(按板材高度)	≤800	0.6	0.8	1.0	1.0	1.2	1.5
	>800	0.8	1.0	1.2	1.2	1.5	1.8
线轮廓度		0.8	1.0	1.2	1.2	1.5	1.8

(3)角度允许偏差。

1)天然大理石普型板角度允许公差见表3-6。

表3-6 天然大理石普型板角度允许公差　　　　　　　　　　　　　mm

项目	允许公差		
	A	B	C
≤400	0.3	0.4	0.5
>400	0.4	0.5	0.7

2)圆弧板端面角度允许公差：A级为0.4 mm，B级为0.6 mm，C级为0.8 mm。

3)普型板拼缝板材正面与侧面的夹角不得大于90°。

4)圆弧板材的侧面角α应不小于90°。

(4)外观质量。

1)同一批板材的色调应基本调和,花纹应基本一致。

2)板材正面外观缺陷的质量要求应符合表3-7的规定。

表3-7 板材正面外观缺陷的质量要求

缺陷名称	规定内容	A	B	C
裂纹	长度≥10 mm的条数/条	0		
缺棱*	长度≤8 mm,宽度≤1.5 mm(长度≤4 mm,宽度≤1 mm不计),每米长允许个数/个	0	1	2
缺角*	沿板材边长顺延方向,长度≤3 mm,宽度≤3 mm(长度≤2 mm,宽度≤2 mm不计),每块板允许个数/个			
色斑	面积≤6 cm²(面积<2 cm² 不计),每块板允许个数/个			
砂眼	直径<2 mm		不明显	有,不影响装饰效果

* 对毛光板不做要求

3)板材允许黏结和修补。黏结和修补后应不影响板材的装饰效果,不降低板材的物理性能。

(5)物理性能。板材的物理性能应符合表3-8的规定,工程对板材物理性能项目及指标有特殊要求的,按工程要求执行。

表3-8 天然大理石建筑板材的物理性能指标

项目		技术指标		
		方解石大理石	白云石大理石	蛇纹石大理石
体积密度/(g·cm⁻³)	≥	2.60	2.80	2.56
吸水率/%	≤	0.50	0.50	0.60
压缩强度/MPa ≥	干燥	52	52	70
	水饱和			
弯曲强度/MPa ≥	干燥	7.0	7.0	7.0
	水饱和			
耐磨性[a]/(1·cm⁻²)	≥	10	10	10

[a] 仅适用于地面、楼梯踏步、台面等易磨损部位的大理石石材

第三节 天然花岗石

一、天然花岗石的概念

花岗石属于深成岩,是岩浆中分布最广的岩石,其主要矿物组成为长石、石英和少量云母及暗色矿物。其中长石含量为40%～60%,石英含量为20%～40%。商业上所说的花岗石是以花岗石为代表的一类装饰石材,包括各种岩浆岩和花岗石的变质岩,如辉长岩、闪长岩、辉绿岩、玄武岩、安山岩、正长岩等,一般质地较硬。

天然花岗石有如下性能特点:

(1)优点。

1)结构致密,抗压强度高。

2)材质坚硬,耐磨性很强,莫氏硬度为80~100,具有优异的耐磨性。

3)孔隙率小,吸水率极低,耐冻性强。抗冻性指标在F100~F200。

4)装饰性好。经磨光处理的花岗石板,质感坚实,晶格花纹细致,色彩斑斓,有华丽高贵的装饰效果。

5)化学稳定性好,抗风化能力强。

6)耐腐蚀性等耐久性很强。粗粒花岗石的使用年限可达100~200年,优质细粒花岗石的使用年限可达500~1 000年以上,有"石烂千年"之称。

(2)缺点。

1)自重大,用于房屋建筑与装饰会增加建筑物的质量。

2)硬度大,给开采和加工造成困难。

3)质脆,耐火性差,当温度达到800 ℃以上时,由于花岗石中所含石英发生晶型转变,造成体积膨胀,导致石材爆裂,失去强度。

4)某些花岗石含有微量放射性元素,应根据花岗石石材的放射性强度水平确定其应用范围。

二、天然花岗石的品种

我国花岗石资源极为丰富,经探明其储量约达1 000亿 m^3,分布地域广阔,花色品种达150种以上,山东、广东、福建、四川、广西、山西、北京、河南、湖南、新疆、浙江、江苏、黑龙江等地都有生产。我国花岗石主要有北京的"白虎涧"、济南的"济南青",青岛的黑色花岗石,四川石棉的"石棉红",湖北的"将军红",山西灵邱的"贵妃红"等品种。新疆的"天山蓝"、四川雅安的"中国红"、山西浑源青磁窑的"太白青"、河北阜平的"阜平黑"、内蒙古丰镇的"丰镇黑"、河北易县的"易县黑"等名贵品种,可以与世界的名牌(克拉拉白、印度红、巴西蓝)相媲美。

天然花岗石属于高级建筑装饰材料,主要应用于大型公共建筑或装饰等级要求较高的室内外装饰工程。花岗石的加工和大理石一样,板材表面可加工成剁斧板、机刨板、粗磨板和磨光板。

剁斧板:表面粗糙、有规律的条纹状,给人一种粗犷、朴实、自然、浑厚、庄重的感觉。主要用于室外地面、台阶、基座。

机刨板:表面平整、条纹平行。用于室外地面、台阶、基座、踏步等。

粗磨板:表面无光泽。常用于墙面、柱面、纪念碑、台阶、基座等。

磨光板:表面光亮、质感细腻、晶体裸露。用于室内外地面、柱面、墙面、广场地面等。

三、天然花岗石的应用

天然花岗石板材是高级装饰材料,但因其坚硬,开采加工较困难,所以制造成本较高。因此,其主要应用于宾馆、饭店、礼堂等大型公共建筑或装饰等级要求较高的室内外装饰工程。在一般建筑物中,其只适合用作局部点缀。粗面板材和细面板材常用于室外地面、墙面、柱面、勒脚、基座、台阶;镜面板材主要用于室内外地面、墙面、柱面、台面、台阶等装饰。

四、天然花岗石的等级、标记

(1)等级。

1)毛光板按厚度偏差、平面度公差、外观质量等可分为优等品(A)、一等品(B)、合格品(C)三个等级。

2)普型板按规格尺寸偏差、平面度公差、角度公差、外观质量等可分为优等品(A)、一等品(B)、合格品(C)三个等级。

3)圆弧板按规格尺寸偏差、直线度公差、线轮廓度公差、外观质量等可分为优等品(A)、一等品(B)、合格品(C)三个等级。

(2)标记。

1)名称。采用《天然石材统一编号》(GB/T 17670—2008)规定的名称或编号。

2)标记顺序。标记按名称、类别、规格尺寸、等级、标准编号顺序。

3)示例。用山东济南青花岗石荒料加工的 600 mm×600 mm×20 mm、普型、镜面、优等品板材示例如下：

济南青花岗石(G3701)PX JM 600×600×20 A GB/T 18601—2009

五、天然花岗石板材的技术要求

1. 一般要求

天然花岗石板材的技术要求应符合《天然花岗石建筑板材》(GB/T 18601—2009)的规定，具体要求如下：

(1)天然花岗石建筑板材的岩矿结构应符合商业花岗石的定义范畴。

(2)规格板材的尺寸系列见表 3-9，圆弧板、异型板和特殊要求的普型板规格尺由供需双方协商确定。

表 3-9 天然花岗石规格板材的尺寸系列   mm

项目	规格尺寸
边长系列	300①、305①、400、500、600①、800、900、1 000、1 200、1 500、1 800
厚度系列	10①、12、15、18、20①、25、30、35、40、50
①常用规格	

2. 加工质量

(1)天然花岗石毛光板的平面度公差和厚度偏差应符合表 3-10 的规定。

表 3-10 天然花岗石毛光板的平面度公差和厚度偏差   mm

项目		技术指标					
		镜面和细面板材			粗面板材		
		优等品	一等品	合格品	优等品	一等品	合格品
平面度		0.80	1.00	1.50	1.50	2.00	3.00
厚度	≤12	±0.5	±1.0	+1.0 −1.5	—		
	>12	±1.0	±1.5	±2.0	+1.0 −2.0	±2.0	+2.0 −3.0

(2)天然花岗石普型板的规格尺寸允许偏差应符合表 3-11 的规定。

表 3-11　天然花岗石普型板的规格尺寸允许偏差　　　　　　　　mm

项目		技术指标					
		镜面和细面板材			粗面板材		
		优等品	一等品	合格品	优等品	一等品	合格品
长度、宽度		0 −1.0	0 −1.5	0 −1.0	0 −1.5		
厚度	≤12	±0.5	±1.0	+1.0 −1.5	—		
	>12	±1.0	±1.5	±2.0	+1.0 −2.0	±2.0	+2.0 −3.0

(3)天然花岗石圆弧板壁厚的最小值应不小于 18 mm,天然花岗石圆弧板的规格尺寸允许偏差应符合表 3-12 的规定。

表 3-12　天然花岗石圆弧板的规格尺寸允许偏差　　　　　　　　mm

项目	技术指标					
	镜面和细面板材			粗面板材		
	优等品	一等品	合格品	优等品	一等品	合格品
弦长	0	0	0 −1.5	0 −2.0	0 −2.0	
高度	−1.0	−1.5	0 −1.0	0 1.0	0 −1.5	

(4)天然花岗石普型板的平面度允许公差应符合表 3-13 的规定。

表 3-13　天然花岗石普型板的平面度允许公差　　　　　　　　mm

板材长度(L)	技术指标					
	镜面和细面板材			粗面板材		
	优等品	一等品	合格品	优等品	一等品	合格品
L≤400	0.20	0.35	0.50	0.60	0.80	1.00
400<L≤800	0.50	0.65	0.80	1.20	1.50	1.80
L>800	0.70	0.85	1.00	1.50	1.80	2.00

(5)天然花岗石圆弧板的直线度与线轮廓度允许公差应符合表 3-14 的规定。

表 3-14　天然花岗石圆弧板的直线度与线轮廓度允许公差　　　　mm

项目		技术指标					
		镜面和细面板材			粗面板材		
		优等品	一等品	合格品	优等品	一等品	合格品
直线度 (按板材高度)	≤800	0.80	1.00	1.20	1.00	1.20	1.50
	>800	1.00	1.20	1.50	1.50	1.50	2.00
线轮廓度		0.80	1.00	1.20	1.00	1.50	2.00

(6)天然花岗石普型板的角度允许公差应符合表 3-15 的规定。

表 3-15　天然花岗石普型板的角度允许公差　　　　　　　　　　mm

板材长度(L)	技术指标		
	优等品	一等品	合格品
L≤400	0.30	0.50	0.80
L>400	0.40	0.60	1.00

(7)圆弧板的端面角度允许公差：优等品为 0.40 mm，一等品为 0.60 mm，合格品为 0.8 mm。

(8)普型板拼缝板材正面与侧面的夹角不应大于 90°。

(9)圆弧板的侧面角 α 应不小于 90°。

(10)镜面板材的镜面光泽度应不低于 80 光泽单位，特殊需要和圆弧板由供需双方协商确定。

第四节　人造石材

一、人造石材的概念

人造石材(又称合成石)是以水泥或不饱和聚酯为胶粘剂，配以天然大理石或方解石、白云石、硅砂、玻璃粉等无机物粉料，以及适量的阻燃剂、稳定剂、颜料等，经配料混合、浇筑、振动、压缩、挤压等方法成型固化制成的一种人造石材。

人造石材是以天然石材为原料加工而成的，因此，它继承了天然石材的一些优点，同时舍弃了天然石材的某些缺点。人造石材的具体特点如下：

(1)人造石材的品种繁多，它不但具有天然石材的纹理和质感，而且没有色形和纹路差异，用户在选购时不用担心因为存在色差而影响整体装修效果。

(2)人造石材表面没有孔隙，油污、水渍不易渗入，因此，抗污力强，容易清洁。

(3)人造石材的厚度较天然石材薄，本身质量比天然石材轻，搬运方便，若用于铺设地面，可减轻楼体承重。

(4)人造石材的背面经过波纹处理，因此，施工时与基体易于黏结，施工工艺简单，铺设后的墙、地面质量更可靠。

(5)人造石材的成本只有天然石材的十分之一，且无放射性，是目前最理想的绿色环保材料，符合 21 世纪人们的消费理念。

(6)人造石材的主要原料是天然石粉，完全是废物利用。

人造石材除具有以上的优点外，与天然石材相比，由于同类型板材的色泽与纹理完全一样，缺少了自然天成的纹理和质感，因此视觉上略有生硬的感觉。

二、人造石材的类型

人造石材按生产时所用的原材料一般可分为以下四种类型：

(1)水泥型人造石材。水泥型人造石材以各种水泥如普通水泥、硅酸盐水泥、矿渣水泥等为胶粘剂，砂为细集料，碎大理石、花岗石、工业废渣等为粗集料，经配料、搅拌、成型、加压蒸养、磨光、抛光而成。

水泥型人造石材的物理力学性能和表面的花纹色泽等装饰性能比天然石材稍差，但其极为经济。水磨石和各类花阶砖属于水泥型人造石材。

水泥型人造石材除用硅酸盐系列水泥外，也有以铝酸盐水泥为胶粘剂的。铝酸盐水泥水化时产生了氢氧化铝凝胶，氢氧化铝凝胶在硬化过程中可以不断填充到人造石材的毛细孔中，形成很致密的结构，同时形成很光滑的表面层。因此，这种人造石材成型后一般不用经过抛光表面就很光滑，具有光泽，其装饰效果较好。

(2)树脂型人造石材。树脂型人造石材是以不饱和聚酯等有机胶凝材料为胶粘剂，与天然碎石、石粉、颜料或染料等搅拌混合，经浇筑成型，在固化剂作用下产生固化作用，经脱模、烘干、抛光等工序而制成。这种方法在国际上比较流行，我国也多采用此法生产人造石材。

(3)复合型人造石材。复合型人造石材的胶粘剂中既有无机黏结材料，又有有机黏结材料。先用无机胶粘剂将石粉等填料黏结成型，然后再将形成的坯体在具有聚合功能的有机单体中浸渍，使其在一定条件下聚合形成复合型人造石材。对于板材制品，也可以分成两层生产，即底层使用价格低廉而性能稳定的无机黏结材料将石粉黏结成型，面层采用聚酯和大理石粉制作，从而形成色彩鲜艳、光泽度高的装饰表面。

无机黏结材料可以采用各种水泥，如普通硅酸盐水泥、白色硅酸盐水泥、粉煤灰水泥、矿渣水泥、快硬水泥、铝酸盐水泥等。有机单体可用苯乙烯、甲基丙烯酸甲酯、醋酸乙烯、丙烯腈、丁二烯、二氯乙烯等。这些单体可以单独使用，也可以组合使用。

(4)烧结型人造石材。烧结型人造石材的生产工艺与陶瓷的生产相似。将斜长石、石英、辉石、方解石等石粉、赤铁矿粉及部分高岭土等混合，用泥浆法制成坯料，用半干压法成型，然后在窑中以1 000 ℃左右温度烧结而成。这种人造石材性能稳定，耐久性好，但由于要高温烧结，能耗大，造价较高，因而在实际中采用很少。

在上述四种人造石材中，树脂型人造石材的物理和化学性能最好，花纹容易设计，有重现性，但价格相对较高；水泥型人造石材价格最低廉，但耐腐蚀性能较差，容易出现微龟裂，适用于板材而不适用于卫生洁具等；复合型人造石材则综合了前两者的优点，有良好的物化性能，成本也较低；烧结型人造大理石虽然只用黏土、石粉作原料，但需要经高温焙烧，因而能耗大，造价高，而且产品破损率高，实际应用得较少。

三、人造石材的应用

按照其不同的应用部位，人造石材主要用于以下几个方面：

(1)台面类。厨房整体橱柜的台面、餐桌的桌面，甚至于家具都可以用这种材料制作。天然石材有着自然的花纹和色彩，但是不能弯曲，而且曲面加工十分困难。人造石材则克服了这个缺点，可以塑造成型或热压弯曲成各种造型。对于台面而言，无缝整体效果更佳。

(2)墙面、地面类。人造石材质量轻、厚度薄、耐腐蚀、抗污染，而且可以完全仿效天然石材的花纹和色泽，色差小，整体装饰效果好，可以用于墙面、柱面、地面等处。

四、常用人造石材

人造石材是装饰工程中应用比较广泛的材料，常见的有建筑水磨石材、聚酯型人造石材等。

1. 建筑水磨石材

(1)建筑水磨石材的特点。建筑水磨石材是以水泥为胶凝材料,以不同粒径的大理石碴为集料,经搅拌、成型、养护、研磨等工序制成的一种建筑装饰板材。

建筑水磨石材强度较高,坚固耐用,花纹、颜色和图案等都可以任意配制,花色品种多,在施工时可根据要求组合成各种图案,装饰效果较好,施工方便,价格较低。

建筑水磨石材除用硅酸盐水泥生产外,也可用铝酸盐水泥生产。使用铝酸盐水泥生产的水磨石材表面结构致密、光滑,光泽度高,防潮性能好。

(2)建筑水磨石材的分类、规格、标记。

1)分类。

①按抗折强度和吸水率分为普通水磨石(P)和水泥人造石(R);
②按生产方式可分为预制水磨石(YZ)和现浇水磨石(XJ);
③按使用功能可分为常规水磨石(CG)、防静电水磨石(FJ)、不发火水磨石(BH)和洁净水磨石(JS);
④按制品在建筑物中的主要使用部位可分为墙面和柱面用水磨石(Q),地面用水磨石(D),踢脚板、立板和三角板类水磨石(T),隔断板、窗台板和台面板类水磨石(G);
⑤按制品表面加工程度可分为磨面水磨石(M)、抛光水磨石(P);
⑥按胶粘剂类型不同可分为水泥基水磨石(SN)、树脂—水泥基水磨石(PMC)。

2)规格。现浇水磨石规格尺寸根据工程实际而定,预制水磨石的常用规格尺寸见表3-16。

表3-16 预制水磨石的常用规格尺寸   mm

类别	指标						
长度	300	305	400	500	600	800	1 200
宽度	300	305	400	500	600	800	—

3)标记。水磨石按产品名称、胶粘剂类型、类别(生产方式—使用功能—使用部位—表面加工程度)、规格和标准号的顺序标记。如规格为400 mm×400 mm×25 mm的地面用常规预制磨面水泥基普通水磨石,标记为

普通水磨石 SN—YZ—CG—D—M 400×400×25 JC/T 507—2012

(3)建筑水磨石材的主要技术要求。

1)外观要求。

①水磨石装饰面的外观缺陷规定见表3-17。

表3-17 水磨石装饰面的外观缺陷规定

缺陷名称	技术要求	
	普通水磨石	水泥人造石
裂缝	不允许	不允许
返浆、杂质	不允许	不允许
色差、划痕、杂石、气孔	不明显	不明显
边角缺损	不允许	不允许

②水磨石磨光面有图案时,其越线和图案偏差应符合表3-18的规定。

表 3-18　有图案水磨石磨光面越线和图案偏差技术要求

缺陷名称	技术要求	
	普通水磨石	水泥人造石
图案偏差	≤3 mm	≤2 mm
越线	越线距离≤2 mm；长度≤10 mm；允许2处	不允许

③同批水磨石磨光面上的石碴级配和颜色应基本一致。

2) 尺寸偏差。

①预制水磨石的规格尺寸允许偏差及平面度、角度允许极限公差见表 3-19。

表 3-19　预制水磨石的规格尺寸允许偏差及平面度、角度允许极限公差　　　　　mm

类别	长度、宽度		厚度		平面度		角度	
	普通水磨石	水泥人造石	普通水磨石	水泥人造石	普通水磨石	水泥人造石	普通水磨石	水泥人造石
Q	0 −1	0 −1	+1 −2	±1	0.8	0.6	0.8	0.6
D	0 −1	0 −1	±2	+1 −2	0.8	0.6	0.8	0.6
T	±2	±1	±2	+1 −2	1.5	1.0	1.0	0.8
G	±3	+2	±2	+1 −2	2.0	1.5	1.5	1.0

②正面与侧面的夹角不得大于90°。

3) 水磨石的抗折强度和吸水率值要求见表 3-20。

表 3-20　水磨石的抗折强度和吸水率值要求

项目			指标	
			普通水磨石	水泥人造石
抗折强度/MPa	平均值	≥	5.0	10.0
	最小值	≥	4.0	8.0
吸水率/%		≤	8.0	4.0

(4) 建筑水磨石材的用途。建筑水磨石材的生产已经实现了工业化、机械化、系列化，而且花色可以根据要求随意配制，品种繁多，价格低廉，比天然石材有更多的选择性，是建筑装饰工程中广泛使用的一种物美价廉的材料。建筑水磨石材可以预制成各种形状的制品和板材，也可在现场浇筑，用作建筑物的地面、墙面、柱面、窗台、台阶、踢脚和踏步等处。

2. 聚酯型人造石材

(1) 聚酯型人造石材的类型。生产聚酯型人造石材时，由于所添加的颜色不同，采用的天然石料种类、粒度和品位不同，制作的工艺方法不同，人造石材的花纹、图案、颜色、质感也就不同。根据人造石材表面图案，聚酯型人造石材又可分为人造大理石、人造花岗石、人造玛瑙石和人造玉石等。

1) 人造大理石有类似大理石的花纹和质感。

2) 人造花岗石有类似花岗石的花色质感，如粉红底黑点、白底黑点等品种。

3)人造玛瑙石有类似玛瑙的花纹和质感,所使用的填料有很高的细度和纯度。制品具有半透明性,填充料可使用氢氧化铝(三分子结晶水)和合适的大理石粉料。

4)人造玉石有类似玉石的光泽,呈半透明状,所使用的填料有很高的细度和纯度。用人造玉石可惟妙惟肖地造出紫晶、彩翠、芙蓉石、山田玉等品种。

(2)聚酯型人造石材的特点。

1)装饰性好。由于生产时采用的天然石料种类、粒度和纯度不同,加入的颜料复制及加工工艺不同,因此生产出的聚酯型人造石材的花纹、图案、色彩和质感也不尽相同,而且可以复制天然石材纹理、色彩,达到以假乱真的装饰效果。

2)强度高,耐磨性好。聚酯型人造石材的抗压强度可以达到 80~100 MPa,抗折强度达到 25~40 MPa,布氏硬度为 32~40 HB,略低于天然大理石,具有较好的耐磨性。

3)耐腐蚀性、耐污染性好。由于聚酯型人造石材采用不饱和聚酯树脂为胶粘剂,因此具有良好的耐酸性、耐碱性和耐污染性。

4)生产工艺简单、可加工性好。聚酯型人造石材的生产工艺简单,主要的成型工艺包括浇筑成型、压板成型和大块荒料成型等,而且可以按设计要求生产出各种形状、尺寸、色泽及光泽度的制品,制品比天然大理石易于锯切、钻孔等,可加工性好。

5)耐热性、耐候性差。不饱和聚酯的耐热性相对较差,其使用温度不宜太高,一般不得高于 200 ℃。这种树脂在大气中光、热、电等的作用下会产生老化,板材表面会逐渐失去光泽,甚至会出现变暗、翘曲等质量问题,装饰效果随之降低,所以,聚酯型人造石材一般用于室内。

(3)聚酯型人造石材的用途。聚酯型人造石材是一种不断发展的室内外装饰材料,人造大理石和人造花岗石可用作室内墙面、柱面、壁画、建筑浮雕等处装饰,也可用于制作卫生洁具,如浴缸、带梳妆台的整体台式洗面盆、立柱式脸盆、坐便器等;人造玛瑙石和人造玉石可用于制作工艺壁画、装饰浮雕、立体雕塑等各种人造石材工艺品。

本章小结

自古以来,石材就是最主要的建筑材料之一,人类应用石材创造了辉煌的建筑艺术和文明。如今,石材成为名牌、精品的代名词,从室内到室外,从广场到园林,石材以它独有的特质越来越多地受到人们的青睐。本章主要介绍了石材的基本知识、天然大理石、天然花岗岩、人造石材的概念、类型、品种、技术性能、应用等。

思考与练习

一、判断题

1. 喷出岩是指岩浆侵入地壳或喷出地表,经过冷凝后形成的岩石。（　　）
2. 镜面板材的镜向光泽值应不低于 70 光泽单位,圆弧板镜向光泽度及光泽度有特殊需要时由供需双方协商确定。（　　）
3. 石材的耐水性用软化系数 K 表示,一般 $K>0.80$ 的石材不允许用在重要建筑中。（　　）
4. 大理石的优点是硬度较高,抗风化能力高。（　　）
5. 天然花岗石的优点有结构致密、抗压强度高、材质坚硬、耐磨性很强、孔隙率小、吸水率极低、耐冻性强。（　　）

二、填空题

1. 岩石大致可分为三类，即_____、_____、_____。
2. 石材的加工有_____、_____、_____。
3. 国产大理石质地细腻，光泽柔润，目前开采利用的主要有三类，即_____、_____和_____。
4. 天然大理石板材按形状分为_____和_____。
5. 花岗石是岩浆中分布最广的岩石，其主要矿物组成为_____、_____和_____及暗色矿物。
6. 人造石材按生产时所用的原材料一般分为_____、_____、_____、_____。
7. _____是由原生的岩浆岩和沉积岩经过地壳内部高温、高压等变化作用后形成的岩石。
8. 研磨是使用研磨机械使石材表面平整和呈现出光泽的工艺，一般分为_____、_____、_____、_____和_____五道工序。

三、简答题

1. 岩浆岩根据岩浆冷却条件的不同可分为哪几类？
2. 建筑石材的技术性能有哪些？
3. 天然大理石有哪些优点、缺点？
4. 天然花岗石的应用有哪些？
5. 什么是人造石材？人造石材具有哪些特点？

第四章　建筑装饰陶瓷

> **知识目标**
>
> 1. 了解陶瓷的概念与分类；熟悉陶瓷的原料、建筑陶瓷的生产。
> 2. 了解陶瓷砖的概念及分类；掌握陶瓷砖的技术要求和应用。
> 3. 了解釉面内墙砖的特点和用途；掌握釉面内墙砖的技术要求和应用。
> 4. 熟悉陶瓷马赛克、陶瓷壁画、建筑玻璃制品的概念、特点、品种、形状和规格及技术性能等。

> **能力目标**
>
> 能根据陶瓷的基本知识识别市场各种陶瓷砖、釉面内墙砖、陶瓷马赛克及其他陶瓷制品的品种与应用。

第一节　陶瓷基础知识

一、陶瓷的概念与分类

陶瓷制品是指凡以黏土、长石、石英为基本原料，经配料、制坯、干燥、焙烧而制成的成品。用于建筑工程中的陶瓷制品，称为建筑陶瓷。我国建筑陶瓷应用历史源远流长，自古以来就是一种良好的建筑装饰材料。随着科学技术的发展和人民生活水平的不断提高，陶瓷的花色、品种、性能都发生了极大变化。在现代建筑装饰工程中应用的陶瓷制品，主要包括陶瓷砖、卫生陶瓷、园林陶瓷、玻璃陶瓷制品等，其中以陶瓷砖的生产量最大。

从产品的种类来说，陶瓷制品可分为陶质、瓷质和炻质三大类。

陶质制品烧结程度低，为多孔结构，断面粗糙无光，敲击时声音喑哑，通常吸水率大，强度低。根据原料杂质含量的不同，陶器可分为粗陶和精陶两种。粗陶一般以含杂质较多的砂黏土为主要坯料，表面不施釉，建筑上常用的烧结普通砖、瓦、陶管等均属此类；精陶是以可塑性黏土、高岭土、长石、石英为原料，一般经素烧和釉烧两次烧成，坯体呈白色或象牙色，吸水率为9%～12%，最高达17%，建筑上所用的釉面内墙砖和卫生陶瓷等均属此类，精陶按其用途不同可分为建筑精陶（如釉面砖）、美术精陶和日用精陶。

瓷质制品烧结程度高，结构致密、断面细致并有光泽、强度高、坚硬耐磨，基本上不吸水（吸水率<1%），有一定的半透明性，通常施有釉层。根据原料中所含化学成分及制作工艺的不同，其可分为粗瓷和细瓷两种制品。建筑装饰中所用的墙地砖多为粗瓷制品，日用餐茶具、工艺美术品及电瓷产品多为细瓷制品。

炻质制品介于两者之间，也称半瓷。其构造比陶质致密，吸水率较小（1%～10%），但又不如瓷器洁白，其坯体多带有颜色，且无半透明性。根据坯体细密程度的不同，炻质制品可分为粗炻器和细炻器两种制品。建筑装饰中用的外墙面砖、地面砖和陶瓷马赛克等均属粗炻器制品，其吸水率在

4%～8%。日用器皿、化工及电气工业用陶瓷等均属于细炻器制品，其吸水率小于2%。炻质制品的机械强度和热稳定性均优于瓷质制品，并且炻制品原料可采用质量较差的黏土，成本也较低。

二、陶瓷的原料

陶瓷生产使用的原料品种很多，从来源讲，一种是天然矿物原料；另一种是通过化学方法加工处理的化工原料。天然矿物原料主要为黏土，由多种矿物组合而成，是生产陶瓷的主要原料，黏土中的成分决定陶瓷制品的质量和性能。釉是指附着于陶瓷坯体表面的连续玻璃质层，施釉的目的是改善坯体的表面性能并提高其力学强度。

1. 黏土

(1)黏土的分类。根据黏土中杂质的含量、耐火性及用途的不同，可将黏土分为以下四种：

1)高岭土。高岭土不含氧化铁等染色杂质，是高纯度的黏土，焙烧后呈白色。其颗粒较粗、塑性差、焙烧温度高，是制造瓷器的主要原料，有瓷土之称。

2)易熔黏土。易熔黏土含有大量的细砂、尘土、有机物和铁矿物等杂质，焙烧后呈红色，是生产砖瓦及粗陶制品的主要原料，又可称为硅土。

3)难熔黏土。难熔黏土也称微晶高岭土，其杂质含量少，较纯净，焙烧后呈淡灰色、淡黄色或红色，是生产陶质制品的主要原料，因此，有陶土之称。

4)耐火黏土。耐火黏土含杂质较少，耐火温度高，可达 1 580 ℃，焙烧后呈淡黄至黄色，是生产耐火、耐酸陶瓷制品的主要原料，有火泥之称。

(2)黏土的组成。黏土的组成包括矿物组成、化学组成和颗粒组成。后两种分析方法简单，易于进行。矿物组成分析较难，但有利于对黏土的研究。

组成黏土的主要化学成分是 SiO_2、Al_2O_3 和 H_2O，还含有少量的碱金属氧化物(K_2O、Na_2O)、碱土金属氧化物(CaO、MgO)及着色矿物(Fe_2O_3 和 TiO_2)等。黏土的化学组成对其工艺性能和烧制品物理性质有着不同的影响。其中，SiO_2 含量高会使黏土的可塑性降低，但收缩较少；K_2O、Na_2O 能使黏土的烧结温度降低；CaO、MgO 会降低黏土的耐火度，缩小烧结范围，含量过高时会引起坯体起泡；Al_2O_3、TiO_2 含量高会使黏土难以烧结；Fe_2O_3、TiO_2 能引起烧后坯体显色。

黏土的矿物组成：黏土是多种微细矿物的混合体，主要由黏土矿物(含水铝硅酸盐类矿物)组成。另外，还含有石英、长石、碳酸盐、铁和钛的化合物等杂质。黏土的主要黏土矿物可分为高岭石类、蒙脱石类和伊利石(水云母)类三种。另外，还有较少见的水铝英石。水铝英石是一种非晶质的含水硅酸铝，在自然界并不常见，往往少量地包含在其他黏土中，包围在其他黏土颗粒上，从而提高了黏土的可塑性。

颗粒组成是指黏土中含有不同大小颗粒的百分比含量。黏土中黏土矿物的颗粒是很细的，其直径一般为 $1\sim2~\mu m$，而不同的黏土矿物其颗粒大小也不同，如蒙脱石的颗粒要比高岭石的小。

(3)黏土的工艺性能。黏土是陶瓷的主要原料，黏土的性质对陶瓷的生产有很大的影响。黏土的工艺性能包括可塑性、结合性、离子交换性、触变性、收缩性、烧结性、耐火度等。在此简单介绍以下几种：

1)可塑性和结合性。黏土与适量水混炼以后形成泥团，这种泥团在一定外力作用下产生形变但不开裂，当外力去掉后，仍能保持其形状不变。黏土的这种性质称为可塑性。可塑性是黏土能够制成各种陶瓷制品的基础，主要由黏土矿物组成、含量、颗粒形状、细度与级配等决定。如膨润土是蒙脱石类矿物，黏粒含量多，石英、长石等杂质少，因而，黏性强、可塑性强。

黏土的结合性是指黏土能结合一定细度瘠性原料，形成可塑泥团并具有一定的干燥强度的能力。一般可塑性好的黏土，其结合性也好。

2)收缩性。塑制成型的黏土坯，在干燥过程中黏土所含水分蒸发，黏土颗粒相互靠拢引起体积收缩,是物理状态的变化,干缩值通常为3%~12%。干坯在焙烧过程中,由于发生一系列物理化学变化(如脱水作用,分解作用,莫来石的生成,易熔杂质的熔化,以及这些熔化物充满质点间空隙等),因而黏土再度收缩,称为烧成收缩。

3)烧结温度和烧结范围。黏土是多种矿物组成的物质,没有固定的熔点。当黏土在煅烧过程中温度超过900 ℃时,开始出现液相并逐渐增加,在液相表面的张力作用下,未熔颗粒相互靠拢,使体积收缩,气孔率下降,密度提高。对应体积开始剧烈变化的温度称为开始烧结温度。当黏土完全烧结,其气孔率降至最低值,收缩率达到最大值,该温度称为烧结温度。如继续升温,试样因液相太多发生变形,出现这种情况的最低温度称为软化温度。烧结温度到软化温度之间的温度区间称为烧结范围。在此范围内黏土可烧结致密。影响烧结的因素很多,其中主要是化学组成和矿物组成。从化学组成上看,碱性成分多、石英少的黏土易烧结,烧结温度也低。从矿物组成来看,蒙脱石类、伊利石类比高岭石类易于烧结,烧结后的吸水率也较低。纯耐火黏土的烧结范围约为250 ℃,优质高岭石约为200 ℃,伊利石类黏土仅为50 ℃~80 ℃。烧结范围越宽,陶瓷制品的烧成操作越容易掌握,也越容易得到煅烧均匀的制品。

2. 釉

釉是指附着于坯体表面的连续玻璃质层。其具有与玻璃相类似的某些物理化学性质。

(1)长石釉和石灰釉。长石釉和石灰釉是瓷器、灯器和硬质精陶使用最广泛的两种釉。釉料一般都是由石英、长石、石灰石或方解石、大理石、白云石、高岭土、黏土及废瓷物等物质组成的。化学成分中含SiO_2和Al_2O_3较高,成熟温度在1 250 ℃以上,属高温釉类,也是透明釉的一种。

(2)滑石釉和混合釉。滑石釉是在长石釉和石灰釉的基础上逐步发展而来的。滑石是为了克服长石釉和石灰釉的不足而引进的,结果滑石的引进不仅使釉的烧成范围加宽了,而且还大大地提高了白度和透明度,当碱性组成中MgO的分数在0.5以上时称为滑石釉。

近代釉料趋同于多熔剂组成,称之为混合釉。它是以长石、石英、高岭土和其他多种助熔剂(滑石、白云石、方解石、氧化锌等)组成的釉料。采用多种熔剂,其助熔效果比单一熔剂作用好,根据各种熔剂的特性进行调配,可获得较为满意的效果。滑石用量一般为10%~15%;方解石用量为2%~5%;建筑陶器、炻器及硬质精陶用量也不宜超过18%;氧化锌用量不宜过高;细瓷釉最好控制在1%左右,高了易产生针孔,用量超过5%,釉面还会出现析晶现象。

(3)生料釉和熔块釉。

1)生料釉是直接将原料制备成釉浆,这些原料在调制时不溶于水,在高温时能相互熔融。以上所讲的长石釉、石灰釉、滑石釉、混合釉均属此类。

2)熔块釉是在制浆前,先将部分原料熔成玻璃状物质并用水淬成小块(熔块),再与其余原料混合研磨成釉料。目前,熔块釉多用于成熟温度较低釉料,而且往往要用到低熔点的熔剂如碳酸钾、硝酸钾、碳酸钠、硝酸钠、硼酸与硼酸盐及铅的化合物等。这些物质中有些属于可溶性盐类,有的有毒,生料釉和熔块釉多用于精陶及某些软质瓷器。

(4)色釉。色釉是在釉料中加入着色氧化物或某些盐类化合物配制而成的。色釉按烧结温度不同分为高温色釉和低温色釉两种,其界限为1 250 ℃,陶制品通常采用低温色釉,而炻器和瓷器则用高温色釉。色釉具有一定的装饰效果,操作方便、价廉、可遮盖不美观的坯体,广泛用于陶瓷工艺中。

(5)食盐釉。食盐釉不是在陶瓷生坯上直接施釉,而是当制品焙烧到一定温度时,将食盐投入窑中,在高温及水蒸气的作用下,食盐分解为氧化钠和氯化氢,以气态均匀分布于窑内,这两种物质与坯体表面的黏土及二氧化硅作用,在坯体表面形成一种玻璃质的釉层。它具有坚固不脱落、不开裂、耐酸性强等特点。

三、建筑陶瓷的生产

建筑陶瓷的生产要经过三个阶段，即坯料制备、成型和烧结。

1. 坯料制备

坯料用天然的岩石、矿物、黏土等作原料，其制备过程是粉碎→精选→磨细→配料→脱水→练坯、陈腐等。根据成型要求，原料经过坯料制备以后，可以是粉料、浆料或可塑泥团。

2. 成型

按坯料的性能不同，建筑陶瓷的成型方法可分为可塑法、注浆法和压制法。

(1)可塑法。可塑法又称塑性料团成型法。在坯料中加入一定量的水分或塑化剂，使其成为具有良好塑性的料团，通过手工或机械成型。

(2)注浆法。注浆法又称浆料成型法，是将原料配制成浆料，注入模具中成型。其分为一般注浆成型和热压注浆成型。

(3)压制法。压制法又称为粉料成型法，是将含有一定水分和添加剂的粉料，在金属模具中用较高的压力压制成型，与粉末冶金成型方法完全一样。

3. 烧结

建筑陶瓷制品成型后还要烧结。未经烧结的陶瓷制品称为生坯，陶瓷生坯在加热过程中不断收缩，并在低于熔点温度下变成致密、坚硬的具有某种显微结构的多晶烧结体，这种现象称为烧结。烧结后，坯体体积减小，密度增加，强度和硬度增加。

釉是覆盖在陶瓷坯体表面的玻璃质薄层，它使制品变得平滑、光亮、不吸水，对提高制品的强度、改善制品的热稳定性和化学稳定性也是有利的。艺术釉可获得显著的装饰效果。

在不同的基础釉料中加入陶瓷着色剂，可制成具有各种花色的釉面砖。用两三种不同黏度的颜色釉，便可制成绚丽多彩的纹理砖和彩釉砖。

第二节　陶瓷砖

一、陶瓷砖的概念及分类

陶瓷砖是由黏土、长石和石英为主要原料制造的用于覆盖墙面和地面的板状或块状建筑陶瓷制品。根据《陶瓷砖》(GB/T 4100—2015)，陶瓷砖可按照成型方法和吸水率进行分类，见表4-1。

表4-1　陶瓷砖成型方法和吸水率分类

		低吸水率（Ⅰ类）		中吸水率（Ⅱ类）				高吸水率（Ⅲ类）
按吸水率(E)分类		$E \leqslant 0.5\%$（瓷质砖）	$0.5\% < E \leqslant 3\%$（炻瓷砖）	$3\% < E \leqslant 6\%$（细炻砖）		$6\% < E \leqslant 10\%$（炻质砖）		$E > 10\%$（陶质砖）
按成型方法分类	挤压砖(A)	AⅠa类	AⅠb类	AⅡa类		AⅡb类		AⅢ类
		精细	精细　普通	精细	普通	精细	普通	精细　普通
	干压砖(B)	BⅠa类	BⅠb类	BⅡa类		BⅡb类		BⅢ类*
*BⅢ类包括有釉砖								

(1)挤压砖。挤压砖是将可塑性坯料经过挤压机挤出成型，再将所成型的泥条按砖的预定尺

寸进行切割。劈离砖属于挤压砖。

(2)干压砖。干压砖是将混合好的粉料置于模具中,在一定压力下制成型的陶瓷墙地砖。一般陶瓷墙地砖都属于干压砖。

二、陶瓷砖的技术要求

(1)挤压陶瓷砖(E≤5%,AⅠa类)的技术要求应符合表4-2的规定。

表4-2 挤压陶瓷砖(E≤0.5%,AⅠa类)的技术要求

项目		精细	普通
长度和宽度	每块砖(2条或4条边)的平均尺寸相对于工作尺寸(W)的允许偏差/%	±1.0,最大±2 mm	±2.0,最大±4 mm
	每块砖(2条或4条边)的平均尺寸相对于10块砖(20条或40条边)平均尺寸的允许偏差/%	±1.0	±1.5
	制造商选择工作尺寸应满足以下要求: 模数砖名义尺寸连接宽度允许在3~11 mm范围内;非模数砖工作尺寸与名义尺寸之间的偏差不大于±3 mm		
厚度 厚度由制造商确定; 每块砖厚度的平均值相对于工作尺寸厚度的允许偏差/%		±10	±10
边直度(正面) 相对于工作尺寸的最大允许偏差/%		±0.5	±0.6
直角度 相对于工作尺寸的最大允许偏差/%		±1.0	±1.0
表面平整度 最大允许偏差/%	相对于由工作尺寸计算的对角线的中心弯曲度	±0.5	±1.5
	相对于工作尺寸的边弯曲度	±0.5	±1.5
	相对于由工作尺寸计算的对角线的翘曲度	±0.8	±1.5
背纹(有要求时)	深度(h)/mm	h≥0.7	
	形状	背纹形状由制造商确定	
表面质量		至少砖的95%的主要区域无明显缺陷	
吸水率(质量分数)		平均值≤0.5%,单个值≤0.6%	
破坏强度/N	厚度(工作尺寸)≥7.5 mm	≥1 300	
	厚度(工作尺寸)<7.5 mm	≥600	
断裂模数/[N·mm^{-2}(MPa)] 不适用于破坏强度≥3 000 N的砖		平均值≥28,单个值≥21	
耐磨性	无釉地砖耐磨损体积/mm^3	≤275	
	有釉地砖表面耐磨性	报告陶瓷砖耐磨性级别和转数	
线性热膨胀系数	从环境温度到100 ℃	参见《陶瓷砖》(GB/T 4100—2015)附录Q	
抗热震性		参见《陶瓷砖》(GB/T 4100—2015)附录Q	

续表

项目		精细	普通
有釉砖抗釉裂性		经试验应无釉裂	
抗冻性		经试验应无裂纹或剥落	
地砖摩擦系数		单个值≥0.50	
湿膨胀/(mm·m^{-1})		参见《陶瓷砖》(GB/T 4100—2015)附录Q	
小色差		纯色砖 有釉砖：ΔE<0.75 无釉砖：ΔE<1.0	
抗冲击性		参见《陶瓷砖》(GB/T 4100—2015)附录Q	
耐污染性	有釉砖	最低3级	
	无釉砖	参见《陶瓷砖》(GB/T 4100—2015)附录Q	
抗化学腐蚀性	耐低浓度酸和碱 有釉砖	制造商应报告耐化学腐蚀性等级	
	耐低浓度酸和碱 无釉砖		
	耐高浓度酸和碱	参见《陶瓷砖》(GB/T 4100—2015)附录Q	
	耐家庭化学试剂和游泳池盐类 有釉砖	不低于GB级	
	耐家庭化学试剂和游泳池盐类 无釉砖	不低于UB级	
铅和镉的溶出量		参见《陶瓷砖》(GB/T 4100—2015)附录Q	

(2)挤压陶瓷砖(0.5%<E≤3%，ΑⅠb类)的技术要求应符合表4-3的规定。

表4-3　挤压陶瓷砖(0.5%<E≤3%，ΑⅠb类)的技术要求

项目		精细	普通
长度和宽度	每块砖(2条或4条边)的平均尺寸相对于工作尺寸(W)的允许偏差/%	±1.0，最大±2 mm	±2.0，最大±4 mm
	每块砖(2条或4条边)的平均尺寸相对于10块砖(20条或40条边)平均尺寸的允许偏差/%	±1.0	±1.5
	制造商选择工作尺寸应满足以下要求： 模数砖名义尺寸连接宽度允许在3～11 mm范围内；非模数砖工作尺寸与名义尺寸之间的偏差不大于±3 mm		
厚度 厚度由制造商确定； 每块砖厚度的平均值相对于工作尺寸厚度的允许偏差/%		±10	±10
边直度(正面) 相对于工作尺寸的最大允许偏差/%		±0.5	±0.6
直角度 相对于工作尺寸的最大允许偏差/%		±1.0	±1.0

续表

项目			精细	普通
表面平整度最大允许偏差/%	相对于由工作尺寸计算的对角线的中心弯曲度		±0.5	±1.5
	相对于工作尺寸的边弯曲度		±0.5	±1.5
	相对于由工作尺寸计算的对角线的翘曲度		±0.8	±1.5
背纹(有要求时)	深度(h)/mm		$h \geqslant 0.7$	
	形状		背纹形状由制造商确定	
表面质量			至少砖的95%的主要区域无明显缺陷	
吸水率(质量分数)			平均值 $0.5\% < E \leqslant 3\%$，单个值 $\leqslant 3.3\%$	
破坏强度/N	厚度(工作尺寸) $\geqslant 7.5$ mm		$\geqslant 1\,100$	
	厚度(工作尺寸) < 7.5 mm		$\geqslant 600$	
断裂模数/[N·mm^{-2}(MPa)] 不适用于破坏强度 $\geqslant 3\,000$ N 的砖			平均值 $\geqslant 23$，单个值 $\geqslant 18$	
耐磨性	无釉地砖耐磨损体积/mm^3		$\leqslant 275$	
	有釉地砖表面耐磨性		报告陶瓷砖耐磨性级别和转数	
线性热膨胀系数	从环境温度到 100 ℃		参见《陶瓷砖》(GB/T 4100—2015) 附录Q	
抗热震性			参见《陶瓷砖》(GB/T 4100—2015) 附录Q	
有釉砖抗釉裂性			经试验应无釉裂	
抗冻性			经试验应无裂纹或剥落	
地砖摩擦系数			单个值 $\geqslant 0.50$	
湿膨胀/(mm·m^{-1})			参见《陶瓷砖》(GB/T 4100—2015) 附录Q	
小色差			纯色砖 有釉砖：$\Delta E < 0.75$ 无釉砖：$\Delta E < 1.0$	
抗冲击性			参见《陶瓷砖》(GB/T 4100—2015) 附录Q	
耐污染性	有釉砖		最低3级	
	无釉砖		参见《陶瓷砖》(GB/T 4100—2015) 附录Q	
抗化学腐蚀性	耐低浓度酸和碱	有釉砖	制造商应报告耐化学腐蚀性等级	
		无釉砖		
	耐高浓度酸和碱		参见《陶瓷砖》(GB/T 4100—2015) 附录Q	
	耐家庭化学试剂和游泳池盐类	有釉砖	不低于GB级	
		无釉砖	不低于UB级	
铅和镉的溶出量			参见《陶瓷砖》(GB/T 4100—2015) 附录Q	

(3)其他陶瓷砖的技术要求参见《陶瓷砖》(GB/T 4100—2015)附录。

三、陶瓷砖的应用

由于陶瓷砖的热稳定性好、防火、防潮、耐酸碱、表面光滑、易清洗,故常用于厨房、浴室、卫生间、实验室、医院等室内墙面、台面等的装饰。

陶瓷砖是多孔的精陶坯体,吸水率为18%~21%,在长期与空气接触的过程中,特别是在潮湿的环境中使用,其会吸收大量的水分而产生吸湿膨胀的现象。由于釉的吸湿膨胀非常小,当坯体膨胀的程度增长到使釉面处于张应力状态,应力超过釉的抗拉强度时,釉面会发生开裂,故陶瓷砖不能用于外墙和室外,否则经风吹日晒、严寒酷暑,将出现碎裂现象。

第三节 釉面内墙砖

釉面内墙砖简称釉面砖、内墙砖或瓷砖,是以烧结后呈白色的耐火黏土、叶蜡石或高岭土等为原材料制成坯体,面层为釉料,经高温烧结而成。

一、釉面内墙砖的特点

釉面内墙砖是用于建筑物内墙面装饰的薄片状精陶建筑材料,其结构由坯体和表面釉彩层两部分组成。它具有色泽柔和而典雅、美观耐用、表面光滑洁净、耐火、防水、抗腐蚀、热稳定性能良好等特点,是一种高级内墙装饰材料。用釉面内墙砖装饰建筑物内墙,可使建筑物具有卫生、易清洗和装饰美观的建筑效果。釉面内墙砖的主要种类及特点见表4-4。

表4-4 釉面内墙砖的主要种类及特点

种类		特点
白色釉面砖		色纯白、釉面光亮、清洁大方
彩色釉面砖	有光彩色釉面砖	釉面光亮晶莹、色彩丰富雅致
	无光彩色釉面砖	釉面半无光、不晃眼、色泽一致、柔和
装饰釉面砖	花釉砖	是在同一砖上施以多种彩釉经高温烧成;色釉互相渗透,花纹千姿百态,装饰效果良好
	结晶釉砖	晶化辉映、纹理多姿
	斑纹釉砖	斑纹釉面、丰富生动
	仿大理石釉砖	具有天然大理石花纹,颜色丰富,美观大方
图案砖	白色图案砖	是在白色釉面砖上装饰各种图案经高温烧成;纹样清晰
	色釉图案砖	是在有关或无关的彩色釉面砖上装饰各种图案,经高温烧成;具有浮雕、缎光、绒毛、彩漆等效果
字画釉面砖	瓷砖画	以各种釉面砖拼成各种瓷砖画,或根据已有画稿烧制成釉面砖,拼装成各种瓷砖画;清晰美观,永不褪色
	色釉陶瓷字	以各种色釉、瓷土烧制而成;色彩丰富,光亮美观,永不褪色

二、釉面内墙砖的技术要求

1. 釉面内墙砖的种类及规格

釉面内墙砖按产品形状可分为通用砖(正方形砖、长方形砖)和异型配件砖等。通用砖用于大面积墙面铺贴,异型配件砖用于墙面阴阳角和各收口部位的细部构造处理。按釉面颜色分为单色(含白色)砖、花色砖、图案砖等。为增强与基层的黏结力,釉面内墙砖的背面均有凹槽纹,背纹深度一般不小于0.2 mm。釉面内墙砖的尺寸规格很多,有100 mm×100 mm、200 mm×200 mm、250 mm×300 mm、300 mm×300 mm、300 mm×450 mm、600 mm×600 mm等。釉面砖的规格种类包括四面光砖、单面圆、两面圆、四面圆、阴三角砖、阳三角砖、阴角座砖、阳角座砖等。

2. 釉面内墙砖的技术性能

釉面内墙砖执行《陶瓷砖》(GB/T 4100—2015)标准,详见表4-2。

三、釉面内墙砖的应用

由于釉面内墙砖的热稳定性好、防火、防潮、耐酸碱、表面光滑、易清洗,故常用于厨房、浴室、卫生间、实验室、医院等室内墙面、台面等的装饰。

釉面内墙砖是多孔的精陶坯体,吸水率为18%～21%,在长期与空气的接触过程中,特别是在潮湿的环境中使用,会吸收大量的水分而产生吸湿膨胀的现象。由于釉的吸湿膨胀非常小,当坯体膨胀的程度增长到使釉面处于张应力状态,应力超过釉的抗拉强度时,釉面会发生开裂。故釉面内墙砖不能用于外墙和室外,否则经风吹日晒、严寒酷暑,将导致碎裂。

第四节　陶瓷马赛克及其他陶瓷制品

一、陶瓷马赛克

1. 陶瓷马赛克的概念及特点

陶瓷马赛克是以优质黏土烧制而成的边长小于40 mm的陶瓷制品,其由各种颜色、多种几何形状的小块瓷片铺贴在牛皮纸上而成。

陶瓷马赛克具有质地坚实、色泽图案多样、吸水率极小(无釉马赛克的吸水率不大于0.2%,有釉马赛克的吸水率不大于1.0%)、耐酸、耐碱、耐磨、耐水、耐压、耐冲击、易清洗、防滑的特点,并且色泽美观稳定,可拼出风景、动物、花草及各种图案,能获得不俗的视觉效果。

2. 陶瓷马赛克的品种、形状和规格

陶瓷马赛克按表面性质可分为有釉、无釉两种;按砖联可分为单色、混色和拼花三种;按尺寸允许偏差和外观质量可分为优等品和合格品两个等级。

单块砖边长不大于95 mm,表面面积不大于55 cm²;砖联可分为正方形、长方形和其他形状。特殊要求可由供需双方商定。按尺寸允许偏差和外观质量可分为优等品和合格品两个等级。

陶瓷马赛克的基本形状有正方、长方、对角、斜长条、长条对角、五角、半八角、六角等。其规格见表4-5;用这些基本形状可拼出多种图案,如图4-1所示及见表4-6。

表4-5 陶瓷马赛克的规格

名称	分类	尺寸/mm				名称	分类	尺寸/mm			
		a	b	c	d			a	b	c	d
正方	大方	39.0	39.0	—	—	斜长条(长条)		36.4	11.9	37.9	22.7
	中大方	23.6	23.6	—	—	长条对角		7.5	15	18	20
	中方	18.5	18.5	—	—	五角	大五角	23.7	23.7	—	35.6
	小方	15.2	15.2	—	—		小五角	18.5	18.5	—	27.8
长方(长条)		39.0	18.5	—	—	半八角		15	15	18	40
对角(切角)	大对角	39.0	19.2	27.9	—	六角		25	—	—	—
	小对角	32.1	15.9	22.8	—						

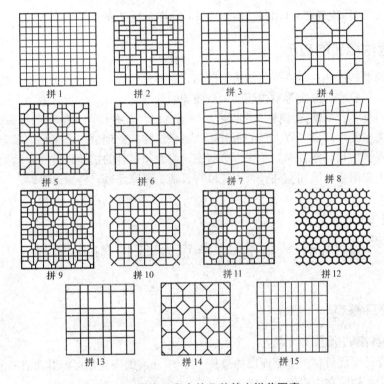

图4-1 陶瓷马赛克的几种基本拼花图案

表4-6 陶瓷马赛克的几种基本拼花说明

拼花编号	拼花说明	拼花编号	拼花说明
拼1	各种正方形与正方形相拼	拼8	斜长条与斜长条相拼
拼2	正方与长条相拼	拼9	长条对角与小方相拼
拼3	大方、中方与长条相拼	拼10	正方与五角相拼
拼4	中方与大对角相拼	拼11	半八角与小方相拼
拼5	小方与小对角相拼	拼12	各种六角相拼
拼6	中方与大对角相拼 小方与小对角相拼	拼13	大方、中方、长条相拼
		拼14	小对角、中大方相拼
拼7	斜长条与斜长条相拼	拼15	各种长条相拼

3. 陶瓷马赛克的技术性能

陶瓷马赛克产品应符合《陶瓷马赛克》(JC/T 456—2015)的规定,具体技术要求如下。

1. 允许偏差

(1)单块陶瓷马赛克的尺寸允许偏差见表4-7。

表4-7 单块陶瓷马赛克的尺寸允许偏差　　　　　　　　　　　　　　　　mm

项目	允许偏差	
	优等品	合格品
边长/mm	±0.5	±1.0
厚度/%	±5	±5

(2)陶瓷马赛克的线路、联长的尺寸允许偏差见表4-8。

表4-8 陶瓷马赛克的线路、联长的尺寸允许偏差　　　　　　　　　　　　mm

项目	允许偏差	
	优等品	合格品
线路	±0.6	±1.0
联长	±1.0	±2.0
注:特殊要求由供需双方商定		

2. 外观质量

最大边长不大于25 mm的陶瓷马赛克的外观质量要求见表4-9。

表4-9 最大边长不大于25 mm的陶瓷马赛克的外观质量要求

序号	缺陷名称	表示方法		缺陷允许范围				备注
				优等品		合格品		
				正面	背面	正面	背面	
1	夹层、釉裂、开裂	—		不允许				—
2	斑点、粘疤、起泡、坯粉、麻面、波纹、缺釉、桔釉、棕眼、落脏、溶洞	—		不明显		不严重		—
3	缺角	斜边长/mm		<1.0	<2.0	2.0~3.5	4.0~5.5	正背面缺角不允许在同一角部。正面只允许缺角1处
		深度/mm		不大于砖厚的2/3				
4	缺边	长度/mm		<2.0	<4.0	3.0~5.0	6.0~8.0	正背面缺边不允许出现在同一侧面。同一侧面边不允许有2处缺边;正面只允许2处缺边
		宽度/mm		<1.0	<2.0	1.5~2.0	2.5~3.0	
		深度/mm		<1.5	<2.5	1.5~2.0	2.5~3.0	
5	变形	翘曲/mm		不明显				
		大小头/mm		0.6		0.8		

二、陶瓷壁画

陶瓷壁画是陶质壁画与瓷质壁画的总称。这两者的质地区别，在于坯体原料不同。另外，前者烧成温度低、烧结程度差，气孔率大，断面疏松；后者烧成温度高、烧结程度好，气孔率小，坚硬密实，如图4-2和图4-3所示。

图4-2　陶瓷壁画形象墙

图4-3　陶瓷壁画浮雕墙

陶瓷壁画釉上、釉中、釉下彩绘壁画；高、中、低温色釉壁画，彩釉堆雕、浮雕、刻雕、镂雕壁画；综合装饰壁画；现代陶艺壁画。

陶瓷壁画具有单块砖面积大、厚度薄、强度高、平整度好、吸水率小、抗冻、耐酸蚀、耐急冷急热、施工方便等优点。

陶瓷壁画适用于宾馆、酒楼、机场、火车站候车室、会议室、地铁、隧道等公共设施的装饰。

三、建筑琉璃制品

建筑琉璃制品是我国传统的极富民族特色的建筑陶瓷材料。在近代，琉璃制品具有独特的装饰性能，不但用于古典式建筑物，也广泛用于具有民族风格的现代建筑。

琉璃制品用难熔黏土制成坯泥，制坯成型后经干燥、素烧、施色釉、釉烧而成。随着釉料的不同，有的也可一次烧成。中国古代建筑的琉璃制品可分为瓦制品和园林制品两大类。瓦制品主要用于各种形式的屋顶，有的是专供屋面排水防漏的；有的是构成各种屋脊的屋脊材料；有的则纯属装饰性的物件。其品种很多，难以准确分类。一般习惯上可分为瓦类（筒瓦、板瓦、勾头、滴水等）、脊类（正脊筒瓦、垂脊筒瓦、三连砖、当勾等）、饰件类（正吻、吞脊兽、垂兽、仙人等）。园林琉璃制品有窗、栏杆等。

琉璃制品的特点是质地细密、表面光滑、不易沾污、坚实耐久、色彩绚丽、造型古朴，富有民族特点。常见的颜色有金黄、翠绿、宝蓝等。

琉璃瓦造型复杂，制作工艺较繁，因而造价高，故主要用于体现我国传统建筑风格的宫殿式建筑及纪念性建筑上，也常用于制造园林建筑中的亭、台、楼、阁，构建古代园林的风格。琉璃制品还常用作近代建筑的高级屋面材料，用于各类坡屋顶，体现现代与传统的完美结合，富有东方民族精神，富丽堂皇、雄伟壮观。

本章小结

陶瓷是一种在人类生产和生活中不可或缺的材料及其制品的通称。陶瓷强度高、耐火、耐久、耐酸碱腐蚀，易于清洗，故其用途极为广泛，几乎应用于从家庭到航天的各个领域。本章主要介绍了陶瓷基础知识、陶瓷砖、釉面内墙砖、陶瓷马赛克及其他陶瓷制品的概念与技术要求等。

思考与练习

一、判断题

1. 瓷质制品烧结程度高，结构致密、断面细致并有光泽、强度高、坚硬耐磨，基本上不吸水（吸水率<1%），有一定的半透明性，通常施有釉层。（　　）
2. 黏土的组成包括矿物组成、化学组成和水组成。（　　）
3. 生料釉是在长石釉和石灰釉的基础上逐步发展而来的。（　　）
4. 建筑陶瓷制品成型后还要烧结，烧结后，坯体体积减小，密度增加，强度和硬度增加。（　　）
5. 瓷质壁画与陶质壁画的质地区别在于坯体原料不同。另外，前者烧成温度低、烧结程度差，气孔率大，断面疏松；而后者烧成温度高、烧结程度好，气孔率小，坚硬密实。（　　）

二、填空题

1. 从产品的种类来说，陶瓷制品可分为＿＿＿＿、＿＿＿＿和＿＿＿＿三大类。
2. 瓷质制品根据原料中所含化学成分及制作工艺的不同可分为＿＿＿＿和＿＿＿＿两种制品。
3. 生产陶瓷的主要原料有＿＿＿＿、＿＿＿＿。
4. ＿＿＿＿是指附着于坯体表面的连续玻璃质层。
5. 按坯料的性能不同，建筑陶瓷的成型方法可分为＿＿＿＿、＿＿＿＿和＿＿＿＿。
6. 在不同的基础釉料中加入陶瓷着色剂，可制成具有各种花色的＿＿＿＿。

三、简答题

1. 什么是陶瓷制品？其主要应用有哪些？
2. 根据黏土中杂质的含量、耐火性及用途的不同，可将黏土分为哪四种？
3. 黏土的工艺性能包括哪些？
4. 建筑陶瓷的生产要经过哪三个阶段？
5. 陶瓷砖可按照成型方法和吸水率分为哪两类？
6. 什么是釉面内墙砖？其主要种类和特点有哪些？
7. 什么是建筑琉璃制品？其主要特点有哪些？

第五章　建筑装饰玻璃

> **知识目标**
>
> 1. 了解玻璃的组成与分类，平板玻璃的概念、分类及规格；熟悉玻璃性质、平板玻璃的生产工艺；掌握平板玻璃的技术要求及用途。
> 2. 了解钢化玻璃、夹丝玻璃、夹层玻璃、钛化玻璃的定义及特点；掌握它们的技术要求。
> 3. 了解吸热玻璃的定义；掌握吸热玻璃的性能特点及用途。
> 4. 熟悉彩色玻璃、玻璃马赛克、花纹玻璃、镭射玻璃、微晶玻璃的概念及特点。

> **能力目标**
>
> 能够识别平板玻璃的分类、规格与等级；能够掌握装饰玻璃、安全玻璃、节能玻璃的技术要求和应用。

第一节　玻璃的基础知识

一、玻璃的组成与分类

玻璃是一种具有无规则结构的非晶体固体。它没有固定的熔点，在物理和力学性能上表现为均质的各向同性。大多数玻璃都是由矿物原料和化工原料经高温熔融，然后急剧冷却而形成的。在形成的过程中，如加入某些辅助原料（如助熔剂、着色剂等），可以改善玻璃的某些性能。如加入某些特殊物料或经过特殊加工，还可以得到具有特殊功能的特种玻璃。

1. 玻璃的组成

建筑玻璃是以石英砂、纯碱、石灰石、长石等为主要原料，经 1 550 ℃~1 600 ℃高温熔融、成型、退火而制成的固体材料。其主要成分是 SiO_2（含量 72% 左右）、Na_2O（含量 15% 左右）、CaO（含量 9% 左右）。另外，还有少量的 Al_2O_3、MgO 等。这些氧化物在玻璃中起着非常重要的作用，见表 5-1。

表 5-1　玻璃中主要氧化物的作用

氧化物名称	所起作用	
	增加	降低
二氧化硅（SiO_2）	熔融温度、化学稳定性、热稳定性、机械强度	密度、热膨胀系数
氧化钠（Na_2O）	热膨胀系数	化学稳定性、耐热性、熔融温度、析晶倾向、退火温度、韧性

续表

氧化物名称	所起作用	
	增加	降低
氧化钙 （CaO）	硬度、机械强度、化学稳定性、析晶倾向、退火温度	耐热性
三氧化二铝 （Al_2O_3）	熔融温度、机械强度、化学稳定性	析晶倾向
氧化镁 （MgO）	耐热性、化学稳定性、机械强度、退火温度	析晶倾向、韧性

2. 玻璃的分类

（1）按制作工艺的不同，建筑用玻璃通常可分为平板玻璃、深加工玻璃、熔铸成型玻璃三类。

1）平板玻璃泛指采用引上、浮法、平拉、压延等工艺生产的平板玻璃，包括普通平板玻璃、本体着色玻璃、压花玻璃、夹丝玻璃等。

2）深加工玻璃品种最多，将普通平板玻璃经加工制成具有某些特种性能的玻璃，称为深加工玻璃制品，其主要品种有安全玻璃、节能玻璃、玻璃墙地砖、屋面材料与装饰玻璃等。

3）熔铸成型玻璃主要有玻璃砖、槽形玻璃、玻璃马赛克、微晶玻璃面砖等品种。

（2）按使用的功能不同，建筑玻璃又可分为以下几种：

1）建筑节能玻璃：中空玻璃、热反射玻璃、低辐射玻璃等。

2）建筑安全玻璃：钢化玻璃、夹层玻璃、夹丝玻璃等。

3）建筑装饰玻璃：镀膜玻璃、彩釉玻璃、磨砂玻璃、雕花玻璃等。

4）其他功能玻璃：隔声玻璃、屏蔽玻璃、电加热玻璃、液晶玻璃等。

二、玻璃的性质

1. 密度

玻璃的密度与其化学组成有关，不同种类的玻璃密度并不相同，含有重金属离子时密度较大，如含大量PbO的玻璃的密度可达6.59 g/cm^3，普通玻璃的密度为2.5～2.69 g/cm^3。其孔隙率$P≈0$，故认为玻璃是绝对密实的材料。

2. 光学性质

玻璃具有优良的光学性质，广泛用于建筑物的采光、装饰及光学仪器和日用器皿。

当光线射入玻璃时，表现有反射、吸收和透射三种性质。光线透过玻璃的性质称为透射，以透光率表示。光线被玻璃阻挡，按一定角度反射出来称为反射，以反射率表示。光线透过玻璃后，一部分光能量损失，称为吸收，以吸收率表示。玻璃的反射率、吸收率、透光率之和等于入射光的强度，为100%。玻璃的用途不同，要求这三项光学性质所占的百分比也不同。

玻璃用于采光、照明时要求透光率高，如3 mm厚的普通平板玻璃的透光率不小于85%。玻璃对光线的吸收能力随玻璃的化学组成和表现颜色而异。无色玻璃可透过可见光线，而对其他波长的红外线和紫外线有吸收作用；各种着色玻璃能透过同色光线，而吸收其他色相的光线。石英玻璃、磷酸盐玻璃、硼酸盐玻璃都具有很强的透光性；钠、钾玻璃能透过红外线；铅、铋玻璃对X射线和γ射线有较强的吸收功能。彩色玻璃、热反射玻璃的透光率较低，有的可低至19%。

玻璃的透射性质是其重要的属性。

3. 热物理性能

(1)导热性。玻璃的导热性很小,在常温时其传热系数仅为铜的 1/400,但随着温度的升高将增大(尤其在 700 ℃以上时)。另外,导热性还受玻璃的颜色和化学成分的影响。

(2)热膨胀性。玻璃的热膨胀性能比较明显。其热膨胀系数的大小,取决于组成玻璃的化学成分及其纯度,玻璃的纯度越高,热膨胀系数越小。

(3)热稳定性。玻璃的热稳定性是指抵抗温度变化而不被破坏的能力。玻璃的导热性能差,当局部受热时,这些热量不能及时传递到整块玻璃上,玻璃受热部位产生膨胀,易使其内部产生应力;在温度较高的玻璃上,局部受冷也会使玻璃出现内应力,很容易使玻璃破裂。玻璃的破裂,主要是拉应力的作用造成的。玻璃具有热胀冷缩性,急热时受热部位膨胀,使表面产生压应力,而急冷时收缩,产生拉应力。玻璃的抗压强度远高于抗拉强度,故玻璃对急冷的稳定性比对急热的稳定性差。

玻璃的热稳定性主要受热膨胀系数影响,玻璃的热膨胀系数越小,热稳定性越高。另外,制品的厚度、体积越大,热稳定性越差。

4. 力学性能

玻璃的力学性质与其化学成分、制品结构和制造工艺有很大关系。另外,玻璃制品中如含有未熔夹杂物、结石、节瘤等瑕疵或具有细微裂纹,都会造成应力集中,从而降低其强度。

(1)抗压强度。玻璃的抗压强度较高,一般为 600~1 200 MPa。其抗压强度值会随着化学成分的不同而变化。SiO_2 含量高的玻璃有较高的抗压强度,而钙、钠、钾等氧化物含量的增加是降低抗压强度的重要因素之一。

(2)抗拉、抗弯强度。玻璃的抗拉强度很小,一般为 40~80 MPa。因此,玻璃在冲击力的作用下极易破碎,是典型的脆性材料。其抗弯强度也取决于抗拉强度,通常为 40~80 MPa。

荷载作用时间的长短对玻璃的强度影响很小;但承受荷载后,制品表面会产生细微的裂纹,这些裂纹会降低承载能力,随着荷载时间的延长和制品宽度的增大,裂纹对强度的影响加大,使抵抗应力减小,最终导致破坏。用氢氟酸适当处理表面,能消除细微的裂纹,恢复其强度。

(3)其他力学性质。玻璃的弹性模量受温度的影响很大。在常温下,玻璃具有弹性,弹性模量非常接近其断裂强度,故性脆而易碎;但随着温度的升高,弹性模量会下降,直至出现塑性变形。常温下普通玻璃的弹性模量约为钢材的 1/3,与铝相近。

玻璃的硬度也因其工艺、结构不同而不同,莫氏硬度一般为 4~7。

5. 化学性质

玻璃具有较高的化学稳定性,通常情况下对酸、碱、化学试剂或气体都具有较强的抵抗能力,能抵抗氢氟酸以外的各种酸类的侵蚀。但如果玻璃的组成成分中含有较多的易蚀物质,在长期受到侵蚀介质腐蚀的条件下,其化学稳定性会变差,将受到破坏。

第二节 平板玻璃

一、平板玻璃的概念、分类及规格

1. 平板玻璃的概念

平板玻璃是指未经其他加工的平板状玻璃制品,也称白片玻璃或净片玻璃。平板玻璃是传统的玻璃产品，起透光、挡风和保温作用。平板玻璃要求无色，并具有较好的透明度和表面光滑、平整，无缺陷。平板玻璃的可见光线反射率为 7% 左右，透光率为 82%～90%。平板玻璃是建筑玻璃中生产量最大、使用最多的一种，主要用于门窗，起采光（可见光透射比为 85%～90%）、维护、保温、隔声等作用，也是进一步加工成其他技术玻璃的原片。

2. 平板玻璃的分类及规格

（1）平板玻璃按颜色属性可分为无色透明平板玻璃和本体着色平板玻璃。

（2）按外观质量可分为合格品、一等品和优等品。

（3）按公称厚度可分为 2 mm、3 mm、4 mm、5 mm、6 mm、8 mm、10 mm、12 mm、15 mm、19 mm、22 mm、25 mm 等规格。

二、平板玻璃的生产工艺

平板玻璃的生产过程如图 5-1 所示。

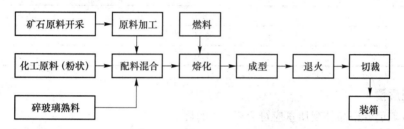

图 5-1 平板玻璃的生产过程

普通平板玻璃的成型均用机械拉制，通常采用的是垂直引上法和浮法。垂直引上法是我国生产玻璃的传统方法，它是利用引拉机械从玻璃溶液表面垂直向上引拉成玻璃带，再经急冷而成。其主要缺点是产品易产生波纹和波筋。

浮法生产的成型过程是在通入保护气体（N_2 及 H_2）的锡槽中完成的。熔融玻璃从池窑中连续流入并漂浮在相对密度大的锡液表面上，在重力和表面张力的作用下，玻璃液在锡液面上铺开、摊平、形成上下表面并平整、硬化、冷却后被引上过渡辊台。经退火、切裁，就得到平板玻璃产品。浮法与其他成型方法比较，优点是：适合于高效率制造优质平板玻璃，如没有波筋、厚度均匀、上下表面平整、互相平行；生产线的规模不受成型方法的限制，单位产品的能耗低；成品利用率高；易于科学化管理和实现机械化、自动化，劳动生产率高；其是目前世界上生产平板玻璃最先进的方法。世界上浮法生产的平板玻璃已占平板玻璃总产量的 1/3 以上。

三、平板玻璃的技术要求

平板玻璃的技术要求应符合《平板玻璃》（GB 11614—2009）的规定，具体要求如下。

1. 尺寸偏差

平板玻璃应裁切成矩形，尺寸偏差应不超过表 5-2 的规定。

表 5-2 平板玻璃的尺寸偏差　　　　　　　　　　　　　mm

公称厚度	尺寸偏差	
	尺寸≤3 000	尺寸＞3 000
2～6	±2	±3
8～10	+2，−3	+3，−4

续表

公称厚度	尺寸偏差	
	尺寸≤3 000	尺寸>3 000
12~15	+3	±4
19~25	±5	±5

2. 厚度偏差和厚薄差

平板玻璃的厚度偏差和厚薄差应不超过表5-3的规定。

表5-3 平板玻璃的厚度偏差和厚薄差   mm

公称厚度	厚度偏差	厚薄差
2~6	±0.2	0.2
8~12	±0.3	0.3
15	±0.5	0.5
19	±0.7	0.7
22~25	±1.0	1.0

3. 外观质量

(1)平板玻璃合格品外观质量应符合表5-4的规定。

表5-4 平板玻璃合格品外观质量要求

缺陷种类	质量要求	
点状缺陷[①]	尺寸 L/mm	允许个数限度
	0.5≤L≤1.0	2×S
	1.0<L≤2.0	1×S
	2.0<L≤3.0	0.5×S
	L>3.0	0
点状缺陷密集度	尺寸≥0.5 mm的点状缺陷最小间距≥300 mm;直径100 mm圆内尺寸≥0.3 mm的点状缺陷不超过3个	
线道	不允许	
裂纹	不允许	
划伤	允许范围	允许条数限度
	宽≤0.5 mm,长≤60 mm	3×S
光学变形	公称厚度	无色透明平板玻璃	本体着色平板玻璃
	2 mm	≥40°	≥40°
	3 mm	≥45°	≥40°
	≥4 mm	≥50°	≥45°
断面缺陷	公称厚度不超过8 mm时,不超过玻璃板的厚度;8 mm以上时,不超过8 mm	

注:S是以"m²"为单位的玻璃板面积数值,按《数值修约规则与极限数值的表示和判定》(GB/T 8170—2008)修约,保留小数点后两位。点状缺陷的允许个数限度及划伤的允许条数限度为各系数与S相乘所得的数值。按《数值修约规则与极限数值的表示和判定》(GB/T 8170—2008)修约至整数。
①光畸变点视为0.5~1.0 mm的点状缺陷

(2)平板玻璃一等品的外观质量应符合表 5-5 的规定。

表 5-5　平板玻璃一等品的外观质量要求

缺陷种类	质量要求	
点状缺陷①	尺寸 L/mm	$2\times S$
	$0.3\leqslant L\leqslant 0.5$	$0.5\times S$
	$0.5< L\leqslant 1.0$	$0.5\times S$
	$1.0< L\leqslant 1.5$	$0.2\times S$
	$L>1.5$	0
点状缺陷密集度	尺寸≥0.3 mm 的点状缺陷最小间距≥300 mm；直径 100 mm 圆内尺寸≥0.2 mm 的点状缺陷不超过 3 个	
线道	不允许	
裂纹	不允许	
划伤	允许范围	允许条数限度
	宽≤0.2 mm，长≤40 mm	$2\times S$
光学变形	公称厚度	无色透明平板玻璃　　本体着色平板玻璃
	2 mm	≥50°　　　　　　　≥45°
	3 mm	≥55°　　　　　　　≥50°
	4～12 mm	≥60°　　　　　　　≥55°
	≥15 mm	≥55°　　　　　　　≥50°
断面缺陷	公称厚度不超过 8 mm 时，不超过玻璃板的厚度；8 mm 以上时，不超过 8 mm	

注：S 是以"m^2"为单位的玻璃板面积数值，按《数值修约规则与极限数值的表示和判定》(GB/T 8170—2008)修约，保留小数点后两位。点状缺陷的允许个数限度及划伤的允许条数限度为各系数与 S 相乘所得的数值。按《数值修约规则与极限数值的表示和判定》(GB/T 8170—2008)修约至整数。
①点状缺陷不允许有光畸变点。

(3)平板玻璃优等品的外观质量应符合表 5-6 的规定。

表 5-6　平板玻璃优等品的外观质量要求

缺陷种类	质量要求	
点状缺陷①	尺寸 L/mm	允许个数限度
	$0.3\leqslant L\leqslant 0.5$	$1\times S$
	$0.5< L\leqslant 1.0$	$0.2\times S$
	$L>1.0$	0
点状缺陷密集度	尺寸≥0.3 mm 的点状缺陷最小间距≥300 mm；直径 100 mm 圆内尺寸≥0.1 mm 的点状缺陷不超过 3 个	
线道	不允许	

续表

缺陷种类	质量要求		
裂纹	不允许		
划伤	允许范围		允许条数限度
	宽≤0.1 mm，长≤30 mm		2×S
光学变形	公称厚度	无色透明平板玻璃	本体着色平板玻璃
	2 mm	≥50°	≥50°
	3 mm	≥55°	≥50°
	4～12 mm	≥60°	≥55°
	≥15 mm	≥55°	≥50°
断面缺陷	公称厚度不超过 8 mm 时，不超过玻璃板的厚度；8 mm 以上时，不超过 8 mm		

注：S 是以"m^2"为单位的玻璃板面积数值，按《数值修约规则与极限数值的表示和判定》(GB/T 8170—2008)修约，保留小数点后两位。点状缺陷的允许个数限度及划伤的允许条数限度为各系数与 S 相乘所得的数值，按《数值修约规则与极限数值的表示和判定》(GB/T 8170—2008)修约至整数。
①点状缺陷中不允许有光畸变点

4. 光学特性

(1)无色透明平板玻璃的可见光透射比应不小于表 5-7 的规定。

表 5-7 无色透明平板玻璃的可见光投射比的最小值

公称厚度 /mm	可见光透射比最小值 /%	公称厚度 /mm	可见光透射比最小值 /%
2	89	10	81
3	88	12	79
4	87	15	76
5	86	19	72
6	85	22	69
8	83	25	67

(2)本体着色平板玻璃的可见光透射比、太阳光直接透射比、太阳能总透射比的偏差应不超过表 5-8 的规定。

表 5-8 本体着色平板玻璃投射比偏差

种类	偏差/%
可见光(380～780 nm)透射比	2.0
太阳光(300～2 500 nm)直接透射比	3.0
太阳能(300～2 500 nm)总透射比	4.0

(3)对于本体着色平板玻璃的颜色均匀性，同一批产品的色差应符合 $\Delta E_{ab}^* \leqslant 2.5$。

5. 其他

特殊厚度或其他要求由供需双方协商。

四、平板玻璃的用途

平板玻璃属易碎品,玻璃成品一般用木箱包装。玻璃在运输或搬运时,应注意箱盖向上并垂直立放,不得平放或斜放,同时,还应注意防潮。遇到两块玻璃之间有水汽而难以分开时,可在两块玻璃之间注入温热的肥皂水,这样可很容易地将玻璃分开。

平板玻璃的用途有两个方面:一方面是3~5 mm厚的平板玻璃一般直接用于门窗的采光,8~12 mm厚的平板玻璃可用于隔断、制作玻璃构件;另一方面是作为钢化、夹层、镀膜、中空等深加工玻璃的原片。

第三节 安全玻璃

安全玻璃是指与普通玻璃相比,具有力学强度高、抗冲击能力强的玻璃。其主要品种有钢化玻璃、夹丝玻璃、夹层玻璃和钛化玻璃。安全玻璃被击碎时,其碎片不会伤人,并兼具有防盗、防火的功能。根据生产时所用的玻璃原片不同,安全玻璃也具有一定的装饰效果。

一、钢化玻璃

1. 钢化玻璃的定义及特点

钢化玻璃是经热处理工艺加工之后的玻璃。钢化玻璃表面形成了压应力层,机械强度和耐热冲击强度得到了提高,并且具有特殊的碎片状态。钢化玻璃按生产工艺可分为垂直法钢化玻璃和水平法钢化玻璃,垂直法钢化玻璃即在钢化过程中采用夹钳吊挂的方式生产出来的钢化玻璃;水平法钢化玻璃即在钢化过程中采取辊支撑的方式生产的钢化玻璃。按钢化玻璃形状可分为平面钢化玻璃和曲面钢化玻璃。

钢化玻璃具有以下特点。

(1)机械强度高。玻璃经钢化处理产生了均匀的内应力,使玻璃表面具有预压应力。它的机械强度比经过良好退火处理的玻璃高3~10倍,抗冲击性能也有较大提高,其抗弯强度可达125 MPa以上。钢化玻璃的抗冲击强度也很高,用钢球法测定时,0.8 kg的钢球从1.2 m高度落下,钢化玻璃可保持完整而不破碎。

(2)安全性好。钢化玻璃因内部处于较大拉应力的状态,故一旦出现破碎,首先出现网状裂纹,破碎后形成不具有锐利棱角的碎块,不易伤人。

(3)弹性好。钢化玻璃的弹性比普通玻璃大得多,例如,一块1 200 mm×350 mm×6 mm的钢化玻璃,受力后可发生达100 mm的弯曲挠度,当外力撤除后,仍能恢复原状;而普通玻璃弯曲变形只能有几毫米,否则,将发生折断破坏。

(4)热稳定性好。钢化玻璃在受急冷、急热时,不易发生炸裂。这是因为钢化玻璃的压应力可抵消一部分因急冷急热产生的拉应力。钢化玻璃耐热冲击,最大安全工作温度为288 ℃,能承受204 ℃的温差变化,较普通玻璃提高了2~3倍。

2. 钢化玻璃的技术要求

钢化玻璃的技术要求应符合《建筑用安全玻璃 第2部分:钢化玻璃》(GB 15763.2—2005)的规定,具体要求如下:

(1)尺寸及外观。钢化玻璃的尺寸及外观要求应符合表5-9~表5-14的规定。

表5-9 钢化玻璃的尺寸及外观要求

序号	项目	内容
1	尺寸及其允许偏差	(1)长方形平面钢化玻璃边长的允许偏差应符合表5-10的规定。 (2)长方形平面钢化玻璃的对角线差允许值应符合表5-11的规定。 (3)其他形状的钢化玻璃的尺寸及其允许偏差由供需双方商定。 (4)边部加工形状及质量由供需双方商定。 (5)圆孔(只适用于公称厚度不小于4 mm的钢化玻璃)。圆孔的边部加工质量由供需双方商定。 1)孔径。孔径一般不小于玻璃的公称厚度,孔的允许偏差应符合表5-12的规定,小于玻璃的公称厚度的孔的孔径允许偏差由供需双方商定。 2)孔的位置。 ①孔的边部与玻璃边部的距离a不应小于玻璃公称厚度的2倍,如图5-2所示。 ②两孔孔边之间的距离b不应小于玻璃公称厚度的2倍,如图5-3所示。 ③孔的边部与玻璃角部的距离c不应小于玻璃公称厚度d的6倍,如图5-4所示。 注:如果孔的边部距玻璃角部的距离小于35 mm,那么这个孔不应处在相对于角部对称的位置上。具体位置由供需双方商定。 ④圆心位置表示方法及其允许偏差。圆孔圆心的位置的表达方法可参照图5-5建立坐标系,用圆心的位置坐标(x,y)表达圆心的位置。圆孔圆心的位置x、y的允许偏差与玻璃的边长允许偏差相同(表5-10)
2	厚度及其允许偏差	钢化玻璃的厚度的允许偏差应符合表5-13的规定。对于表5-13未做规定的公称厚度的玻璃,其厚度允许偏差可采用表5-13中与其邻近的较薄厚度的玻璃的规定,或由供需双方商定
3	外观质量	钢化玻璃的外观质量应满足表5-14的要求
4	弯曲度	平面钢化玻璃的弯曲度,弓形时应不超过0.3%,波形时应不超过0.2%

表5-10 长方形平面钢化玻璃的边长允许偏差   mm

厚度	边长(L)允许偏差			
	$L \leqslant 1\,000$	$1\,000 < L \leqslant 2\,000$	$2\,000 < L \leqslant 3\,000$	$L > 3\,000$
3、4、5、6	+1 -2	±3	±4	±5
8、10、12	+2 -3	±3	±4	±5
15	±4	±4	±4	±5
19	±5	±5	±6	±7
>19	供需双方商定			

表5-11 长方形平面钢化玻璃的对角线差允许值   mm

玻璃公称厚度	对角线差允许值		
	边长≤2 000	2 000<边长≤3 000	边长>3 000
3、4、5、6	±3.0	±4.0	±5.0
8、10、12	±4.0	±5.0	±6.0
15、19	±5.0	±6.0	±7.0
>19	供需双方商定		

表 5-12　钢化玻璃的孔径及其允许偏差　　　　　　　　　　　　　　　　　　mm

公称孔径 D	允许偏差	公称孔径 D	允许偏差
4≤D≤50	±1.0	D>100	供需双方商定
50<D≤100	±2.0		

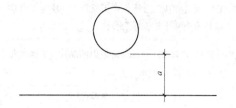

图 5-2　孔的边部与玻璃边部的距离示意

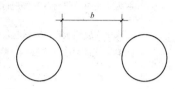

图 5-3　两孔孔边之间的距离示意

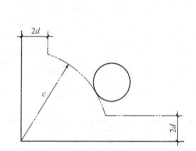

图 5-4　孔的边部与玻璃角部的距离示意

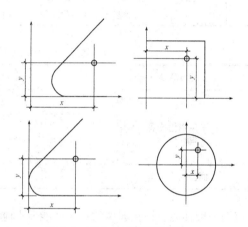

图 5-5　圆心位置表示方法

表 5-13　钢化玻璃的厚度及其允许偏差　　　　　　　　　　　　　　　　　　mm

公称厚度	允许偏差	公称厚度	允许偏差
3、4、5、6	±0.2	15	±0.6
8、10	±0.3	19	±1.0
12	±0.4	>19	供需双方商定

表 5-14　钢化玻璃的外观质量

缺陷名称	说明	允许缺陷数
爆边	每片玻璃每米边长上允许有长度不超过 10 mm，自玻璃边部向玻璃板表面延伸深度不超过 2 mm，自板面向玻璃厚度延伸深度不超过厚度 1/3 的爆边个数	1 处
划伤	宽度在 0.1 mm 以下的轻微划伤，每平方米面积内允许存在条数	长度≤100 mm 时，4 条
	宽度大于 0.1 mm 的划伤，每平方米面积内允许存在条数	宽度 0.1～1 mm，长度≤100 mm 时，4 条
夹钳印	夹钳印与玻璃边缘的距离≤20 mm，边部变形量≤2 mm	
裂纹、缺角	不允许存在	

(2)安全性能。钢化玻璃的安全性能要求应符合表 5-15 的规定。钢化玻璃的最小允许碎片数应符合表 5-16 的规定。

表 5-15 钢化玻璃的安全性能要求

序号	项目	内容
1	抗冲击性	取 6 块钢化玻璃进行试验,试样破坏数不超过 1 块为合格,多于或等于 3 块为不合格。破坏数为 2 块时,再另取 6 块进行试验,试样必须全部不被破坏为合格
2	碎片状态	取 4 块玻璃试样进行试验,每块试样在任何 50 mm×50 mm 区域内的碎片数必须满足表 5-16 的要求,且允许有少量长条形碎片,其长度不超过 75 mm
3	霰弹袋冲击性能	取 4 块玻璃试样进行试验,应符合下列"(1)"或"(2)"中任意一条的规定: (1)玻璃破坏时,每块试样的最大 10 块碎片质量的总和不得超过相当于试样 65 cm^2 的质量,保留在框内的任何无贯穿裂纹的玻璃碎片的长度不能超过 120 mm。 (2)弹袋下落高度为 1 200 mm 时,试样不破坏

表 5-16 钢化玻璃的最少允许碎片数

玻璃品种	公称厚度/mm	最少碎片数/片
平面钢化玻璃	3	30
	4~12	40
	≥15	30
曲面钢化玻璃	≥4	30

(3)一般性能。钢化玻璃的一般性能要求应符合表 5-17 的规定。

表 5-17 钢化玻璃的一般性能要求

序号	项目	内容
1	表面应力	钢化玻璃的表面应力不应小于 90 MPa。 以制品为试样,取 3 块试样进行试验,当全部符合规定为合格,2 块试样不符合则为不合格。当 2 块试样符合时,再追加 3 块试样,如果 3 块全部符合规定则为合格
2	耐热冲击性能	钢化玻璃应耐 200 ℃温差不破坏。 取 4 块试样进行试验,当 4 块试样全部符合规定时认为该项性能合格。当有 2 块以上不符合时,则认为不合格。当有 1 块不符合时,重新追加 1 块试样,如果它符合规定,则认为该项性能合格。当有 2 块不符合时,则重新追加 4 块试样,全部符合规定时则为合格

3. 钢化玻璃的选用

钢化玻璃主要用作建筑物的门窗、隔墙和幕墙,以及电话亭、车、船、设备等的门窗、观察孔、采光顶棚等。钢化玻璃可被做成无框玻璃门。钢化玻璃用作幕墙时,可大大提高抗风压能力,防止热炸裂,并可增大单块玻璃的面积,减少支承结构。使用时应注意的是,钢化玻璃不能切割、磨削,边角不能碰击挤压,需要按现成的尺寸规格选用或提出具体设计图纸进行加工定制。用于大面积的玻璃幕墙的玻璃在钢化上要予以控制,选择半钢化玻璃,即其应力不能过大,以免风荷载引起振动而自爆。

二、夹丝玻璃

1. 夹丝玻璃的定义及特点

夹丝玻璃也称防碎玻璃或钢丝玻璃，是由压延法生产的，即在玻璃熔融状态下将经预热处理的钢丝或钢丝网压入玻璃中间，经退火、切割而成。夹丝玻璃表面可以是压花的或磨光的，颜色可以制成无色透明或彩色的。

(1)具有安全和防火特性。夹丝玻璃与普通平板玻璃相比，具有耐冲击性和耐热性好，在外力作用和温度急剧变化时破而不缺、裂而不散的优点，尤其是具有一定的防火性能，故又称防火玻璃。

(2)强度较低。夹丝玻璃在玻璃中镶嵌了金属物，实际上破坏了玻璃的均一性，降低了玻璃的机械强度。

(3)耐急冷急热性能差。

(4)对夹丝玻璃的切割会造成丝网边缘外露，容易锈蚀。

2. 夹丝玻璃的规格与种类

夹丝玻璃按厚度可分为 6 mm、7 mm 和 10 mm 三种。产品尺寸一般不小于 600 mm×400 mm，不大于 2 000 mm×1 200 mm，钢丝网的图案也有多种形式。

我国生产的夹丝玻璃产品可分为夹丝压花玻璃和夹丝磨光玻璃两类。以彩色玻璃原片制成的彩色夹丝玻璃，其色彩与内部隐隐显现的金属丝相映，具有较好的装饰效果。

3. 夹丝玻璃的技术要求

(1)丝网要求。夹丝玻璃所用的金属丝网和金属丝线可分为普通钢丝和特殊钢丝两种。普通钢丝直径为 0.4 mm 以上，或特殊钢丝直径为 0.3 mm 以上；夹丝玻璃应采用经过处理的点焊金属丝网。

(2)尺寸偏差和厚度偏差。长度和宽度允许偏差为±4.0 mm，厚度允许偏差应符合表 5-18 的规定。

表 5-18　夹丝玻璃厚度允许偏差　　　　　　　　　　　　　　　　　　　　mm

厚度	允许偏差范围	
	优等品	一等品、合格品
6	±0.5	±0.5
7	±0.6	±0.5
10	±0.9	±1.0

(3)弯曲度。夹丝压花玻璃应在 1.0%以内，夹丝磨光玻璃应在 0.5%以内。

(4)玻璃边部凸出、缺口和偏斜。玻璃边部凸出、缺口的尺寸不得超过 6 mm，偏斜的尺寸不得超过 4 mm。一片玻璃只允许有一个缺角，缺角的深度不得超过 6 mm。

(5)外观质量。产品外观质量应符合表 5-19 的规定。

表 5-19　产品外观质量

项目	说明	优等品	一等品	合格品
气泡	$\phi3\sim\phi6$ mm 的圆泡，每平方米面积内允许个数	5	数量不限，但不允许密集	
	长泡，每平方米面积内允许个数	长 6～8 mm 2	长 6～8 mm 10	长 6～10 mm 10 长 10～20 mm 4

续表

项目	说明	优等品	一等品	合格品
花纹变形	花纹变形程度	不许有明显的花纹变形		不规定
	破坏性的	不允许		
异物	$\phi 0.5 \sim \phi 2$ mm 非破坏性的，每平方米面积内允许个数	3	5	10
裂纹	—	目测不能识别		不影响使用
磨伤		轻微		不影响使用
金属丝	金属丝夹入玻璃内状态	应完全夹入玻璃内，不得露出表面		
	脱焊	不允许	距边部 30 mm 内不限	距边部 100 mm 内不限
	断线	不允许		
	接线	不允许	目测看不见	

注：密集气泡是指直径 100 mm 圆面积内超过 6 个。

4. 夹丝玻璃的应用

夹丝玻璃一般用于有特殊安全要求的建筑物门窗、隔墙，工业厂房的天窗，安全性要求比较高的窗户、商品陈列橱窗、大厦地下室、屋顶及天窗等有飞散物落下的场所。使用夹层玻璃时，尤其是在室外使用时，要特别注意嵌缝化合物对玻璃或塑料层的化学作用，以防止引起老化现象。

三、夹层玻璃

1. 夹层玻璃的定义及特点

夹层玻璃是在两片或多片平板玻璃之间嵌夹透明、有弹性、黏结力强、耐穿透性好的透明薄膜塑料，在一定温度、压力下胶合成整体平面或曲面的复合玻璃制品，如图 5-6 所示。由多层玻璃高压聚合而成的夹层玻璃，还被称为"防弹玻璃"。

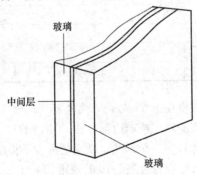

图 5-6 夹层玻璃的构造

（1）夹层玻璃的原片一般采用普通平板玻璃、钢化玻璃、浮法玻璃、吸热玻璃或热反射玻璃等。因此，夹层玻璃透明性好，抗冲击性能比普通平板玻璃高出几倍。

（2）由于夹层玻璃中间有塑料衬片的黏合作用，破坏时只产生辐射状的裂纹，而不落碎片，所以安全性好。

（3）具有耐热、耐寒、耐湿、耐久等特点。另外，由于 PVB 胶片的作用，夹层玻璃还有节能、隔声、防紫外线等功能。

(4)中间层如使用各种色彩的PVB胶片,还可制成色彩丰富多样的彩色夹层玻璃。

2. 夹层玻璃的技术要求

夹层玻璃的技术要求应符合《建筑用安全玻璃 第3部分:夹层玻璃》(GB 15763.3—2009)的规定。

(1)夹层玻璃可视区的允许点状缺陷数应满足表5-20的规定。

表5-20 夹层玻璃可视区的允许点状缺陷数

缺陷尺寸 λ/mm			$0.5<\lambda\leqslant1.0$	$1.0<\lambda\leqslant3.0$			
玻璃面积 S/m²			S 不限	$S\leqslant1$	$1<S\leqslant2$	$2<S\leqslant8$	$8<S$
允许缺陷数/个	玻璃层数	2	不得密集存在	1	2	1.0 m²	1.2 m²
		3		2	3	1.5 m²	1.8 m²
		4		3	4	2.0 m²	2.4 m²
		$\geqslant 5$		4	5	2.5 m²	3.0 m²

注:1. 不大于0.5 mm的缺陷不考虑,不允许出现大于3 mm的缺陷。
 2. 当出现下列情况之一时,视为密集存在。
  (1)两层玻璃时,出现4个或4个以上的缺陷,且彼此相距≤200 mm。
  (2)三层玻璃时,出现4个或4个以上的缺陷,且彼此相距≤180 mm。
  (3)四层玻璃时,出现4个或4个以上的缺陷,且彼此相距≤150 mm。
  (4)五层以上玻璃时,出现4个或4个以上的缺陷,且彼此相距≤100 mm。
 3. 单层中间层单层厚度大于2 mm时,表中允许缺陷数总数增加1

(2)夹层玻璃可视区的允许线状缺陷数应满足表5-21的规定。

表5-21 夹层玻璃可视区允许的线状缺陷数

缺陷尺寸(长度 L,宽度 B)/mm	$L\leqslant30$ 且 $B\leqslant0.2$	$L>30$ 或 $B>0.2$		
玻璃面积 S/m²	S 不限	$S\leqslant5$	$5<S\leqslant8$	$8<S$
允许缺陷数/个	允许存在	不允许	1	2

(3)夹层玻璃最终产品的长度和宽度允许偏差应符合表5-22的规定。

表5-22 夹层玻璃最终产品的长度和宽度允许偏差　　　　　　　　　mm

公称尺寸(边长 L)	公称厚度≤8	公称厚度>8	
		每块玻璃公称厚度<10	至少一块玻璃公称厚度≥10
$L\leqslant1\ 100$	+2.0 −2.0	+2.5 −2.0	+3.5 −2.5
$1\ 100<L\leqslant1\ 500$	+3.0 −2.0	+3.5 −2.0	+4.5 −3.0
$1\ 500<L\leqslant2\ 000$	+3.0 −2.0	+4.5 −2.0	+5.0 −3.5
$2\ 000<L\leqslant2\ 500$	+4.5 −2.5	+5.0 −3.0	+6.0 −4.0
$L>2\ 500$	+5.0 −3.0	+5.5 −2.5	+6.5 −4.5

(4)夹层玻璃的最大允许叠差应符合表 5-23 的规定。

表 5-23　夹层玻璃的最大允许叠差　　　　　　　　　　　　　　　　　mm

长度或宽度 L	最大允许叠差	长度或宽度 L	最大允许叠差
$L \leqslant 1\ 000$	2.0	$2\ 000 < L \leqslant 4\ 000$	4.0
$1\ 000 < L \leqslant 2\ 000$	3.0	$L > 4\ 000$	6.0

(5)湿法夹层玻璃的中间层厚度允许偏差应符合表 5-24 的规定。

表 5-24　湿法夹层玻璃的中间层厚度允许偏差　　　　　　　　　　　　mm

湿法中间层厚度 d	允许偏差 δ	湿法中间层厚度 d	允许偏差 δ
$d < 1$	±0.4	$2 \leqslant d < 3$	±0.6
$1 \leqslant d < 2$	±0.5	$d \geqslant 3$	±0.7

3. 夹层玻璃的用途

夹层玻璃不仅可作为采光材料,而且具有良好的隔声、防紫外线穿透等作用,彩色夹层玻璃还具有控制阳光、美化建筑的功能。夹层玻璃可广泛用于宾馆、临街建筑、医院、商店、学校、机场等处。另外,其具有防暴、防盗、防弹作用,还可用于陈列柜、展览厅、水族馆、动物园、观赏性玻璃隔断。

四、钛化玻璃

钛化玻璃也称永不碎铁甲箔膜玻璃,是将钛金箔膜紧贴在任意一种玻璃基材之上,使之结合成一体的新型玻璃。钛化玻璃具有高抗碎能力,高防热及防紫外线等功能。不同的基材玻璃与不同的钛金箔膜,可组合成不同色泽、不同性能、不同规格的钛化玻璃。钛化玻璃常见的颜色有无色透明、茶色、茶色反光、铜色反光等。

第四节　节能玻璃

门窗是建筑节能的薄弱环节和关键部位,节能玻璃在一定程度上降低了门窗的能耗。所谓节能玻璃,实际上是指玻璃除传统的采光功能外,还具有一定的保温、隔热、隔声等功能。目前,建筑上常用的节能玻璃有吸热玻璃、热反射玻璃和中空玻璃等。

一、吸热玻璃

1. 吸热玻璃的定义

吸热玻璃是一种能控制阳光中热能透过的玻璃,它可以显著地吸收阳光中热作用较强的红外线、近红外线,而又保持良好的透明度。吸热玻璃通常都带有一定的颜色,所以也称为着色吸热玻璃。吸热玻璃的制造一般有两种方法:一种方法是在普通玻璃中加入一定量的着色剂,着色剂通常为过渡金属氧化物(如氧化亚铁、氧化镍等),它们具有强烈吸收阳光中红外辐射的能力,即吸热的能力;另一种方法是在玻璃的表面喷涂具有吸热和着色能力的氧化物薄膜(如氧化锡、氧化去锑等)。吸热玻璃有蓝色、茶色、灰色、绿色、古铜色等色泽。

2. 吸热玻璃的性能特点

(1)吸收太阳的辐射热。吸热玻璃主要是遮蔽辐射热,其颜色和厚度不同,对太阳的辐射热吸收程度也不同,一般来说,吸热玻璃只能通过大约60%的太阳辐射热。

(2)吸收太阳的可见光。吸热玻璃比普通玻璃吸收的可见光要多得多。6 mm 厚的古铜色吸热玻璃吸收太阳的可见光是同样厚度的普通玻璃的3倍。这一特点能使透过玻璃的阳光变得柔和,能有效地改善室内色泽。

(3)吸收太阳的紫外线。吸热玻璃能有效地防止紫外线对室内家具、日用器具、商品、档案资料与书籍等产生褪色和变质。

(4)具有一定的透明度。能清晰地观察室外景物。

(5)色泽经久不变。能增加建筑物的外形美观度。

3. 吸热玻璃的用途

吸热玻璃已广泛用于建筑物的门窗、外墙,以及用作车、船风挡玻璃等,起到隔热、防眩、采光及装饰等作用。吸热玻璃还可以按不同用途进行加工,制成磨光玻璃、夹层玻璃、镜面玻璃及中空玻璃。其在外部围护结构中可用于配制彩色玻璃窗,在室内装饰中可用于镶嵌玻璃隔断,装饰家具,以增加美感。无色磷酸盐吸热玻璃能大量吸收红外线辐射热,可用于电影拷贝、电影放映、幻灯片放映、彩色印刷等。

二、热反射玻璃

1. 热反射玻璃的定义

热反射玻璃是由无色透明的平板玻璃表面镀一层或多层如铬、钛或不锈钢等金属或其化合物组成的薄膜,以改变玻璃的光学性能,能满足某种特定要求。热反射玻璃产品呈丰富的色彩,对于可见光有适当的透射率,对红外线有较高的反射率,对紫外线有较高的吸收率,又称镀膜玻璃或阳光控制膜玻璃。

2. 热反射玻璃的特点

(1)具有良好的隔热性能,也称为阳光控制能力。镀膜玻璃对可见光的透过率在20%~65%的范围内,它对阳光中热作用强的红外线和近红外线的反射率高达30%以上,而普通玻璃只有7%~8%。这种玻璃可以在保证室内采光柔和的条件下,有效地屏蔽进入室内的太阳辐射能。在温、热带地区的建筑物上,以热反射玻璃作窗玻璃,可以克服普通玻璃窗形成的暖房效应,节约室内降温空调的能源消耗。热反射玻璃的隔热性能可用遮蔽系数表示,遮蔽系数是指阳光通过3 mm厚透明玻璃射入室内的能量为1时,在相同的条件下阳光通过各种玻璃射入室内的相对量。图5-7所示为3 mm平板玻璃与6 mm热反射玻璃的能量透过比较。3 mm平板玻璃合计透过能量可达87%;而6 mm热反射玻璃仅为33%。

(2)单向透视性。热反射玻璃的镀膜层具有单向透视性。在装有热反射玻璃幕墙的建筑里,白天,人们从室外(光线强烈的一面)向室内(光线较暗弱的一面)看去,由于热反射玻璃的镜面反射特性,看到的是街道上流动着的车辆和行人组成的街景,而看不到室内的人和物,但从室内可以清晰地看到室外的景色。晚间正好相反,室内有灯光照明,就看不到玻璃幕墙外的事物,给人以不受干扰的舒适感。但从外面看室内,里面的情况则一清二楚,如果房间需要隐蔽,可借助窗帘或活动百叶等加以遮蔽。

(3)镜面效应。热反射玻璃具有强烈的镜面效应,因此也称为镜面玻璃。用这种玻璃作玻璃幕墙,可将周围的景观及天空的云彩映射在幕墙之上,构成一幅绚丽的图画,使建筑物与自然环境达到完美和谐。

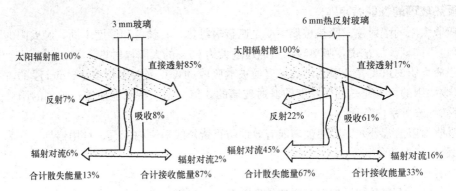

图 5-7　3 mm 平板玻璃与 6 mm 热反射玻璃的能量透过比较

3. 热反射玻璃的用途

热反射玻璃具有良好的节能和装饰效果，广泛地应用于建筑的门窗、幕墙等，同时还可以制作高性能中空玻璃、夹层玻璃等复合玻璃制品。但热反射玻璃幕墙使用不当会造成污染和建筑物周围温度升高。

三、中空玻璃

1. 中空玻璃的结构

中空玻璃是由两片或多片平板玻璃用边框隔开，中间充以干燥的空气或惰性气体，四周边缘部分用胶结或焊接方法密封而成的。中空玻璃按玻璃层数，有双层和多层之分，一般是双层结构，如图 5-8 所示。

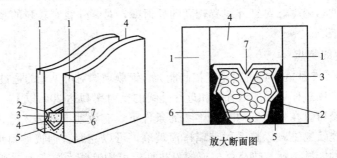

图 5-8　中空玻璃的结构
1—玻璃原片；2—空气铝格框；3, 5—胶粘剂；4—干燥空气；6—干燥剂；7—缝隙

制作中空玻璃的原片可以是普通玻璃、浮法玻璃、钢化玻璃、夹丝玻璃、着色玻璃和热反射玻璃、低辐射膜玻璃等，厚度通常可用 3 mm、4 mm、5 mm 和 6 mm。中空玻璃的中间空气层厚度为 6～12 mm。

2. 中空玻璃的特性

(1) 光学性能。中空玻璃的光学性能取决于所用的玻璃原片，由于中空玻璃所选用的玻璃原片具有不同的光学性能，因此制成的中空玻璃其可见光透射率、太阳能反射率、吸收率及色彩可在很大范围内变化。

(2) 热工性能。由于中空玻璃的中间有真空或惰性气体，因此它比单层玻璃具有更好的保温隔热性能。如厚度为 3～12 mm 的无色透明玻璃，其传热系数为 6.5～5.9 W/(m² · K)，而以 6 mm 厚玻璃为原片，玻璃间隔（即空气层厚度）为 6 mm 和 9 mm 的普通中空玻璃，其传热系数分别为 3.4 W/(m² · K)和 3.1 W/7(m² · K)，可见传热系数减少了一半。由双层低辐射玻璃制成的高性能中空玻璃，隔热保温性能更佳，尤其适用于寒冷地区和需要保温隔热、降低采暖能耗的建筑物。

(3)防结露功能。建筑物外围护结构结露的原因一般是在室内一定的湿度环境下，物体表面温度降到某一数值时，湿空气使其表面结露，直至结霜(表面温度在 0 ℃以下)。玻璃窗结露之后严重影响玻璃的透视和采光性能，并会引起其他一些不良效果。由于中空玻璃内部存在着可以吸附水分子的干燥剂，气体是干燥的，故在温度降低时，中空玻璃的内部也不会产生凝露的现象。同时，在中空玻璃的外表面结露点也会升高。

(4)隔声性能。中空玻璃具有较好的隔声性能，一般可使噪声下降 30～40 dB。

(5)装饰性能。由于中空玻璃是由各种原片玻璃制成，因此具有品种繁多、色彩鲜艳等优点，其装饰效果好。

(6)安全性。在使用相同厚度的原片玻璃的情况下，中空玻璃的抗风压强度是普通单片玻璃的 1.5 倍。

3. 中空玻璃的用途

由于国家强制实行节能政策，中空玻璃又是较好的节能材料，故其现已被广泛地应用于严寒地区、寒冷地区和夏热冬冷地区建筑的门窗、外墙等。中空玻璃是在工厂按尺寸生产的，现场不能切割加工，所以，使用前必须先选好尺寸。

第五节 装饰玻璃

一、彩色玻璃

彩色玻璃又称为有色玻璃，可分为透明和不透明两种。透明的彩色玻璃是在平板玻璃中加入一定量的着色金属氧化物，按一般的平板玻璃生产工艺生产而成；不透明的彩色玻璃又称为饰面玻璃，它是以平板玻璃、磨光玻璃或玻璃砖等为基料，在玻璃表面涂覆一层熔性色釉，加热到彩釉的熔融温度，使色釉与玻璃牢固结合在一起，再经退火或钢化而成。彩色玻璃的彩面也可用有机高分子涂料制得。

彩色玻璃的颜色有茶色、海洋蓝色、宝石蓝色、翡翠绿色等。彩色玻璃可以拼成各种图案，并具有耐腐蚀、抗冲刷、易清洗等特点。其主要用于建筑物的内外墙、门窗装饰及对光线有特殊要求的部位。

二、玻璃马赛克

玻璃马赛克又称玻璃锦砖，它含有未熔融的微小晶体(主要是石英)的乳浊状半透明玻璃质材料，是一种小规格的饰面玻璃制品。单块玻璃马赛克的规格一般为 20～50 mm 见方，厚度为 4～6 mm，四周侧面呈斜面，正面光滑，背面略带凹状沟槽，以利于铺贴时黏结。为便于施工，出厂前将玻璃马赛克按设计图案反贴在牛皮纸上，贴成 305.5 mm 见方，称为一联。

玻璃马赛克的特点如下：
(1)玻璃马赛克的颜色丰富，可拼装成各种图案，美观大方，且耐腐蚀、不褪色。
(2)由于玻璃具有光滑表面，因此具有不吸水、不吸尘、抗污性好的特点。
(3)玻璃马赛克具有体积小、质量轻、黏结牢固的特点，特别适用于建筑内、外墙面装饰。

玻璃马赛克主要用作宾馆、医院、办公楼、礼堂、住宅等建筑物的内、外墙装饰材料或大型壁画的镶嵌材料。使用时，要注意应一次订货齐全，后追加部分，色彩会有差异，特别是用废玻璃生产的玻璃马赛克，每批颜色差别较大。粘贴式，浅颜色玻璃马赛克应用白色硅酸盐水泥黏结，因为装饰后的色调由玻璃马赛克和黏结砂浆的颜色综合决定。

三、花纹玻璃

花纹玻璃是将玻璃依设计图案加以雕刻、印刻或局部喷砂等无彩色处理，使表面有各式图案、花样及不同质感。花纹玻璃依照加工方法的不同分为压花玻璃、喷花玻璃、刻花玻璃、热熔玻璃和冰花玻璃。

1. 压花玻璃

压花玻璃又称花纹玻璃或滚花玻璃，是采用压延方法制造的一种平板玻璃。由于一般压花玻璃的一个或两个表面压有深浅不同的各种花纹图案，其表面凹凸不平，当光线通过玻璃时产生无规则的折射，因而压花玻璃具有透光不透视的特点，并且透光度低，从玻璃的一面看另一面的物体时，模糊不清。压花玻璃由于表面具有各种花纹，还可以具有一定的色彩，因此能创造出一定的艺术效果。

压花玻璃按外观质量可分为一等品、合格品。压花玻璃因厚度不同有 3 mm、4 mm、5 mm、6 mm 和 8 mm 等类型。

压花玻璃是各种公共设施室内装饰和分隔的理想材料，用于门窗、室内间隔、浴厕等处，也可用于居室的门窗装配，起采光但又阻隔视线的作用。

2. 喷花玻璃

喷花玻璃又称为胶花玻璃，是在平板玻璃表面贴以图案，抹以保护层，经喷砂处理形成透明与不透明相间的图案而成。喷花玻璃的厚度一般为 6 mm，最大加工尺寸为 2 200 mm×1 000 mm。喷花玻璃给人以高雅、美观的感觉，适用于室内门窗、隔断和采光。

3. 刻花玻璃

刻花玻璃是由平板玻璃经涂漆、雕刻、围蜡、酸蚀、研磨等制作而成的。图案的立体感强，似浮雕一般，在室内灯光的照射下，更是熠熠生辉。

4. 冰花玻璃

冰花玻璃是一种具有冰花图案的平板玻璃，是在磨砂玻璃的毛面上均匀涂布一薄层骨胶水溶液，经自然或人工干燥后，使胶液因脱水收缩而龟裂，并从玻璃表面剥落而制成。冰花玻璃对通过的光线有漫射作用，犹如蒙上一层纱帘，使人看不清玻璃后面的景物，却又有着良好的透光性能，因而具有良好的装饰效果。

冰花玻璃可用无色平板玻璃制造，也可用茶色、蓝色、绿色等彩色玻璃制造。其装饰效果优于压花玻璃，给人以清新之感，是一种新型的室内装饰玻璃。其可用于宾馆、酒楼等场所的门窗、隔断、屏风和家庭装饰。

5. 热熔玻璃

热熔玻璃又称水晶立体艺术玻璃，它跨越了现有的玻璃形态，使平板玻璃加工出各种凹凸有致、色彩各异的玻璃艺术饰品。热熔玻璃是采用平板玻璃和有机色料为主要原料，加热玻璃直至软化点以上时，经模压成型后退火而成。

四、镭射玻璃

镭射玻璃是以玻璃为基材的新一代建筑装饰材料，特征是经特种工艺处理后玻璃背面出现全息光栅或其他几何光栅，在光源的照耀下，产生物理衍射的七彩光。对同一感光点或感光面，随光源入射角或观察角的变化,会感受到光谱分光的颜色变化,使被装饰物显得华贵、高雅,给人以美妙、神奇的感觉。

镭射玻璃的厚度比花岗石、大理石薄,与瓷砖相仿,安装成本低。镭射钢化玻璃地砖,其抗冲击、耐磨、硬度指标均优于大理石,与高档花岗石相仿。镭射玻璃价格相当于中档花岗石。

镭射玻璃主要适用于酒店、宾馆及各种商业、文化、娱乐设施的装饰。例如,内外墙面、商业门面、招牌、地砖、桌面、吧台、隔台、柱面、顶棚、雕塑贴画、电梯、艺术屏风与装饰壁面、高级喷水池、发廊、金鱼缸、灯饰和其他轻工电子产品外观装饰材料等。

第六节 微晶玻璃

微晶玻璃是通过基础玻璃在加热过程中进行控制晶化而制得的一种含有大微晶体的多晶固体材料。微晶玻璃的结构、性能及生产方法同玻璃和陶瓷都有所不同,其性能集中了两者的特点,成为一类独特的材料。

微晶玻璃装饰板主要作为高级建筑装饰新材料替代天然石材。其与天然石材相比具有以下特点:

(1)色调均匀。天然花岗石难以避免明显的色差,这是其固有的缺陷,而微晶玻璃易于实现颜色均匀,达到更辉煌的装饰效果。尤其是高雅的纯白色微晶玻璃,更是天然石材所望尘莫及的。

(2)永不浸湿、抗污染。微晶玻璃具有不吸水的天生特性,所以,不易污染。其豪华的外观不但不会受到任何雨雪的侵害,反而还借此"天雨自涤"的机会而倍增光辉,能全天候地永葆高档建筑的堂皇。其易于清洁,从建筑物的维护和保养方面考虑,可以大大降低维护成本。

(3)丰富的色泽和良好的质感。通过工艺控制可以生产出各种色彩、色调和图案的微晶玻璃蚀面材料。其表面经过不同的加工处理又可产生不同的质感效果。抛光微晶玻璃的表面光洁度远远高于天然石材,其光泽亮丽,使建筑物显得豪华和气派。而毛光和亚光微晶玻璃可使建筑平添自然厚实的庄重感,所以,微晶玻璃在色泽和质感上能很好地满足设计者的要求。

(4)高度的破裂安全性。仿石材的微晶玻璃有多种。天津某公司生产的一种内部结构像花岗石那样的颗粒状组织的微晶玻璃,即便强力冲击引起破裂,其破裂规律也和花岗石一样,只形成三岔裂纹,裂口迟钝不伤手。

(5)优良的机械性能和化学稳定性。微晶玻璃是无机材料经高温精制而成,其结构均匀细密,比天然石材更坚硬、耐磨、耐酸碱等,即使暴露于风雨及被污染的空气中也不会变质、褪色。

(6)高度环保性能。微晶玻璃不含任何放射性物质,确保了无放射性环境污染。尽管抛光微晶玻璃达到近似玻璃的表面光洁度,但光线无论从任何角度照射,都可形成自然柔和的质感,毫无光污染。

微晶玻璃装饰板类似天然石材,用作内、外墙装饰材料,厅堂的地面和幕墙等建筑装饰。低膨胀微晶玻璃也经常用于橱柜的表面等。

本章小结

玻璃在现代建筑中是一种重要的装饰材料,它具有独特的透明性,优良的机械力学性能和热工性能,还有艺术装饰的作用。本章主要介绍了玻璃的基础知识,平板玻璃、安全玻璃、节能玻璃、装饰玻璃及微晶玻璃的概念、分类、技术要求等。

思考与练习

一、判断题

1. 建筑玻璃是经 1 550 ℃～1 600 ℃高温熔融、成型、退火而制成的固体材料。（   ）
2. 玻璃热膨胀系数的大小，取决于组成玻璃的化学成分及其纯度，玻璃的纯度越高，热膨胀系数越大。（   ）
3. 钢化玻璃的弹性比普通玻璃小，钢化玻璃的抗冲击强度也很差。（   ）
4. 夹丝玻璃所用的金属丝网和金属丝线分为普通钢丝和特殊钢丝两种，普通钢丝直径为 0.3 mm 以上，或特殊钢丝直径为 0.4 mm 以上。（   ）
5. 彩色玻璃是以玻璃为基材的新一代建筑装饰材料，其特征是经特种工艺处理后玻璃背面出现全息光栅或其他几何光栅，在光源的照耀下，产生物理衍射的七彩光。（   ）

二、填空题

1. 建筑玻璃是以_____、_____、_____、_____等为主要原料。
2. 建筑玻璃按使用的功能不同可分为_____、_____、_____。
3. 玻璃具有优良的_____，广泛用于建筑物的采光、装饰及光学仪器和日用器皿。
4. 平板玻璃按颜色属性分为_____和_____。
5. 普通平板玻璃的成型均用机械拉制，通常采用的是_____和_____。
6. 安全玻璃的主要品种有_____、_____、_____和_____。
7. 我国生产的夹丝玻璃产品分为_____和_____两类。
8. 由多层玻璃高压聚合而成的夹层玻璃，还被称为_____。
9. _____是由两片或多片平板玻璃用边框隔开，中间充以干燥的室气或惰性气体，四周边缘部分用胶结或焊接方法密封而成的。
10. _____是将玻璃依设计图案加以雕刻、印刻或局部喷砂等无彩色处理，使表面有各式图案、花样及不同质感。

三、选择题

1. 对于本体着色平板玻璃的颜色均匀性，同一批产品的色差应符合 $\Delta E_{ab} \leqslant ($ $)$。
   A. 2.0　　　　B. 2.5　　　　C. 3.0　　　　D. 3.5
2. 中空玻璃的特性不包括(   )。
   A. 光学性能　　B. 热工性能　　C. 防结露功能　　D. 透视性
3. 关于玻璃马赛克的特点说法，下列不正确的是(   )。
   A. 玻璃马赛克具有较好的隔声性能，一般可使噪声下降 30～40 dB
   B. 玻璃马赛克的颜色丰富，可拼装成各种图案，美观大方，且耐腐蚀、不褪色
   C. 由于玻璃具有光滑表面，因此具有不吸水、不吸尘、抗污性好的特点
   D. 玻璃马赛克具有体积小、质量轻、黏结牢固的特点，特别适合于建筑内外墙面装饰
4. (   )是通过基础玻璃在加热过程中进行控制晶化而制得的一种含有大微晶体的多晶固体材料。
   A. 微晶玻璃　　B. 镭射玻璃　　C. 钛化玻璃　　D. 热反射玻璃
5. 节能玻璃不包括(   )。
   A. 夹层玻璃　　B. 吸热玻璃　　C. 热反射玻璃　　D. 中空玻璃

三、简答题

1. 按制作工艺的不同，建筑玻璃通常可分为哪几类？
2. 简述玻璃的性质。
3. 什么是平板玻璃？平板玻璃具有什么特点？平板玻璃的用途有哪些？
4. 什么是钢化玻璃？钢化玻璃具有哪些特点？
5. 什么是夹丝玻璃？其具有哪些特点？
6. 什么是吸热玻璃？吸热玻璃的用途有哪些？
7. 简述吸热玻璃的用途。
8. 花纹玻璃依照加工方法的不同分为哪几类？
9. 微晶玻璃装饰板与天然石材相比具有哪些特点？

第六章　金属装饰材料

知识目标

1. 了解金属装饰材料的种类、用途；熟悉不锈钢的耐腐蚀原理、彩色涂层钢板、彩色压型钢板的概念及分类；熟悉不锈钢制品。

2. 理解铝及铝合金的概念及特点；熟悉铝及铝合金型材的加工和表面处理；掌握常用装饰用铝合金制品。

3. 熟悉铜及铜合金概念和特性；掌握铜合金制品。

能力目标

能够根据不锈钢、彩色涂层钢板和彩色压型钢板的性能与特点，正确选择不锈钢有关制品；能够根据铝合金的性能与特点正确检测铝合金及有关制品门窗的质量。

第一节　金属装饰材料的基础知识

一、金属装饰材料的种类

金属材料是指由一种或一种以上的金属元素组成，或由金属元素与其他金属或非金属元素组成的合金的总称。金属材料通常可分为黑色金属与有色金属两大类。黑色金属是以铁元素为基本成分的金属及其合金，如铁、钢；有色金属是指铁以外的其他金属及其合金的总称，如铜、锌、锡、钛等。

金属材料在建筑装饰工程中，从使用性质与要求又可分为结构承重材料和饰面材料两种。结构承重材料较为厚重，起支撑和固定作用，多用作骨架、支柱、扶手、爬梯等；而饰面材料通常较薄且易于加工处理，但表面精度要求较高，如各种饰面板。

二、金属装饰材料的用途

金属材料与其他建筑材料相比具有较高的强度，能承受较大的变形，材质均匀、耐久性好，能经过加工制成各种制品和型材。所以，它被广泛地应用于建筑装饰工程中。目前，广泛应用的金属装饰材料有钢及不锈钢、铝及铝合金、铜及铜合金等。

1. 钢及不锈钢

普通钢材金属感强、美观大方，在普通钢材基体中添加多种元素或在基体表面上进行艺术处理，在现代建筑装饰中越来越受到关注。常用的装饰钢材有不锈钢制品、彩色涂层钢板、建筑压型钢板、轻钢龙骨等。

2. 铝及铝合金

铝材具有良好的延展性，易加工长板、管、线及箔等型材。铝主要用于制造铝箔、锭及冶炼铝合金，制作电线、电缆及配制合金。

由于纯铝强度低，故不能作为结构材料使用。铝中加入合金元素后，机械性能明显提高，可以大大地提高使用价值，既可以用于建筑装修，还可以用于结构方面，如轻质复合隔墙中的龙骨、吊顶中的主龙骨、铝合金栏杆、扶手、格栅、窗、门、管、壳及绝热材料、防潮材料等。

3. 铜及铜合金

铜材强度较低，塑性较高，具有良好的延展性、塑性，较高的导电性、导热性，易加工性，主要用于制造导电器材或配制各种铜合金，不宜直接用作结构材料，可用于宾馆、旅店、商厦等建筑中的楼梯扶手、栏杆、防滑条、铜包柱等，美观雅致、光亮耐久，可烘托出华丽、高雅的氛围。

铜材中掺入合金元素制成铜合金，可使其强度、硬度等机械性能得到提高，可用于门窗的制作、铜合金骨架、铜合金压型板、各种灯具及家具等。

第二节 建筑装饰钢材及制品

铁矿石经过冶炼后得到铁，铁再经过精炼成为钢。钢是碳的质量分数为2%以下的铁碳合金的统称。钢材具有较高的抗拉强度和较好的塑性、韧性，具有优良的可加工性，可焊、可铆、可制成各种形状的型材和零件，被广泛地应用于建筑中。钢材及其制品已成为建筑中必不可少的重要材料。

装饰用钢材主要有不锈钢及其制品、彩色涂层钢板和彩色压型钢板及轻钢龙骨与铁艺等。

一、不锈钢及其制品

不锈钢是以铬元素为主要合金元素的合金钢，通常是指含铬12%的具有耐腐蚀性能的铁基合金。铬含量越高，钢的抗腐蚀性越好。除铬外，不锈钢中还有镍(Ni)、锰(Mn)、钛(Ti)、硅(Si)等元素，这些元素都能影响不锈钢的强度、塑性、韧性和耐腐蚀性。

1. 不锈钢的耐腐蚀原理

铬的性质比铁活泼，在不锈钢中，铬首先与环境中的氧化合，生成一层与钢基体牢固结合的致密的氧化膜层，称作钝化膜。它能使合金钢得到保护，不致锈蚀。

2. 不锈钢的分类

不锈钢按其化学成分，可分为铬不锈钢、铬镍不锈钢和高锰低铬不锈钢等；按不同耐腐蚀特点，又可分为普通不锈钢(简称不锈钢)和耐酸钢两类。前者具有耐大气和水蒸气侵蚀的能力；后者除对大气和水蒸气有抗腐蚀能力外，还对某些化学侵蚀介质(如酸、碱、盐溶液)具有良好的抗腐蚀性。常用的不锈钢有40多个品种，其中，建筑装饰用不锈钢主要是Cr18Ni8、0Cr17Ti和1Cr17Mn2Ti等几种。还可根据不锈钢在900℃～1100℃高温淬火处理后的反应和微观组织分为铁素体不锈钢(淬火后不硬化)、马氏体不锈钢(淬火后硬化)、奥氏体不锈钢(高铬镍型)和沉淀硬化不锈钢。马氏体不锈钢属铬不锈钢，有磁性，含碳量较高，含铬量为12%～18%。铁素体不锈钢也属铬不锈钢，有磁性，含碳量低，含铬量为12%～30%，其高温抗氧化能力好，抗大气和耐酸腐蚀性差。奥氏体不锈钢属铬镍不锈钢，是应用最广泛的不锈钢，无磁性，含碳量很低，含铬量约为18%，含镍量为8%～10%。其具有良好的耐腐蚀性和耐热性，抛光后能长久光亮。沉淀硬化不锈钢是前三种不锈钢经特殊处理产生沉淀硬化而得到的。其中，马氏体沉淀硬化不锈钢应用最多。

不锈钢按外表色彩，可分为普通不锈钢和彩色不锈钢；按表面形状，可分为平面板和花纹板。

3. 不锈钢及其制品

建筑不锈钢制品主要有板材、管材和型材。

(1) 不锈钢板材。不锈钢制品采用最多的为板材，一般为薄材，厚度多小于 2.0 mm。装饰不锈钢板材通常按照板材的反光率，分为镜面板或光面板、压光板和浮雕板三种类型。镜面板表面光滑、光亮，反光率可达 90% 以上，表面可形成独特的映像效果，常用于室内墙面或柱面。为保护镜面板表面在加工和施工过程中不受侵害，常在其上加一层塑料保护膜，待竣工后再揭去。压光板的反光率在 50% 以下，其光泽柔和，可用于室内外装饰。浮雕板的表面是经辊压、研磨、腐蚀或雕刻而形成浮雕纹路，一般蚀刻深度为 0.015～0.5 mm，这样使得浮雕板不仅具有金属光泽，而且还富有立体感。

(2) 彩色不锈钢钢板装饰制品。彩色不锈钢钢板是用化学镀膜、化学浸渍等方法对普通不锈钢钢板进行表面处理后而制得的，其表面具有光彩夺目的装饰效果，具有蓝色、灰色、紫红色、青色、绿色、金黄色、橙色及茶色等多种彩色和很高的光泽度，色泽会随光照角度的改变而产生变幻的色调效果。

彩色不锈钢钢板无毒、耐腐蚀、耐高温、耐摩擦和耐候性好，其色彩面层能在 200 ℃ 以下或弯曲 180 ℃ 时无变化，色层不剥离，色彩经久不褪，耐烟雾腐蚀性能超过一般不锈钢，彩色不锈钢钢板的加工性能好，可弯曲、可拉伸、可冲压等。耐腐蚀性超过一般的不锈钢，耐磨和耐刻划性能相当于箔层镀金的性能。

彩色不锈钢钢板适用于高级建筑物的电梯厢板、厅堂墙板、顶棚、门、柱等处，也可作车厢板、建筑装潢和招牌等。

(3) 不锈钢型材。不锈钢型材有等边不锈钢角材、等边不锈钢槽材、不等边不锈钢角材和不等边不锈钢槽材、方管、圆管等，用作压条、拉手和建筑五金等。

二、彩色涂层钢板和彩色压型钢板

1. 彩色涂层钢板

彩色涂层钢板俗称彩钢板，以优质冷轧钢板、热镀锌钢板或镀铝锌钢板为基板，经过表面脱脂、磷化、铬酸盐处理转化后，涂覆有机涂层后经烘烤制成。彩色涂层钢板具有质量轻、色彩丰富、良好的耐腐蚀性和加工简单等特性，可用作各类建筑物的内外墙板、吊顶、屋面板和壁板等。彩色涂层钢板在用作围护结构和屋面板时，往往与岩棉板聚苯乙烯泡沫板等绝热材料制成复合板材，从而达到绝热和装饰的双重要求。彩色涂层钢板的结构如图 6-1 所示。

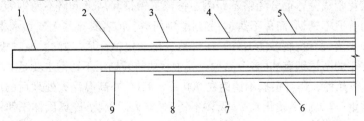

图 6-1 彩色涂层钢板的结构

1—冷轧板；2，9—镀锌层；3，8—化学转化层；4，7—初涂层；5—精涂层(背面漆)；6—精涂层(正面漆)

彩色涂层钢板的涂层有有机涂层、无机涂层和复合涂层三层。其中，以有机涂层钢板发展最快，用量最多。有机涂层可以配制各种不同颜色和花纹，色彩丰富，有红色、绿色、乳白色、棕色及蓝色等，装饰性强；而且涂层的附着力强，可以长期保持新颖的色泽。彩色涂层钢板的加工性能好，可以进行切断、弯曲、钻孔、铆接和卷边。

彩色涂层钢板的分类和代号见表 6-1。

表 6-1 彩色涂层钢板的分类和代号

分类	项目	代号
用途	建筑外用	JW
	建筑内用	JN
	家电	JD
	其他	QT
基板类型	热镀锌基板	Z
	热镀锌铁合金基板	ZF
	热镀铝锌合金基板	AZ
	热镀锌铝合金基板	ZA
	热镀铝硅合金基板	AS
	热镀锌铝镁合金基板	ZM
	电镀锌基板	ZE
涂层表面状态	普通涂层板	TC
	压花板	YA
	印花板	YI
	网纹板	WA
	绒面板	RO
	珠光板	ZH
	磨砂板	MO
面漆种类	聚酯	PE
	硅改性聚酯	SMP
	高耐久性聚酯	HDP
	聚偏氟乙烯	PVDF
面漆功能	普通	—
	自洁	AP
	抗静电	AS
	抗菌	AB
	隔热	AH
涂层结构	正面二层、反面一层	2/1
	正面二层、反面二层	2/2
热镀锌基板表面结构	小锌花	MS
	无锌花	FS
耐中性盐雾性能	1 级	S1
	2 级	S2
	3 级	S3
	4 级	S4

续表

分类	项目	代号
紫外灯加速老化性能	1级	U1
	2级	U2
	3级	U3
	4级	U4

2. 彩色压型钢板

彩色压型钢板是以镀锌钢板为基材,经过成型机轧制成各种异型断面,表面涂敷各种耐腐蚀涂层或烤漆而成的轻型复合板材,其也可以采用彩色涂层钢板直接压制成型。这种板材的基材厚度只有 0.5～1.2 mm,属于薄型钢板,但是经轧制等加工成压型钢板后(断面为 V 形、U 形、梯形或波形等),受力合理,可以使钢板的抗弯强度大大提高。工程中,墙面压型钢板基板的公称厚度不宜小于 0.5 mm,屋面压型钢板基板的公称厚度不宜小于 0.6 mm,楼盖压型钢板基板的公称厚度不宜小于 0.8 mm。基板厚度(包括镀层厚度在内)的允许偏差应符合规定,负偏差大于规定的板段不得用于加工压型钢板。

《建筑用压型钢板》(GB/T 12755—2008)规定,压型钢板表面不允许有用 10 倍放大镜能观察到的裂纹存在。对镀锌钢板及彩色涂层钢板制成的压型板规定不得有镀层、涂层脱落及影响使用性能的擦伤。

压型钢板基板的镀层(锌、锌铝、铝锌)应采用热浸镀方法,镀层质量(双面)应分别不小于 90 g/m^2(热镀锌基板)、50 g/m^2(镀铝锌合金基板)及 65 g/m^2(镀锌铝合金基板)。在不同腐蚀介质环境中,环境腐蚀条件的分类见表 6-2。

表 6-2　外界条件对冷弯薄壁型钢结构的侵蚀作用分类

地区	相对湿度/%	对结构的侵蚀作用分类		
		室内(采暖房屋)	室内(非采暖房屋)	露天
农村、一般城市的商业区及住宅	干燥,<60	无侵蚀性	无侵蚀性	弱侵蚀性
	普通,60～75	无侵蚀性	弱侵蚀性	中等侵蚀性
	潮湿,<75	弱侵蚀性	弱侵蚀性	中等侵蚀性
工业区、沿海地区	干燥,<60	弱侵蚀性	中等侵蚀性	中等侵蚀性
	普通,60～75	弱侵蚀性	中等侵蚀性	中等侵蚀性
	潮湿,<75	中等侵蚀性	中等侵蚀性	中等侵蚀性

彩色压型钢板质量轻、抗震性好、耐久性强,而且易于加工、施工方便,其表面色彩鲜艳、美观大方、装饰性好。彩色压型钢板广泛用于各类建筑物的内外墙面、屋面和吊顶等处的装饰,也用作轻型夹心板材的面板等。

三、轻钢龙骨与铁艺

1. 轻钢龙骨

轻钢龙骨是用镀锌钢板、薄壁冷轧退火钢卷带经冷弯机滚轧、冲压而成的骨架材料,具有质量轻、刚度大、防火性好、抗冲击性好、抗震性好、加工和安装方便等特点。由轻钢龙骨和纸面石膏板组成的饰面材料不仅可以满足防火要求，而且施工方便、快捷，适合大规模装配施工，还可以在其面层进行各种其他饰面装饰，如刷涂料、贴壁纸等。因此，在室内吊顶和隔墙工程中，金属龙骨已经逐渐取代了传统的木骨架材料，在装饰工程中被广泛地使用。

金属骨架按材料分类，主要包括轻钢龙骨和铝合金龙骨；轻钢龙骨按使用位置的不同，分为隔墙轻钢龙骨和吊顶轻钢龙骨等。

(1)隔墙轻钢龙骨。隔墙轻钢龙骨按用途，分为沿顶龙骨、沿地龙骨、竖向龙骨、加强龙骨、通贯横撑龙骨和配件等；按形状，可分为U形龙骨和C形龙骨等，如图6-2所示。

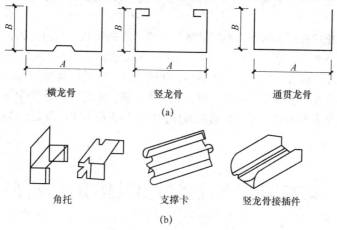

图 6-2 隔墙轻钢龙骨
(a)龙骨断面形状；(b)龙骨配件

隔墙轻钢龙骨主要适用于办公楼、饭店、医院、娱乐场所、影剧院等的分隔墙和走廊墙，尤其适用于高层建筑、加层工程的分隔墙及多层厂房、洁净车间的轻隔墙等。隔墙轻钢龙骨用配套连接件互相连接组成墙体骨架后，在骨架两侧覆以不同的饰面板(如石膏板、石棉水泥板及彩色压型钢板等)和饰面层(如贴壁纸、木贴面板及涂刷油漆等)，可以组成不同性质的隔墙墙体。

(2)吊顶轻钢龙骨。吊顶轻钢龙骨按承载能力，可分为上人龙骨和不上人龙骨；按型材断面，可分为U形龙骨、C形龙骨和L形龙骨；按用途，可分为主龙骨(又称承载龙骨)、次龙骨(中、小龙骨又称覆面龙骨)及配件三部分，如图6-3所示。

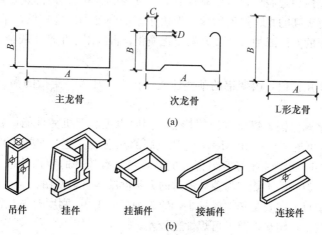

图 6-3 吊顶轻钢龙骨
(a)龙骨断面形状；(b)龙骨配件

吊顶轻钢龙骨主要用于饭店、办公楼、娱乐场所和医院等新建或改建工程中。不上人吊顶承受吊顶本身的质量，龙骨断面一般较小。上人吊顶不仅要承受自身的质量，还要承受人员走动的荷载，一般可以承受 80~100 kg/m² 的集中荷载，常用于空间较大的影剧院、音乐厅、会议中心或有中央空调的顶棚工程。

2. 铁艺

铁艺顾名思义是铸铁的艺术。铸铁是碳的质量分数大于 2%的铁碳合金。其成分除碳外还含有一定数量的硅、锰、硫、磷等化学元素和一些杂质。铸铁又名生铁，其成本低廉，铸造性能和使用性能良好。

铁艺是生铁熔化后被倒入铸型，而后又被加工成所需的形状。为防止铁艺表面锈蚀，通常对铁艺制品表面进行处理：一是非金属保护层。在铁艺制品表面涂装一层或数层有机和无机化合物，如油漆、塑料、橡胶、沥青、珐琅、耐酸材料、防锈油等。二是金属保护层。在铁艺制品表面镀上一层不易锈蚀的金属或者合金，如锌、锡、镍、铬、铜、钛等。三是化学保护层。用化学和电化学方法使铁艺制品表面形成一层非金属膜的保护层，如表面发黑、发蓝、磷酸盐处理等。

第三节　建筑装饰铝及铝合金制品

一、铝及铝合金的概念及特性

1. 铝

铝是一种银白色的轻金属，熔点为 660 ℃，密度为 2.7 g/cm³，只有钢密度的 1/3 左右，常作为建筑中各种轻结构的基本材料之一。

由于铝的化学性质比较活泼，暴露在空气中极易氧化，表面生成一层氧化铝薄膜，能保护下面的金属不被氧化，因此铝在大气中耐腐蚀性极强。在自然界中，铝不能和强酸、强碱接触，否则容易受到腐蚀。另外，铝的电极电位比较低，如与电极电位高的金属接触，并且有电解质（水、汽等）存在时，会形成微电池而很快受到腐蚀。

铝具有良好的塑性和延展性，可以制成管材、线材、板材及各种型材等，甚至可以压延成极薄的铝箔，并具有极高的光、热反射比，但由于铝的强度和硬度较低，不能作为结构材料使用，故常用冷压加工的方法或加入合金元素使之强化，再应用于生产实践中。

2. 铝合金

为了提高铝的实用价值，改变铝的某些性能，在铝中加入一定量的铜、镁、锰、硅、锌等元素制成铝合金。

铝加入合金元素既保持了铝质量轻的特点，同时也提高了机械性能，屈服强度可达 210~500 MPa，抗拉强度可达 380~550 MPa，有比较高的比强度，是一种典型的轻质高强材料。其耐腐蚀性能较好，同时低温性能好。铝合金更易着色，有较好的装饰性，不仅用于建筑装饰，还能用于建筑结构，但一般不能作为独立承重的大跨度结构材料使用。

铝合金也存在缺点，主要是弹性模量小，约为钢材的 1/3，刚度较小，容易变形；线膨胀系数大，约为钢材的两倍；耐热性差，可焊性也较差。

根据成分和工艺的特点，铝合金可以分为变形铝合金和铸造铝合金。变形铝合金是指可以进行热态或冷态压力加工的铝合金；铸造铝合金是指用液态铝合金直接浇铸而成的各种形状复杂的制件。

铝合金的应用范围可分为以下三类：
(1)一类结构。以强度为主要因素的受力构件，如屋架等。
(2)二类结构。指不承力构件或承力不大的构件，如建筑工程的门、窗、卫生设备、管系、通风管、挡风板、支架、流线形罩壳、扶手等。
(3)三类结构。主要是各种装饰品和绝热材料。

二、铝及铝合金型材的加工和表面处理

1. 铝及铝合金型材的加工

建筑铝合金型材的生产方法可分为挤压和轧制两种。

建筑铝合金型材品种规格繁多，断面形状复杂、尺寸和表面要求严格。因此，它和钢铁材料不同，在国内外的生产中，绝大多数采用挤压方法。仅在生产批量较少，尺寸和表面要求较低的中、小规格的棒材和断面形状简单的型材时，才采用轧制方法。

2. 铝及铝合金型材的表面处理

铝合金制品的表面易腐蚀，因此，在实际工程中必须用阳极氧化和表面着色的方法对其表面进行处理，从而提高其耐腐、耐磨、耐光和耐候性，其表面也可获得各种颜色的膜层，具有良好的装饰效果。

(1)阳极氧化处理。建筑用铝型材必须进行阳极氧化处理，一般用硫酸法。处理后型材表面呈银白色，这是建筑用铝型材的主体。

1)阳极氧化处理的目的。主要是通过控制氧化条件及工艺参数，使在铝型材表面形成比自然氧化膜(厚度小于$0.1~\mu m$)厚得多的氧化膜层($5\sim 20~\mu m$)，并进行"封孔"处理，以达到提高表面硬度、耐磨性、耐蚀性等目的。光滑、致密的膜层也为进一步着色创造了条件。

2)阳极氧化法分类。目前，具有工业价值的阳极氧化方法有铬酸法、硫酸法和草酸法。铬酸法形成的膜层很薄，因而耐磨性较差，草酸法则成本较高。所以，硫酸法应用最为广泛。

3)阳极氧化过程。铝材阳极氧化的过程，实质上就是水的电解。水电解时在阴极上放出氢气，在阳极上产生氧气，该原生氧气和铝阳极形成的三价铝离子结合形成氧化铝薄层。

(2)表面着色处理。经中和水洗或阳极氧化后的铝型材，可以进行表面着色处理。铝制品的表面着色是通过控制铝材中不同合金元素的种类、含量及热处理来实现的。常用的着色方法有自然着色法、金属盐电解着色法、化学浸渍着色法。

1)自然着色法。铝材在特定的电解液和电解条件下，利用铝合金本身所含有的不同合金元素，在阳极氧化的同时产生着色的方法为自然着色法。

2)金属盐电解着色法。金属盐电解着色法是对常规硫酸液中的铝材氧化膜进一步电解，利用电解液中的金属盐阳离子沉积到氧化膜膜层针状孔的孔底而着色的方法。电解着色法的实质是电镀。可见颜色除有青铜色系、灰色系外，还有红色、蓝色等。

3)化学浸渍着色法。化学浸渍着色法是利用阳极氧化膜的多孔结构对染料的吸附作用，将无机或有机染料浸渍吸附在孔隙内而着色。这种方法最大的缺点是易褪色、耐光性差，故只适用于室内装饰铝型材的表面着色。

(3)封孔处理。铝型材经阳极氧化和表面着色处理后的膜层为多孔状结构，具有极强的吸附能力，很容易吸附有害物质而被污染或早期腐蚀，因此，在铝型材使用之前采取一定方法将多孔膜层加以封闭，使其丧失吸附能力，从而提高膜层的防污性和耐蚀性，这一处理过程称为封孔处理。常用的封孔处理方法有水合封孔、无机盐溶液封孔和透明有机涂层封孔。

三、常用装饰用铝合金制品

建筑装饰铝及铝合金制品主要有铝合金门窗、铝合金装饰板、铝合金龙骨及各类装饰配件。

1. 铝合金门窗

铝合金门窗是由经表面处理的铝合金型材，通过下料、打孔、铣槽、攻螺纹和组装等工艺，制成门窗框构件，再与玻璃、连接件、密封件和五金配件组装成门窗。

铝合金门窗具有以下特点：

(1)质量轻、强度高。铝合金的密度为钢的1/3，且门窗框材所采用的是薄壁空腹型材，每1 m耗用的铝材平均只有8~12 kg，仅相当于木门窗的50%左右，但强度却接近于普通低碳钢，是名副其实的轻质高强材料。

(2)密封性能好。铝合金门窗的密封性能好，其气密性、水密性、隔声性均比普通门窗好，故安装空调设备的建筑和对防尘、隔声、保温隔热有特殊要求的建筑，更适宜采用铝合金门窗。

(3)色泽美观。铝合金门窗框料表面光洁，有银白色、古铜色、暗灰色、黑色等多种颜色，造型新颖大方，线条明快，增加了建筑物立面和内部的美感。

(4)经久耐用。铝合金门窗具有优良的耐腐蚀性能，不锈、不腐、不褪色，可大大减少防腐维修的费用。铝合金门窗整体强度高、刚度大、不变形、开闭轻便灵活、坚固耐用，使用寿命可达20年以上。

(5)便于进行工业化生产。铝合金门窗的加工、制作、装配、试验都可以在工厂进行大批量的工业化流程，有利于实现产品设计标准化、系列化，零配件通用化及产品的商业化。

在现代建筑装饰工程中，尽管铝合金门窗比普通门窗的造价高3~4倍，但因其长期维修费用低、性能好、美观、节约能源等，故仍得到广泛应用。

2. 铝合金装饰板

铝合金装饰板属于现代较为流行的建筑装饰板材，具有质量轻、不燃烧、耐久性好、施工方便、装饰效果好等优点。近年来在装饰工程中用得较多的铝合金装饰板主要有铝合金花纹板及浅花纹板、铝合金压型板、铝合金穿孔板等。

(1)铝合金花纹板及浅花纹板。铝合金花纹板是采用防锈铝合金坯料，用特殊花纹的轧辊轧制而成。其花纹美观大方，筋高适中，不易磨损，防滑性好，耐腐蚀性强，便于冲洗，通过表面处理可以获得各种颜色。铝合金花纹板板材平整，裁剪尺寸精确，便于安装，被广泛应用于现代建筑的墙面装饰及楼梯踏板等处。

以冷作硬化后的铝材为基础，表面加以浅花纹处理后得到的装饰板，称为铝合金浅花纹板。铝合金浅花纹板是优良的建筑装饰材料之一，其花纹精巧别致，色泽美观大方，同普通铝合金相比，刚度高出20%，抗污垢、抗划伤、抗擦伤能力均有所提高，是我国特有的建筑装饰产品。

(2)铝合金压型板。铝合金压型板质量轻、外形美、耐腐蚀，经久耐用，安装容易，施工快速，经表面处理可得到各种优美的色彩，是现代广泛应用的一种新型建筑装饰材料。

(3)铝合金穿孔板。铝合金穿孔板是用各种铝合金平板经机械穿孔而成。孔形根据需要有圆孔、方孔、长圆孔、长方孔、三角孔、大小组合孔等。这是近年来开发的一种降低噪声并兼有装饰效果的新产品。

铝合金穿孔板材质轻、耐高温、耐高压、耐腐蚀、防火、防潮、防震，化学稳定性好，造型美观，色泽幽雅，立体感强，可用于宾馆、饭店、剧场、影院、播音室等公共建筑中，用于高级民用建筑则可改善音质条件，也可以用于各类车间厂房、机房、人防地下室等作为降噪材料。

3. 铝合金龙骨

铝合金龙骨是以铝合金板材为主要原料,轧制成各种轻薄型材后组合安装而成的一种金属骨架,主要用作吊顶或隔断龙骨,可与石膏板、矿棉板、夹板、木芯板等配合使用。其按用途,可分为隔墙龙骨和吊顶龙骨两类。

铝合金龙骨具有强度大、刚度大、质量轻、不锈蚀、美观、防火、抗震、安装方便等特点,适用于外露龙骨的吊顶装饰,以及室内装饰要求较高的顶棚装饰。

4. 各类装饰配件

(1)铝合金吊顶材料。铝合金吊顶材料有质量轻、不锈蚀、美观等优点,适用于较高的室内吊顶之用。全套部件包括铝合金龙骨、铝合金平顶筋、铝合金顶棚及相应的吊挂件等。

(2)铝合金百叶窗。铝合金百叶窗是以铝镁合金制作的百叶片,通过梯形尼龙绳串联而成。百叶片的角度可根据室内光线明暗的要求及通风量大小的需要,拉动尼龙绳进行调节(百叶片可同时翻转180°)。铝合金百叶窗启闭灵活,使用方便,经久不锈,造型美观,可作窗户遮阳或遮挡视线之用。各铝制品加工厂基本上都制造这类产品。

(3)铝箔。铝合金箔简称铝箔,是用纯铝或铝合金加工成的 0.006 3~0.2 mm 的薄片制品。其除具有铝的一般性能外,还具有保温、隔蒸汽等功能,是优良的建筑装饰材料之一。建筑装饰工程中常用的铝箔产品有铝箔牛皮纸、铝箔布、铝箔泡沫塑料板、铝箔波形板等,主要用作装饰、隔热、保温材料。

(4)搪瓷铝合金建筑装饰制品。向窑炉中装入加有磨细的颜料的玻璃,以高温(超过427 ℃)熔化后,搪涂在铝合金表面能制得色泽光亮、坚硬耐久的装饰制品。这种制品抗酸碱腐蚀性能好,并相对地不受气候影响。由于瓷釉可以薄层施加,因而它在铝合金表面上的黏附力比在其他金属上更强。瓷釉能制成各种颜色与不同的光泽度,且耐久性较好。

(5)专用的铝合金建筑装饰制品。不同类型的棒、杆和其他式样的产品都能在市场上购到,这些产品可以拼装成富有装饰性的栏杆、扶手、屏幕或格栅。能张开的铝合金片可以用作装饰性的屏幕或遮阳帘。

第四节 建筑装饰铜及铜合金制品

一、铜及铜合金的概念及特性

1. 铜

铜在建筑中的应用有悠久的历史,中国古典建筑中的门钉、铜锁、一些攒尖建筑的宝顶(绝脊)、金碧辉煌的彩绘等都使用铜。

铜属于有色重金属,纯铜表面氧化而生成氧化铜膜后呈紫红色,故又称紫铜。其具有良好的导电性、导热性、耐腐蚀性,以及良好的延展性、塑性和易加工性,能压延成薄片(纯铜片),拉成很细的丝(铜线材)。纯铜强度较低,主要用于制造导电器材或配制铜合金。

2. 铜合金

铜合金是在铜中掺入锌、锡等元素形成的,它既保持了铜的良好塑性和高抗蚀性,又改善了纯铜的强度、硬度等力学性能。常用的铜合金有黄铜、白铜和青铜。

铜和锌的合金称为黄铜。黄铜可分为普通黄铜和特殊黄铜。铜中只加入锌元素时,称为普通黄铜。为了进一步改善普通黄铜的力学性能和提高耐腐蚀性，在铜、锌之外，可再加入铅、锡、锰、镍、铁、硅等合金元素配成特殊黄铜。它强度高、硬度大、耐化学腐蚀性强，切削加工性能也较突出。黄铜常被用于制造阀门、水管、空调内外机连接管和散热器等。

铜和镍的合金称为普通白铜。加有锰、铁、锌、铝等元素的白铜合金称为复杂白铜。白铜又可分为结构白铜和电工白铜两大类。结构白铜力学性能和耐蚀性好，色泽美观，广泛用于制造精密机械、眼镜配件、化工机械和船舶构件；电工白铜一般有良好的热电性能。

青铜原指铜锡合金，后除黄铜、白铜外的铜合金均称为青铜。青铜根据所加的元素不同，其性能也不同，主要用于机械行业。

铜合金的另一应用是铜粉，俗称"金粉"，是一种由铜合金制成的金色颜料，主要成分为铜及少量的锌、铝、锡等金属，其制作方法同铝粉。常用于调制装饰涂料，代替"贴金"。

铜合金装饰既有金色感，又雍容华贵，常替代稀有的、价值昂贵的金在建筑装饰中作画龙点睛的作用。铜合金装饰常被用于制作铜装饰件、铜浮雅、门厅、柱面、把手、门锁、楼梯扶手栏杆、水龙头、淋浴器配件、各种灯具等。

二、铜合金制品

铜合金经压制和挤压形成具有不同横断面形状的型材，有空心型材和实心型材。

由铜合金板材制成的铜合金压型板，主要用于建筑物板面、柱面饰面、制作花饰、铜字等装饰，使建筑物金碧辉煌、光亮耐久。

铜合金制品具有金色感，常替代稀有的价值昂贵的黄金在建筑装饰中作为点缀。铜粉俗称金粉，是一种由铜合金制成的金色颜料，主要成分为铜及少量的锌、铝、锡等金属，常用于调制装饰涂料，代替"贴金"。

本章小结

金属材料是指一种或一种以上的金属元素或金属元素与其他金属或非金属组成的合金的总称。由于金属材料具有轻质高强、经久耐用等特点，已被广泛地应用于高层、超高层、大跨度建筑中。本章主要介绍了金属装饰材料的基本知识、建筑装饰钢材及制品、建筑装饰铝及铝合金制品、建筑装饰铜及铜合金制品的概念、特性及用途等。

思考与练习

一、判断题

1. 不锈钢是以铬元素为主要合金元素的合金钢，铬含量越高，钢的抗腐蚀性越差。（   ）
2. 上人吊顶承受吊顶本身的重量，龙骨断面一般较小。（   ）
3. 铝合金的缺点主要是弹性模量小，约为钢材的1/3，刚度较小，容易变形。（   ）
4. 铝合金门窗质量轻、密封性能差。（   ）
5. 铜具有良好的导电性、导热性、耐腐蚀性，以及良好的延展性、塑性和易加工性，能压延成薄片(纯铜片)，拉成很细的丝(铜线材)。（   ）

二、填空题

1. 不锈钢按其化学成分，可分为_____、_____和_____等。

2. 装饰不锈钢板材通常按照板材的反光率，分为_____、_____和_____三种类型。
3. 彩色涂层钢板的涂层有_____、_____和_____三层。
4. _____是用镀锌钢板、薄壁冷轧退火钢卷带经冷弯机滚轧、冲压而成的骨架材料。
5. 吊顶轻钢龙骨按承载能力，可分为_____和_____。
6. 为了提高铝的实用价值，改变铝的某些性能，在铝中加入一定量的铜、镁、锰、硅、锌等元素制成_____。
7. 根据成分和工艺的特点，铝合金可以分为_____和_____。
8. 铝合金常用的封孔处理方法有_____、_____和_____。
9. 铜合金经压制和挤压形成具有不同横断面形状的型材，有_____和_____。

三、简答题
1. 什么是金属装饰材料？金属材料的种类有哪些？
2. 目前广泛应用的金属装饰材料有哪些？
3. 建筑不锈钢的制品有哪些？
4. 什么是彩色压型钢板？其特点有哪些？
5. 金属骨架按材料可分为哪几类？按使用位置的不同可分为哪几类？
6. 为防止铁艺表面锈蚀，通常采用哪些措施对铁艺制品表面进行处理？
7. 建筑铝合金型材的生产方法可分为哪两种？
8. 铝及铝合金型材的表面处理方法有哪些？
9. 建筑装饰铝及铝合金制品主要有哪些？

第七章　建筑装饰木材

> **知识目标**
>
> 1. 了解木材的分类；熟悉木材的构造、力学性能。
> 2. 了解实木地板、实木复合地板、竹地板、软木地板的分类、技术要求及应用等。
> 3. 了解胶合板、纤维板、刨花板、细木工板的概念、尺寸、种类等；了解木门、木花格、木装饰线条的概念及种类。
> 4. 熟悉木材的防腐措施、防火措施。

> **能力目标**
>
> 能根据不同装饰需要正确选择木地板及其木装饰制品。

第一节　木材的基础知识

木材是我国传统的建筑材料，我国古代建筑基本均为木结构，古人对木材的应用无论是在技术上还是在艺术上都达到很高的水平，形成独特的建筑风格，今天木材作为承重材料早已被钢材和混凝土所替代。木材由于具有构造不均匀、各向异性、易吸湿变形、易腐易燃等缺点，且因为树木生长周期缓慢、成材不易等，在应用上受到很多限制，所以，对木材的节约使用和综合利用就显得十分重要。

一、木材的分类

1. 按树种分类

木材是由树木加工而成的，树木的种类不同，木材的性质及应用就不一样。一般树木可分为针叶树和阔叶树。

(1)针叶树木材。针叶树树干通直高大，表观密度小，质软，纹理直，易加工。针叶树木材胀缩变形较小，强度较高，常含有较多的树脂，较耐腐朽。针叶树木材是主要的建筑用材，广泛用作各种构件、装修和装饰部件。常用的有落叶松、云杉、冷杉、杉木、柏木等树种。

(2)阔叶树木材。阔叶树树干通直部分一般较短，材质硬且重，强度较大，纹理自然、美观。这种木材较难加工，胀缩变形大，易翘曲、开裂，建筑上常用作尺寸较小的零部件。有的硬木经加工后出现美丽的纹理，适用于室内装修、制作家具和胶合板等。常用的树种有柚木、桦木、水曲柳、樟木、桦木等。

2. 按加工程度和用途分类

木材按加工程度和用途的不同，可分为原木、杉原条、板方材等。

(1)原木。原木是指已经除去根、皮、树梢的木料，并已按一定尺寸加工成规定长度和直径的木材，主要用于建筑工程桩木、胶合板等。

(2)杉原条。杉原条是指已经去除根、皮、树梢的木料，但尚未按一定尺寸加工成规定长度和直径的木材，主要用于建筑脚手架、小型用材、家具等。

(3)板方材。板方材是指已经加工锯解成材的木料，一般用于建筑工程、桥梁、家具等。

二、木材的构造

树木由树根、树干、树冠(包括树枝和叶)三部分组成。木材主要取自树干。木材的性能取决于木材的构造。由于树种和生长环境不同，各种木材在构造上差别很大。木材的构造可分为宏观和微观两个方面。

1. 木材的宏观构造

木材的宏观构造是指用肉眼或放大镜所能看到的木材构造特征。图 7-1 显示了木材的三个切面，即横切面(垂直于树轴的面)、径切面(通过树轴的纵切面)和弦切面(平行于树轴的纵切面)。从横切面观察，木材由树皮、木质部和髓心三部分组成。

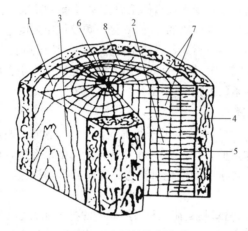

图 7-1　木材的宏观构造

1—横切面；2—径切面；3—弦切面；4—树皮；5—木质部；6—髓心；7—髓线；8—年轮

(1)树皮。树皮可分为内皮和外皮。内皮的组织细胞是活的，是树皮生活部分；外皮的组织细胞已经死亡，但它的外部形态、颜色、气味、质地和厚薄等对识别木材具有重要的意义。树皮是储藏养分的场所和向下运输叶子所制造养分的通道，同时可以保护树干。一般树种的树皮在工程中没有使用价值，但有些树皮含有特殊的内含物，如香樟含樟脑，桉树、栎木含有单宁，栓皮栎的树皮可以采制栓皮，制成软木，软木为热、电的不良导体，所以，特制的软木地板、软木砖可作为绝缘材料，用作电气、机械、计算机房、冷藏库及飞机材料等。

(2)木质部。树皮与木材之间有极薄的一层组织，叫作形成层，形成层与髓心之间的部分称为木质部。木质部是木材的主要部分，靠近髓心的部分颜色较深，称为"芯材"；靠近树皮的部分颜色较浅，称为"边材"；在横切面上深浅相同的同心环，称为"年轮"。

(3)髓心。髓心位于原木中心，为木质部所包围，是一种柔软的薄壁细胞组织，常呈褐色或浅褐色。髓不属于木质部，组织松软，强度低，易腐朽、开裂，在木材利用上没有什么价值。但是各种髓的形状和大小不一样，有助于对木材的识别。

2. 木材的微观构造

在显微镜下所看到的木材组织，称为木材的微观构造，如图 7-2 所示。在显微镜下，可以看到木材是由无数管状细胞紧密结合而成的，绝大部分管状细胞纵向排列，少数横向排列。每个细胞由细胞壁和细胞腔组成。与春材相比，夏材的细胞壁较厚，细胞腔较小，所以，夏材的构造比春材密实。

三、木材的力学性能

1. 木材的强度

根据外力在木构件上作用的方向、位置不同，木构件的强度可分为受拉、受压、受弯、受剪等。由于木材是各向异性的材料，因此一般每一类强度根据施力方向不同，又有顺纹受力与横纹受力之分。顺纹受力是指

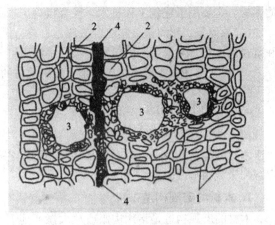

图 7-2　显微镜下松木的横切片示意
1—细胞壁；2—细胞腔；3—树脂流出孔；4—木髓线

作用力方向平行于纤维方向；横纹受力是指作用力方向垂直于纤维方向。木材的顺纹强度和横纹强度差别很大，顺纹抗拉强度为横纹的 20～30 倍，顺纹抗压强度为横纹的 5～10 倍。

木材的强度首先取决于树种及材质，常用阔叶树的顺纹抗压强度为 49～56 MPa，常用针叶树的顺纹抗压强度为 33～40 MPa。即使是同一种木材，它的强度也会随含水率、所处环境的温度、受力时间长短等外在因素的变化而变化。

2. 影响木材强度的因素

(1) 含水率的影响。当木材的含水率低于纤维饱和点时，含水率越高，则木材强度越低；当木材的含水率高于纤维饱和点时，含水率的增减只会使自由水变更，而细胞壁不受影响，因此木材强度不变。试验表明，含水率的变化对受弯、受压的影响较大，受剪次之，而对受拉的影响较小。

(2) 负荷时间的影响。木材对长期荷载与短期荷载的抵抗能力是不同的。木材在长期荷载的作用下，不致引起破坏的最大应力称为持久强度。木材的持久强度比木材标准试件测得的瞬时强度小得多，一般为瞬时强度的 50%～60%。

在实际结构中，荷载总是全部或部分长期作用在结构上。因此，在计算木结构的承载能力时，应以木材的长期强度为依据。

(3) 温度的影响。温度升高时，木材的强度将会降低。当温度由 25 ℃升高到 50 ℃时，针叶树的抗拉强度降低 10%～15%，抗压强度降低 20%～24%；当温度超过 140 ℃时，木材的颜色逐渐变黑，其强度显著降低。

(4) 木材缺陷的影响。缺陷对木材各种受力性能的影响是不同的。木节对受拉的影响较大，对受压的影响较小，对受弯的影响则视木节位于受拉区还是受压区而不同，对受剪的影响很小。斜裂纹将严重降低木材的顺纹抗拉强度，抗弯次之，对顺纹抗压的影响较小。

裂缝、腐朽、虫害会严重影响木材的力学性能，甚至使木材完全失去使用价值。

3. 木材的物理性质

(1) 吸湿性和含水率。木材中水的质量与木材干燥的质量的百分比值，称为木材的含水率。木材的含水率是随周围空气湿度的改变而改变的，直到木材的含水率与周围空气的湿度达到平衡为止，此时木材的含水率称为平衡含水率。

刚采伐的木材所含水分平均为 70%～140%，湿材含水率一般为 100%，炉干材含水率一般为 4%～12%，气干材含水率为 15%，绝对干材含水率等于 0，其中，气干材和炉干材为室内设

计用材须达到的水平,应符合室内设计采用的标准。

木材中的水分处于三种状态,即自由的、物理结合的和化学结合的。自由水和毛细水处于细胞腔和细胞之间的间隙中。物理结合水或吸附水处于细胞壁中,它以薄的水膜形式包覆在组成细胞壁的细纤维表面上。化学结合水是构成木质的组分,不予考虑。

木材干燥时,首先是自由水蒸发,而后是吸附水蒸发。木材受潮时,先是细胞壁吸水。细胞壁吸水饱和后,自由水才开始吸入。当木材细胞壁中的吸附水达到饱和,而细胞腔和细胞间隙中尚无自由水时,这时木材的含水率称为纤维饱和点。纤维饱和点平均为30%,它是木材强度和体积是否随含水率发生变化的转折点。

(2)湿胀与干缩变形。木材具有很显著的湿胀干缩性,其规律是:当木材的含水率在纤维饱和点以下时,随着含水率的增大,木材体积产生膨胀,随着含水率减小,木材体积收缩;而当木材含水率在纤维饱和点以上,只是自由水增减变化时,木材的体积不发生变化。纤维饱和点是木材发生湿胀干缩变形的转折点。木材构造的不均匀性,导致在不同的方向干缩值不同。顺纹方向(纤维方向)干缩值最小,平均为0.1%~0.35%;径向较大,平均为3%~6%;弦向最大,平均为6%~12%。

(3)密度与表观密度。木材的密度各树种相差不大,一般为1.48~1.56 g/cm^2。木材的表观密度随木材孔隙率、含水量及其他一些因素的变化而不同,因此确定木材的表观密度时,应在含水率为标准含水率的情况下进行。

第二节 木地板

木地板是由硬木树种和软木树种经过加工处理而制成的木板面层,是室内地面装修最常使用的材料之一。该产品天然质朴、自然而高贵,可以营造出极具亲和力且高雅的居室环境;弹性好,脚感舒服;冬暖夏凉,能调节室内温度和湿度;本身不散发有害气体,是真正的绿色环保家装材料。

一、实木地板

实木地板就是用纯木材直接加工而成的地板,它呈现出天然的原木纹理和色彩图案,自然温馨,富有亲和力。

1. 实木地板的分类

实木地板因材质的不同,其硬度、天然的色泽和纹理差别也较大。实木地板按铺装方式,可分为榫接地板、平接地板、镶嵌地板等,最常见的是榫接地板;按表面是否涂饰,可分为漆饰地板及未涂饰地板(俗称素板),现在最常见的是UV漆漆饰地板;按材种,可分为国产材地板和进口材地板。国产材地板常用的材种有桦木、水曲柳、柞木、水青冈、榉木、榆木、槭木、核桃木、枫木、色木等,最常见的是桦木、水曲柳、柞木;进口材地板常用的材种有甘巴豆、印茄木、香脂木豆、重蚁木、柚木、古夷苏木、李叶苏木、二翅豆、蒜果木、四籽木、铁线子等。

2. 实木地板的技术要求

根据国家标准《实木地板 第1部分:技术要求》(GB/T 15036.1—2018)规定,实木地板的技术要求如下:

(1)尺寸偏差要求。实木地板的尺寸偏差要求见表 7-1。

表 7-1　实木地板的尺寸偏差要求

项目	要求
长度偏差	公称长度与每个测量之差绝对值≤1
宽度偏差	公称宽度与平均宽度之差绝对值≤0.50，宽度最大值与最小值之差≤0.30
厚度偏差	公称厚度与平均厚度之差绝对值≤0.30，厚度最大值与最小值之差≤0.40

(2)外观质量要求。实木地板的外观质量要求见表 7-2。

表 7-2　实木地板的外观质量要求

名称	正面		背面
	优等品	合格品	
活节	直径≤15 mm 不计，15 mm<直径≤50 mm，地板长度≤760 mm，≤1 个；760 mm<地板长度≤1 200 mm，≤3 个；地板长度>1 200 mm，≤5 个	直径≤50 mm，个数不限	不限
死节	应修补，直径≤5 mm，地板长度≤760 mm，≤1 个；760 mm<地板长度≤1 200 mm，≤3 个；地板长度>1 200 mm，≤5 个	应修补，直径≤10 mm，地板长度≤760 mm，≤2 个；地板长度>760 mm，≤5 个	应修补，不限尺寸或数量
蛀孔	应修补，直径≤1 mm，地板长度≤760 mm，≤3 个；地板长度>760 mm，≤5 个	应修补，直径≤2 mm，地板长度≤760 mm，≤5 个；地板长度>760 mm，≤10 个	应修补，直径≤3 mm，个数≤15 个
表面裂纹	应修补，裂长≤长度的 15%，裂宽≤0.50 mm，条数≤2 条	应修补，裂长≤长度的 20%，裂宽≤1.0 mm，条数≤3 条	应修补，裂长≤长度的 20%，裂宽≤2.0 mm，条数≤3 条
树脂囊	不得有	长度≤10 mm，宽度≤2 mm，2 个	不限
髓斑	不得有	不限	不限
腐朽	不得有	不得有	腐朽面积≤20%，不剥落，也不能捻成粉末
缺棱	不得有	不得有	长度≤地板长度的 30%，宽度≤地板宽度的 20%
加工波纹	不得有	不明显	不限
榫舌残缺	不得有	缺榫长度≤地板总长度的 15%，且缺榫宽度不超过榫舌宽度的 1/3	
漆膜划痕	不得有	不明显	—
漆膜鼓泡	不得有		—
漏漆	不得有		—
漆膜皱皮	不得有		—

续表

名称	正面		背面
	优等品	合格品	
漆膜上震针	不得有	直径≤0.5 mm，≤3个	—
油膜粒子	长度≤760 mm，≤1个； 长度>760 mm，≤2个	长度≤760 mm，≤3个； 长度>760 mm，≤5个	—

注 1. 在自然光或光照度300～600 lx范围内的近似自然光(如40 W日光灯)下，视距为700～1 000 mm，目测不能清晰地观察到缺陷即为不明显。
　　2. 非平面地板的活节、死节、蛀孔、表面裂纹、加工波纹不作要求

3. 实木地板的应用

实木地板主要有平口实木地板、企口实木地板、拼花实木地板、竖木地板等。平口实木地板用途广，除作地板外，也可作拼花板、墙裙装饰及顶棚吊顶等室内装饰。企口实木地板适用于办公室、会议室、会客室、休息室、旅馆、宾馆客房、住宅起居室、卧室、幼儿园及仪器室等场所；拼花实木地板适用于高级楼宇、宾馆、别墅、会议室、展览室、体育馆和住宅等的地面装饰；竖木地板适用于宾馆、饭店、招待所、影剧院、体育场、住宅等场所。

二、实木复合地板

实木复合地板是以实木拼板或单板为面层、实木条为芯层、单板为底层制成的企口板和以单板为面层、胶合板为基材制成的企口地板。它具有实木地板木纹自然、美观，脚感舒适，隔声、保温等优点，同时又克服了实木地板易变形的缺点且规格大，铺设方便。其缺点是如胶合质量差会出现脱胶，在使用中必须重视维护保养。

1. 实木复合地板的分类及规格

实木复合地板的分类见表7-3。

表7-3　实木复合地板的分类

分类方法	种类
按面板材料分	(1)天然整张单板为面板的实木复合地板； (2)天然拼接(含拼花)单板为面板的实木复合地板； (3)重组装饰单板为面板的实木复合地板； (4)调色单板为面板的实木复合地板
按结构分	(1)两层实木复合地板； (2)三层实木复合地板； (3)多层实木复合地板
按涂饰方式分	(1)油饰面实木复合地板； (2)油漆饰面实木复合地板； (3)未涂饰实木复合地板

实木复合地板的规格尺寸为：长度：300～2 200 mm；宽度：60～220；厚度：8～22 mm。

2. 实木复合地板的技术要求

根据国家标准《实木复合地板》(GB/T 18103—2013)的规定，实木复合地板的技术要求如下：
(1)实木复合地板的正面和背面的外观质量应符合表7-4的要求。拼花实木复合地板的外观

质量应符合表7-4的要求，且面板拼接单元的边角不允许破损。调色单板为面板的实木复合地板的外观质量应符合表7-4的要求，且面板色差不明显。

表7-4 实木复合地板的外观质量要求

名称	项目	表面			背面
		优等品	一等品	合格品	
死节	最大单个长径/mm	不允许	2	面板厚度小于2 mm　　4 面板厚度不小于2 mm　10 应修补，且任意两个死节之间距离不小于50 mm	50，应修补
孔洞(含蛀孔)	最大单个长径/mm	不允许		2，应修补	25，应修补
浅色夹皮	最大单个长度/mm	不允许	20	30	不限
	最大单个宽度/mm		2	4	
深色夹皮	最大单个长度/mm	不允许		15	不限
	最大单个宽度/mm			2	
树脂囊和树脂(胶)道	最大单个长度/mm	不允许		5，且最大单个宽度小于1	不限
腐朽	—	不允许			a
真菌变色	不超过板面积的百分比/%	不允许	5，板面色泽要协调	20，板面色泽要大致协调	不限
裂缝	—	不允许			不限
拼接离缝	最大单个宽度/mm	0.1	0.2	0.5	
	最大单个长度不超过相应边长的百分比/%	5	10	20	
面板叠层	—	不允许			—
鼓泡、分层	—	不允许			
凹陷、压痕、鼓泡	—	不允许	不明显	不明显	不限
补条、补片	—	不允许			不限
毛刺沟痕	—	不允许			
透胶、板面污染	不超过板面积的百分比/%	不允许		1	不限
砂透	不超过板面积的百分比/%	不允许			10
波纹	—		不允许	不明显	—
刀痕、划痕	—	不允许			不限
边、角缺损	—	不允许			b
榫舌缺损	不超过板长的百分比/%	不允许		15	
漆膜鼓泡	最大单个直径不大于0.5 mm	不允许		每块不超过3个	—
针孔	最大单个直径不大于0.5 mm	不允许		每块不超过3个	—

续表

名称	项目	表面			背面
		优等品	一等品	合格品	
皱皮	不超过板面积的百分比/%	不允许		5	—
粒子	—	不允许		不明显	—
漏漆	—	不允许			—

注：1. 在自然光或光照度 300～600 lx 范围内的近似自然光(如 40 W 日光灯)下，视距为 700～1 000 mm，目测不能清晰地观察到缺陷即为不明显。
2. 未涂饰或油漆饰面实木复合地板不检查地板表面油漆指标。
a 允许有初腐。
b 长边缺损不超过板长的 30%且宽不超过 5 mm，厚度不超过板厚的 1/3，短边缺损不超过板宽的 20%且宽不超过 5 mm，厚度不超过板厚的 1/3。

(2)尺寸偏差。尺寸偏差应符合表 7-5 的规定。

表 7-5 尺寸偏差要求

项目	要求
厚度偏差	公称厚度 t_m 与平均厚度 t_A 之差绝对值不大于 0.5 mm 厚度最大值 t_{max} 与最小值 t_{min} 之差不大于 0.5 mm
面层净长偏差	公称长度 l_n≤1 500 mm，l_n 与每个测量值 l_m 之差绝对值不大于 1 mm 公称长度 l_n＞1 500 mm，l_n 与每个测量值 l_m 之差绝对值不大于 2 mm
面层净宽偏差	公称宽度 w_n 与平均宽度 w_A 之差绝对值≤0.2 mm 宽度最大值 w_{max} 与最小值 w_{min} 之差不大于 0.3 mm
直角度	q_{max}≤0.2 mm
边缘直角	≤0.3 mm/m
翘曲度	宽度方向翘曲度 f_w≤0.20%，长度方向翘曲度 f_t≤1.00%
拼装离缝	拼装离缝平均值 o_A≤0.15 mm 拼装离缝最大值 o_{max}≤0.20 mm
拼装高度差	拼装高度差平均值 h_A≤0.10 mm 拼装高度差最大值 h_{max}≤0.15 mm

3. 实木复合地板的应用

实木复合木地板主要适用于会议室、办公室、实验室、中高档的宾馆、酒店等地面铺设，也适用于民用住宅的地面装饰。由于新型实木复合木地板尺寸较大，因此不仅可作为地面装饰，也可作为顶棚、墙面的装饰，如吊顶和墙裙等。

三、强化木地板

强化木地板(浸渍纸层压木质地板)是以一层或多层专用纸浸渍热固性氨基树脂，铺装在刨花板、中密度纤维板、高密度纤维板等人造板基材表面，背面加防潮层，正面加耐磨层，经热压而成的地板，如图 7-3 所示。

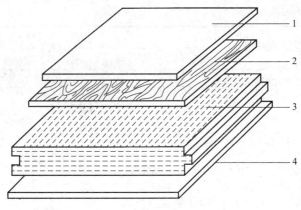

图 7-3　强化木地板构造

1—三氧化二铝耐磨层；2—装饰层(三聚氰胺或其他耐磨塑料)；3—抗潮高密度基板；4—特种防潮涂层

强化木地板与实木地板相比，耐磨性、抗压性强，花纹整齐，色泽均匀，抗静电，耐污染，安装方便，价格低廉，是普通家庭装修和公共场所装修首选的地板材料。但弹性和脚感不如实木地板，水泡损坏后不可修复。另外，胶粘剂中含有一定的甲醛。另外，从木材资源综合有效利用的角度看，强化木地板更有利于木材资源的可持续利用。

四、竹地板

竹地板是以天然的竹子为原料，经制材、脱水防虫、高温高压竹炭处理，再经压制、胶合、成型、开槽、砂光、油漆等工序精致加工而成。竹木地板是竹和木复合，面层和底层采用竹，中间为木，经过一系列的防腐、防潮等加工，再高温高压而成。竹地板具有质地坚硬、竹纹清晰、清新高雅、防虫防霉、光而不滑、耐磨、耐腐蚀、不变性、不干裂等优点。

竹地板的分类如下：

(1)按结构不同，竹地板一般可分为径面式竹地板、弦面式竹地板和竹木复合地板。如图 7-4 所示。

1)径面式竹地板采用多竹片侧向胶合，又称为侧压板，即多层竹片之间采用弦面胶合成一整体，再进行加工而成。

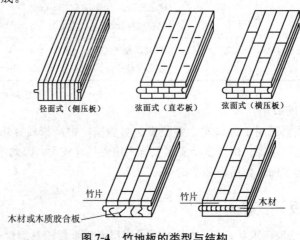

图 7-4　竹地板的类型与结构

2)弦面式竹地板由面板、芯板和底板三层胶合而成，即同层竹片采用径切面拼接，层与层之间采用弦切面胶合，又称正压板。面板与底板的竹青面朝外，相向对应。在弦面式竹地板中，如果芯板的纤维排列方向与底板和面板一致，则为直芯板；如果纤维排列方向与底板和面板相互垂直，则为横芯板。

(2) 按使用材料不同，竹地板一般可分为全竹地板和竹木复合地板。全竹地板全部由竹材制成；竹木复合地板由竹和木质胶合板或竹材和木板胶合而成，通常由竹材做面板，芯板及底板则由木材或木质胶合板制成。

(3) 按地板颜色不同，竹地板一般可分为本色竹地板和碳化竹地板。本色竹地板使用的竹片经过蒸煮、漂白后通体金黄透亮，保留了竹材的天然颜色，故称为本色板。碳化竹地板是将竹片进行高温、高压处理，使竹片纤维化，得到了一种类似咖啡色的效果，称为碳化板。

五、软木地板

软木并非木材，是从栓皮栎(属阔叶树种，俗称橡树)树干剥取的树皮层，因为其质地轻软，故而称软木。软木是一种性能独特的天然材料，具有多种优良的物理性能和稳定的化学性能，例如，密度小、传热系数小、密封性好、回弹性强、无毒无臭、不易燃烧、耐腐蚀不霉变，并具有一定的耐强酸、耐强碱、耐油等性能。

软木所谓的软，其实是指其柔韧性好。在显微镜下，可以看到软木由成千上万个犹如蜂窝状的死细胞组成，细胞内充满了空气，形成了一个一个的密闭气囊。在受到外来压力时，细胞会收缩变小，细胞内的压力升高；当压力失去时，细胞内的空气压力会将细胞恢复原状。正是这种特殊的内在结构，使得软木地板与实木地板相比更具隔声、隔热、保温和防潮性能，给人以极佳的脚感。

第三节 人造板

人造板材是目前在建筑装饰工程中使用量最大的一种材料。凡以木材为主要原料或以木材加工过程中剩下的边皮、碎料、刨花、木屑等废料进行加工处理而制成的板材，通称为人造板材。这类板材与天然木材相比，板面宽，表面平整、光洁，没有节子，不翘曲、开裂，经加工处理后还具有防水、防火、防腐、防酸性能。人造板材主要包括胶合板、纤维板、刨花板、细木工板、木丝板和木屑板等。

一、胶合板

胶合板是用原木旋切成薄片，经干燥处理后，再用胶粘剂按奇数层数，以各层纤维互相垂直的方向黏合热压而成的人造板材，如图7-5所示。胶合板一般为3～13层，建筑工程中常用的有三层胶合板和五层胶合板。胶合板厚度为2.4 mm、3 mm、3.5 mm、4 mm、5.5 mm、6 mm，自6 mm起按1 mm递增。

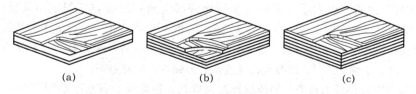

图 7-5 胶合板构造

(a)三层胶合板；(b)五层胶合板；(c)多层胶合板

普通胶合板的幅面尺寸应符合表 7-6 的要求；厚度尺寸由供需双方协商确定。

表 7-6　普通胶合板的幅面尺寸　　　　　　　　　　　　　　　　　　　mm

宽度	长度				
915	915	1 220	1 830	2 135	—
1 220	—	1 220	1 830	2 135	2 440

注：特殊尺寸由供需双方协议

胶合板长度和宽度的允许偏差为±1.5 mm/m，最大为±3.5 mm；厚度偏差应符合表 7-7 的要求；垂直度偏差不大于 1 mm/m；边缘直度偏差不大于 1 mm/m；胶合板平整度偏差：当幅面为 1 220 mm×1 830 mm 及其以上时，不大于 30 mm；当幅面小于 1 220 mm×1 830 mm 时，不大于 20 mm。

表 7-7　普通胶合板厚度偏差要求　　　　　　　　　　　　　　　　　　mm

公称厚度范围(t)	未砂光板		砂光板（面板砂光）	
	板内厚度公差	公称厚度偏差	板内厚度公差	公称厚度偏差
$t \leqslant 3$	0.5	$+0.4$ -0.2	0.3	± 0.2
$3 < t \leqslant 7$	0.7	$+0.5$ -0.3	0.5	± 0.3
$7 < t \leqslant 12$	1.0	$+(0.8+0.03t)$ $-(0.4+0.03t)$	0.6	$+(0.2+0.03t)$ $-(0.4+0.03t)$
$12 < t \leqslant 25$	1.5		0.6	$+(0.2+0.03t)$ $-(0.3+0.03t)$
$t > 25$			0.8	

胶合板具有幅面较大、强度较高，收缩性小、不容易起翘和开裂，表面平整、容易加工等优点。其是装饰工程中使用最频繁、数量最大的板材，可用作家具的旁板、门板、背板等。

二、纤维板

纤维板是用木材废料（也可用植物秸秆），经切片、浸泡、磨浆、掺胶、成型、干燥及热压等工序制成。为了提高纤维板的耐燃性和耐腐蚀性，可在料浆里掺入或在湿板坯表面喷涂耐火剂和耐腐剂。纤维板按密度，可分为硬质纤维板、中密度纤维板和软质纤维板三种。

(1)硬质纤维板。硬质纤维板也是一种密度板，但其密度在 0.80 g/cm³ 以上。其可分为一面光、另一面有网纹的单面光硬质纤维板和二面光硬质纤维板两种。质量等级为特级、一级、二级、三级共四等；指标类似中密度板，但强度要高于中密度板；厚度规格较少，有2.2 mm、3 mm、3.2 mm、4 mm、5 mm 等。

(2)中密度纤维板。以木质纤维或其他植物纤维为原料加以胶粘剂压制成密度在 0.50～0.88 g/cm³ 的板材。按密度不同，可分为 80 型、70 型、60 型三类；质量等级为特级、一级、二级三种；厚度规格为 6 mm、9 mm、12 mm、15 mm、18 mm 等。主要性能指标为含水率 4%～13%、吸水厚度膨胀率≤12%，以及抗拉强度、静曲强度、握钉力等。

湿法硬质纤维板是以木材或其他植物纤维为原料，板坯成型含水率高于 20%，且主要运用纤维之间的黏性与其固有的黏结特性使其结合的纤维板，其密度大于 800 kg/m³。它具有强度高、耐磨、不易变形等特点。

湿法硬质纤维板的技术要求应符合《湿法硬质纤维板 第2部分：对所有板型的共同要求》（GB/T 12626.2—2009）的规定，见表7-8。

表7-8 湿法硬质纤维板的技术要求

项目		指标		
厚度偏差①	基本厚度范围/mm	≤3.5	3.5～5.5	>5.5
	未砂光板/mm	±0.4	±0.5	±0.7
	砂光板/mm	±0.3	±0.3	±0.3
	装饰板/mm	±0.6	±0.6	±0.6
长度和宽度偏差		±2 mm/m，最大±5 mm		
垂直度/(mm·m^{-1})		≤2		
板内密度偏差/%		±10		
含水率/%		3～13		
外观质量②		分层、鼓泡、裂痕、水湿、炭化、边角松软不允许		

①任意一点的厚度与基本厚度之差。
②外观质量中其他缺陷，如水渍、油污斑点、斑纹、粘痕、压痕等要求可根据供需双方合同商定

湿法硬质纤维板的强度高，通常在板表面施行仿木纹油漆处理可达到以假乱真的效果。它可代替木板使用，主要用于室内壁板、门板、地板、家具等。

三、刨花板

刨花板是利用施加胶料和辅助料或未施加胶料和辅助料的木材或非木材植物制成的刨花材料（如木材刨花、亚麻屑、甘蔗渣等）压制成的板材。

1. 刨花板的分类及规格

刨花板按原料不同，可分为木材刨花板、甘蔗渣刨花板、亚麻屑刨花板、棉秆刨花板、竹材刨花板、水泥刨花板、石膏刨花板；按表面情况，可分为未饰面刨花板（如砂光、未砂光）和饰面刨花板（如浸渍纸面刨花板、装饰层压板饰面刨花板、PVC饰面刨花板、单板饰面刨花板）；按用途，可分为家具、室内装饰等一般用途的刨花板（即A类刨花板）和非结构建筑用刨花板（即B类刨花板）。装饰工程中常使用A类。

刨花板的幅面尺寸有1 830 mm×915 mm、2 000 mm×1 000 mm、2 440 mm×1 220 mm、1 220 mm×1 220 mm，厚度有4 mm、8 mm、10 mm、12 mm、16 mm、19 mm、22 mm、25 mm、30 mm等。

2. 刨花板的尺寸偏差

刨花板的尺寸偏差应符合表7-9的要求。

表7-9 刨花板的尺寸偏差要求

项目		基本厚度范围	
		≤12 mm	>12 mm
厚度偏差	未砂光板	+1.5 mm −0.3 mm	+1.7 mm −0.5 mm
	砂光板	±0.3 mm	

续表

项目	基本厚度范围	
	≤12 mm	>12 mm
长度和宽度偏差	±2 mm/m，最大值±5 mm	
垂直度	<2 mm/m	
边缘直度	≤1 mm/m	
平整度	≤12 mm	

3. 刨花板的外观质量

刨花板外观质量应符合表 7-10 的规定。

表 7-10　刨花板外观质量要求

缺陷名称	要求
断痕、透裂	不允许
压痕	肉眼不允许
单个面积大于 40 mm² 的胶斑、石蜡斑、油污斑等污染点	不允许
边角残损	在公称尺寸内不允许
注：其他缺陷及要求由供需双方协商确定	

4. 刨花板的应用

刨花板适用于地板、隔墙、墙裙等处装饰用基层（实铺）板，还可采用单板贝面、塑料或粘贴面将其加工成装饰贴面刨花板，用于家具、装饰饰面板材。

四、细木工板

细木工板是特种胶合板的一种，又称大芯板，是用长短不一的芯板木条拼接而成的，两个表面为胶贴木质单板的实心板材，如图 7-6 所示。细木工板具有较大的硬度和强度，可耐热胀冷缩，板面平整，结构稳定，易于加工，是家具、门窗套、墙面造型、地板等基材或框架。

细木工板的中间木条材质一般有杨木、桐木、杉木、柳安木、白松木等。按表面加工状态不同，可分为一面砂光、两面砂光和不砂光三种；按所使用的胶粘剂不同，可分为Ⅰ类胶细木工板、Ⅱ类胶细木工板；按面板材质和加工工艺质量不同，可分为一等、二等、三等。

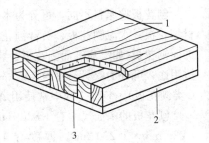

图 7-6　胶合板构造图

1，2—胶合板；3—实木条拼接

第四节　木门、木花格及木装饰线条

一、木门

按照材质、工艺及用途不同，木门可分为很多种类。通常木门根据材料、工艺不同，可分为实木门、实木复合门、免漆门等。

(1)实木门是以原木做原料,干燥处理后,再经下料、刨光、打眼、高速铣形等工序加工而成,如图7-7所示。

(2)实木复合门以松木、杉木或进口填充料黏合而成作为门芯,外层贴密度板和实木皮,经高温热压后制成,并用实木线条封边。实木复合门具有保温、耐冲击、阻燃等特点,质量较轻,但不易变形、开裂,隔声效果与实木门基本相同,如图7-8所示。

图7-7　实木门　　　　图7-8　实木复合门

(3)免漆门与实木复合门相似,主要是用低档木料做龙骨框架,外用中、低密度板表面和免漆PVC贴膜,价格低廉。

二、木花格

木花格使用木板或仿木制作成具有若干个分格的木架,如图7-9～图7-11所示。木花格轻巧纤细,表面纹理清晰,加之整体造型别致,多用于室内的花窗、隔断、博古架等,起到美化调节室内风格、提高室内艺术效果的作用,有时还有组织室内空间的功能。

  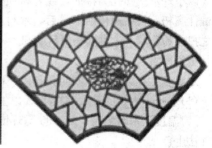

图7-9　长方形木花格　　图7-10　正方形木花格　　图7-11　扇形木花格

三、木装饰线条

木装饰线条是选用质硬、木质较细、耐磨、耐腐蚀、不劈裂、切面光滑、加工性质良好、油漆上色性好、黏结性好、钉着力强的木材,经过干燥处理后,用机械加工或手工加工而成的。木装饰线条包括以下几种:

(1)天花线:天花上不同层次面的交接处的封边,天花上各不同料面的对接处封口,天花平面上的造型线,天花上设备的封边。

(2)天花角线：天花与墙面、天花与柱面的交接处封口。

(3)墙面线：墙面上不同层次面的交接处封边、墙面上各不同材面的对接处封口、墙裙压边、踢脚板压边、设备的封边装饰边、墙饰面材料压线、墙面装饰造型线。

(4)造形体、装饰隔墙、屏风上的收口线和装饰线，以及各种家具上的收边线、装饰线，如图 7-12、图 7-13 所示。

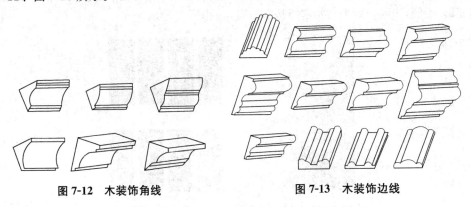

图 7-12　木装饰角线　　　　　图 7-13　木装饰边线

第五节　木材的防腐与防火

一、木材的腐朽

木材腐朽主要是受某些真菌的危害产生的。这些真菌习惯上称为木腐菌或腐朽菌。木腐菌是一类低等植物，通常可分为两类，即白腐菌和褐腐菌。白腐菌侵蚀木材后，木材呈白色斑点，外观以小蜂窝或筛孔为特征，或者材质变得很松软，用手挤捏，很容易剥落，这种腐朽又称为腐蚀性腐朽；褐腐菌侵蚀木材后，木材呈褐色，表面有纵横交错的细裂缝，用手搓捏，很容易将之捏成粉末状，这种腐朽又称为破坏性腐朽。白腐和褐腐都将严重破坏木材，尤其是褐腐的破坏更为严重。

木腐菌生存繁殖必须同时具备以下四个条件：

(1)水分。木材的含水率在 18% 以上即能使木腐菌生存；含水率为 30%～60% 时更为有利。

(2)温度。木腐菌在 2 ℃～35 ℃ 环境中即能生存，最适宜的温度为 15 ℃～25 ℃，高出 60 ℃ 则无法生存。

(3)氧气。有 5% 的空气即足够木腐菌存活使用。

(4)营养。木腐以木质素、储藏的淀粉、糖类及分解纤维素、葡萄糖为营养。

按在树干上分布的部位不同，腐朽可分为以下两种：

(1)外部腐朽。外部腐朽(边材腐朽)分布在树干的外围，大多是由于树木被伐倒后因保管不善或堆积不良而引起的；枯立木受腐朽菌侵蚀也能形成外部腐朽。

(2)内部腐朽。内部腐朽(芯材腐朽)分布在树干的内部，大多由腐朽菌通过树干的外伤、枯枝、断枝或腐朽节等侵入木材内部而形成。

初期腐朽对材质的影响较小，在腐朽后期，不但材色、外形有所改变，而且木材的强度、硬度等有很严重的降低。因此，在承重结构中不允许采用带腐朽的木材。

木材的自然防腐等级见表7-11。

表7-11　木材的自然防腐等级

级别	树种举例	用途
第一级（最耐腐）	侧柏、梓、桑、红豆杉、杉……	可做室外用材
第二级（耐腐）	槐、青岗、小叶栎、栗、银杏、马尾松、樟、榉……	可做室外用材，最好做保护处理
第三级（尚可）	合欢、黄榆、白桦、三角枫、核桃木、枫杨、梧桐……	适于保护处理或防腐处理的室外、室内使用
第四级（最差）	柳、杨木、南京椴、毛泡桐、乌桕、榔榆、枫香……	非经防腐处理不适于室外使用

另外，木材还易受到白蚁、天牛、蠹虫等昆虫的蛀蚀，形成很多孔眼或沟道甚至蛀穴，这些都会破坏木质结构的完整性而使其强度严重降低。

二、木材的防腐措施

木材防腐通常采用两种措施：一种是创造条件，使木材不适于真菌寄生和繁殖；另一种是进行药物处理，消灭或制止真菌生长。

第一种措施主要是使木材保持干燥，使其含水率小于20%。木材表面涂刷各种油漆，不仅美观，而且可以隔绝空气和水分。

第二种措施是用化学防腐剂对木材进行处理，这是一种比较有效的防腐措施。防腐剂的种类主要有水溶性防腐剂和油性防腐剂两种。其中，油性防腐剂还具有一定的防水作用。

防腐剂处理木材的方法有喷涂法、浸渍法、压力渗透法及冷热槽浸透法。

三、木材的防火

1. 表面涂敷法

表面涂敷法就是在木材的表面，采用涂刷、喷涂、滚涂等方法涂敷防火涂料，起到既防火又具有防腐和装饰的作用，是一种通用的防火做法。

饰面型防火涂料具有防火和装饰两种功能。其防火机理如下：

(1)隔绝可燃基材与空气的接触。

(2)释放惰性气体抑制燃烧。

(3)膨胀形成碳质泡沫隔热层。

2. 阻燃剂溶液浸渍法

所谓阻燃，即推迟、延缓甚至完全消除火灾事故的发生，从而保护人们生命与财产的安全。阻燃剂就是一种专门为实现上述功能而混入不同材料中的专用防火产品。

经过阻燃剂浸渍处理后，木材燃烧特性将被改变，木材着火时，内部温度大幅度下降。木材常用的阻燃剂有磷—氮系阻燃剂、硼系阻燃剂、卤系阻燃剂、含铝、镁、锑等金属氧化物或氢氧化物阻燃剂。

本章小结

木材是人类最早使用的一种建筑材料，时至今日在建筑工程中仍占有一定的地位。由于它有美观的天然纹理，装饰效果较好，因此仍被广泛用作装饰与装修材料。本章主要介绍了木材的基础知识、木地板、人造板、木花格、木装饰线条的概念、规格、种类等，以及木材的防腐与防火。

思考与练习

一、判断题

1. 针叶树树干通直部分一般较短,材质硬且重,强度较大,纹理自然、美观。（　）
2. 软木地板就是用纯木材直接加工而成的地板,它呈现出天然的原木纹理和色彩图案,自然温馨,富有亲和力。（　）
3. 软木地板与实木地板相比,更具隔声、隔热、保温和防潮性能,给人以极佳的脚感。（　）
4. 胶合板是用木材废料(也可用植物秸秆),经切片、浸泡、磨浆、掺胶、成型、干燥及热压等工序制成。（　）
5. 表面涂敷法就是在木材的表面,采用涂刷、喷涂、滚涂等方法涂敷防火涂料,起到既防火又具有防腐和装饰的作用。（　）

二、填空题

1. 木材按加工程度和用途的不同,可分为_____、_____、_____等。
2. _____是由硬木树种和软木树种经过加工处理而制成的木板面层,是室内地面装修最常使用的材料之一。
3. 按结构不同,竹材地板一般可分为_____、_____和_____。
4. 纤维板按密度可分为_____、_____和_____三种。
5. _____是利用施加胶料和辅助料或未施加胶料和辅助料的木材或非木材植物制成的刨花材料压制成的板材。

三、选择题

1. 木材的(　)最大。
   A. 顺纹抗拉强度　　B. 顺纹抗压强度　　C. 横纹抗拉强度　　D. 横纹抗压强度
2. (　)是木材的主体。
   A. 木质部　　B. 髓心　　C. 年轮　　D. 树皮
3. 木材构造均匀、各项强度一致、抗弯强度高、耐磨绝热性好、不易胀缩和翘曲变形、无节、不腐朽的是(　)。
   A. 纤维板　　B. 刨花板　　C. 细木工板　　D. 胶合板
4. 影响木材强度的因素不包括(　)。
   A. 含水率　　B. 负荷时间　　C. 温度　　D. 木材的表观密度

四、简答题

1. 木材的宏观构造是什么?木材的微观构造是什么?
2. 简述木材的力学性能。
3. 实木地板按铺装方式可分为哪些?实木地板的应用有哪些?
4. 什么是实木复合地板?其优点、缺点有哪些?
5. 什么是强化木地板?与实木地板相比有哪些优点、缺点?
6. 通常木门根据材料、工艺不同,可分为哪几类?
7. 什么是木装饰线条?木装饰线条包括哪几类?
8. 木材的防腐措施有哪些?

第八章　建筑装饰涂料

> **知识目标**
>
> 1. 了解涂料的组成、作用、分类；掌握合成树脂乳液内墙涂料、水溶性内墙涂料、多彩花纹内墙涂料的特点、分类和技术要求。
> 2. 掌握溶剂型涂料、乳液型外墙涂料、无机高分子涂料的组成、特点及应用等。
> 3. 熟悉过氯乙烯地面涂料、聚氨酯—丙烯酸酯地面涂料、丙烯酸硅地面涂料、环氧树脂地面涂料、彩色聚氨酯地面涂料的概念及组成。
> 4. 了解功能性建筑防火涂料、防水涂料、防腐涂料。

> **能力目标**
>
> 能正确进行外墙涂料的选择及应用；能正确进行内墙涂料的选择及应用。

第一节　涂料的基本知识

涂料是指涂敷于物体表面，能与物体黏结在一起，并能形成连续性涂膜，从而对物体起到装饰、保护或使物体具有某种特殊功能的材料。

一、涂料的组成

涂料是由多种不同物质经溶解、分散、混合而成的，各组成材料在涂料中所具有的功能是不同的。按照涂料的组成，一般可分为主要成膜物质、次要成膜物质和辅助成膜物质三类。

1. 主要成膜物质

主要成膜物质又称胶粘剂或固化剂。其作用是将涂料中的其他组分黏结成一体，并使涂料附着在被涂基层的表面形成坚韧的保护膜。主要成膜物质一般为高分子化合物或成膜后能形成高分子化合物的有机物质，如合成树脂或天然树脂及动、植物油等。

（1）油料。在涂料工业中，油料（主要为植物油）是一种主要的原料，用来制造各种油类加工产品、清漆、色漆、油改性合成树脂，以及作为增塑剂使用。在目前的涂料生产中，含有植物油的品种仍占较大比重。涂料工业中应用的油类可分为干性油、半干性油和不干性油三类。

（2）树脂。涂料用树脂有天然树脂、人造树脂和合成树脂三类。天然树脂是指天然材料经处理制成的树脂，主要有松香、虫胶和沥青等；人造树脂是由有机高分子化合物经加工而制成的树脂，如松香甘油酯（酯胶）、硝化纤维等；合成树脂是由单体经聚合或缩聚而制得的，如醇酸树脂、氨基树脂、丙烯酸酯、环氧树脂、聚氨酯等。其中，合成树脂涂料是现代涂料工业中产量最大、品种最多、应用最广的涂料。

2. 次要成膜物质

次要成膜物质是指涂料中所用的颜料和填料，它们是构成涂膜的组成部分，并以微细粉状均匀地分散于涂料介质中，赋予涂膜色彩、质感，使涂膜具有一定的遮盖力，减少收缩，还能增加膜层的机械强度，防止紫外线的穿透作用，提高涂膜的抗老化性、耐候性。

(1)颜料的品种很多，按其化学组成成分不同，可分为有机颜料和无机颜料；按其来源不同，可分为天然颜料与人造颜料；按其在涂料中所起的作用不同，可分为着色颜料、体质颜料和防锈颜料。着色颜料的主要作用是着色和遮盖物面，是颜色中品种最多的一类。着色颜料根据它们的色彩可分为红、黄、蓝、白、黑及金属光泽等类。体质颜料又称为填料，它们不具有遮盖力和着色力，其主要作用是增加涂膜厚度、加强涂膜体质、提高涂膜耐磨性，这类产品大部分是天然产品和工业上的副产品，如碳酸钙、碳酸钡、滑石粉等。防锈颜料的主要作用是防止金属锈蚀，品种有红丹、锌铬黄、氧化铁红、偏硼酸钡、铝粉等。

(2)填料的主要作用在于改善涂料的涂膜性能，降低成本。填料主要是一些碱土金属盐，硅酸盐和镁、铝的金属盐和重晶石粉($BaSO_4$)、轻质碳酸钙($CaCO_3$)、硅灰石粉、膨润土、瓷土或砂等。

3. 辅助成膜物质

辅助成膜物质不能构成涂膜或不是构成涂膜的主体，但对涂膜的成膜过程有很大影响，或对涂膜的性能起一些辅助作用。辅助成膜物质主要包括溶剂和辅助材料两大类。

(1)溶剂。溶剂又称稀释剂，是液态建筑涂料的主要成分。溶剂是一种能溶解油料、树脂，易挥发，能使树脂成膜的物质。涂料涂刷到基层上后，溶剂蒸发，涂料逐渐干燥硬化，最终形成均匀、连续的涂膜。它们最后并不留在涂膜中，因此，称为辅助成膜物质。溶剂和水与涂膜的形成及其质量、成本等有密切的关系。

配制溶剂型合成树脂涂料选择有机溶剂时，首先应考虑有机溶剂对基料树脂的溶解力；另外，还应考虑有机溶剂本身的挥发性、易燃性和毒性等对配制涂料的适应性。

常用的有机溶剂有松香水、酒精、汽油、苯、二甲苯、丙酮等。对于乳胶型涂料，是借助具有表面活性的乳化剂，以水为稀释剂，而不采用有机溶剂。

(2)辅助材料。有了成膜物质、颜料和溶剂，就构成了涂料，但为了改善涂膜的性能，例如涂膜干燥时间、柔韧性、抗氧化性、抗紫外线作用、耐老化性能等，还常在涂料中加入一些辅助材料。辅助材料又称为助剂，它们掺量很少，但作用显著。建筑涂料使用的助剂品种繁多，常用的有催干剂、固化剂、催化剂、引发剂、增塑剂、紫外光吸收剂、抗氧化剂、防老剂等类型。某些功能性涂料还需要采用具有特殊功能的助剂，如防火涂料用的难燃助剂，膨胀型防火涂料用的发泡剂等。

二、涂料的作用

1. 保护作用

建筑涂料通过刷涂、滚涂或喷涂等施工方法，涂覆在建筑物的表面上，形成厚度适中，有一定的硬度和韧性，并具耐磨、耐候、耐化学侵蚀及抗污染等功能的保护膜。

2. 标志作用

由于涂料可以使物体表面变成不同颜色，而各种不同颜色又给人们的心理带来不同的感觉，因此人们往往采用不同颜色为标记，将涂料涂装在各种器材或物品的表面上以示区别。

3. 装饰作用

最早的油漆主要用于装饰，且常与艺术品相联系。现代涂料更是将这种作用发挥得淋漓尽致。涂装可以使物体具有色彩、光泽、模样、平滑性、立体性和标志等，使人们对这些物体产生美的、舒适的感觉。在涂料的组分中，加入了红色、橙色、黄色、绿色、青色、蓝色、紫色等颜料，使涂料呈现各种色彩，将其涂装在物体表面上，改变了物体表面原来的颜色，形成了五光十色、绚丽多彩的外观，给人们以赏心悦目的感觉。涂料除能够美化各种物体的形象外，还能美化环境，对人们的物质生活和精神生活有着不容忽视的影响。

4. 特殊功能

随着国民经济的发展和科学技术的进步，涂料在更多方面提供和发挥了各种新的特殊功能，以满足各种产品在特定环境下使用的要求。例如，电绝缘、导电、屏蔽电磁波、防静电产生等作用；防霉、杀菌、杀虫、防海洋生物黏附等生物化学方面的作用；防止延燃、烧蚀、隔热等热能方面的作用；反射光、发光、吸收和反射红外线、吸收太阳能、屏蔽射线、标志颜色等光学性能方面的作用；防滑、自润滑、防碎裂飞溅等机械性能方面的作用；还有防噪声、减振、卫生消毒、防结露、防结冰等各种不同作用；军事上的伪装和隐形等作用。

三、涂料的分类

建筑涂料品种繁多，性能各异。目前尚无统一的分类方法，一般按使用部位、使用功能、化学组成成分不同进行分类。建筑涂料按使用部位，可分为外墙涂料、内墙涂料和地面涂料等；建筑涂料按主要成膜物质中所包含的树脂，可分为油漆类、天然树脂类、醇酸树脂类、丙烯酸树脂类、聚酯树脂类和辅助材料类等共18类；根据漆膜光泽的强弱，又可将涂料分为无光、半光（或称平光）和有光等品种；根据主要成膜物质的化学成分，可将涂料分为有机涂料、无机涂料、无机—有机复合涂料。

(1) 有机涂料。

① 溶剂型涂料。溶剂型涂料是以有机高分子合成树脂为主要成膜物质，以有机溶剂为溶剂，加入适量的颜料、填料及其他助剂，经研磨而成的挥发性涂料。

溶剂型涂料的优点是形成的涂膜细腻、光洁、坚韧，有较好的硬度、光泽、耐水性和耐候性，气密性好，耐酸碱，对建筑物有较强的保护性，使用温度最低可到0℃；其缺点是易燃，挥发后对人体有害，污染环境，在潮湿基层上施工容易起皮、剥落且价格较高。常见的溶剂型涂料成膜物质的种类有聚乙烯醇缩丁醛、环氧树脂、聚氨酯树脂、氯化橡胶、丙烯酸酯、过氯乙烯、苯乙烯焦油、聚乙烯醇缩甲醛等。

② 水溶性涂料。水溶性涂料是以水溶性合成树脂为主要成膜物质，以水为稀释剂，加入适量的颜料、填料及助剂，经研磨而成的涂料。

水溶性涂料的优点是可直接溶于水中，与水形成单相的溶液，无毒、不易燃、价格低廉，有一定的透气性，对基层的干燥度要求不高；其缺点是耐水性差，耐候性不强，耐洗刷性差，一般只用于内墙涂料。常用品种有聚乙烯醇水玻璃内墙涂料、聚乙烯醇甲醛类涂料等。

③ 乳液型涂料。乳液型涂料又称乳胶漆，是将合成树脂研磨成 $0.1\sim0.5~\mu m$ 的极细微粒子分散于水中构成乳液，并以乳液为主要成膜物质，加入适量的颜料、填料及辅助材料经研磨而成的涂料。

乳液型涂料的优点是：价格低廉，无毒、不燃，对人体无害，有一定的透气性，涂膜耐水、耐擦洗性较好，可作为内、外墙建筑涂料；其缺点是施工温度一般应在10℃以上，用于潮湿部位易发霉，需加入防霉剂。常用品种有聚醋酸乙烯乳液、乙烯—醋酸乙烯、醋酸乙烯—丙烯酸酯、苯乙烯—丙烯酸酯等共聚乳液。

(2) 无机涂料。无机涂料以无机材料为主要成膜物质。在建筑工程中，常用的涂料是碱金属硅酸盐水溶液和胶体二氧化硅的水分散液。用以上两种成膜物，再加入颜料、填料及各种助剂，可制成硅酸盐和硅溶胶（胶体二氧化硅）无机涂料。

无机涂料的价格低，资源丰富，无毒、不燃，具有良好的遮盖力，对基层材料的处理要求不高，可在较低温度下施工，涂膜具有良好的耐热性、保色性、耐久性等。

(3)无机—有机复合涂料。无论是有机涂料还是无机涂料，在单独使用时，都存在一定的局限性。无机—有机复合涂料可使有机、无机涂料发挥各自的优势，取长补短，降低成本，改善性能。如聚乙烯醇水玻璃内墙涂料就比聚乙烯醇有机涂料的耐水性好。另外，以硅溶胶、丙烯酸系列复合的外墙涂料都在涂膜的柔韧性及耐候性方面，更能适应气候的变化。

第二节　内墙涂料

内墙涂料也可以用作顶棚涂料，它具有装饰和保护室内墙面和顶棚的作用。为达到良好的装饰效果，要求内墙涂料色彩丰富、协调，色调柔和，质地平滑细腻，并具有良好的透气性、耐碱、耐水、耐粉化、耐污染等性能。另外，应便于涂刷，容易维修、价格合理等。

常用的内墙涂料有合成树脂乳液内墙涂料、水溶性内墙涂料、多彩花纹内墙涂料。

一、合成树脂乳液内墙涂料

合成树脂乳液内墙涂料也称乳胶漆，是以合成树脂乳液为主要成膜物质，加入着色颜料、体质颜料、助剂，经混合、研磨而制得的薄质内墙涂料。

1. 合成树脂乳液内墙涂料的特点

合成树脂乳液内墙涂料的特点主要表现为两个方面：一方面是以水为分散介质，随着水分的蒸发而干燥成膜，施工时无有机溶剂溢出，因而无毒，可避免施工时发生火灾的危险；另一方面是涂膜透气性好，因而可以避免因涂膜内、外温度差而鼓泡，可以在新建的建筑物水泥砂浆及灰泥墙面上涂刷。其适用于内墙涂饰，无结露现象。

2. 合成树脂乳液内墙涂料产品分类

合成树脂乳液内墙涂料产品可分为底漆和面漆。面漆按照使用要求，分为合格品、一等品和优等品三个等级。

3. 合成树脂乳液内墙涂料的技术要求

(1)底漆的技术要求应符合表8-1的规定。

表8-1　底漆的技术要求

项目	指标
在容器中状态	无硬块，搅拌后呈均匀状态
施工性	刷涂无障碍
低温稳定性(3次循环)	不变质
低温成膜性	5℃成膜无异常
涂膜外观	正常
干燥时间(表干)/h　≤	2
耐碱性(24 h)	无异常
抗泛碱性(48 h)	无异常

(2)面漆的技术要求应符合表 8-2 的规定。

表 8-2 面漆的技术要求

项目	指标		
	合格品	一等品	优等品
在容器中状态	无硬块,搅拌后呈均匀状态		
施工性	刷涂二道无障碍		
低温稳定性(3 次循环)	不变质		
低温成膜性	5 ℃成膜无异常		
涂膜外观	正常		
干燥时间(表干)/h ≤	2		
对比率(白色和浅色*) ≥	0.90	0.93	0.95
耐碱性(24 h)	无异常		
耐洗刷性/次 ≥	350	1 500	6 000

* 浅色是指以白色涂料为主要成分,添加适量色浆后配制成的浅色涂料形成的涂膜所呈现的浅颜色,按《中国颜色体系》(GB/T 15608—2006)中规定明度值为 6~9(三刺激值中的 $Y_{D65} \geqslant 31.26$)

4. 合成树脂乳液内墙涂料的应用

合成树脂乳液内墙涂料一般用于室内墙面装饰,但不宜用于厨房、卫生间、浴室等潮湿墙面。涂饰施工时,基层应清洁、平整、坚实、不太光滑,以增强涂料与墙体的黏结力。基层含水率应不大于 10%,pH 值应为 7~10,以防止基层过分潮湿、碱性过强而导致出现涂层变色、起泡、剥落等现象。

二、水溶性内墙涂料

水溶性内墙涂料是以水溶性化合物为基料,加入一定量的填料、颜料和助剂,经过研磨、分散而制成的。这种涂料的成膜机理是以开放性颗粒成膜,因此,有一定的透气性,用于室内装饰效果较好,对基层的湿度要求不高的内墙涂饰。此种涂料不含有机溶剂,安全、无毒、无味、不燃、不污染环境,产品分Ⅰ类与Ⅱ类两种。Ⅰ类适用于浴室和厨房内墙的涂饰;Ⅱ类适用于一般房间内墙涂饰。

各类水溶性内墙涂料的技术性能要求应符合表 8-3 的规定。常用的有聚乙烯醇水玻璃内墙涂料(又称 106 内墙涂料)、聚乙烯醇缩甲醛内墙涂料(又称 803 内墙涂料)和改性聚乙烯醇内墙涂料等。

表 8-3 水溶性内墙涂料的技术性能要求

性能项目	技术要求	
	Ⅰ类	Ⅱ类
容器中的状态	无结块、沉淀和絮凝	
黏度/s	30~75	
细度/μm	≤100	
遮盖力/(g·m^{-2})	≤300	
白度①/%	≥80	
涂膜外观	平整,色泽均匀	

续表

性能项目	技术要求	
	Ⅰ类	Ⅱ类
附着力/%	100	
耐水性	无脱落、起泡和皱皮	
耐干擦性/级	—	≤1
耐洗刷性/次	≥300	—

①白度规定只适用于白色涂料

三、多彩花纹内墙涂料

多彩花纹内墙涂料又称多彩内墙涂料，是一种较为新颖的内墙涂料，由不相混溶的连续相（分散介质）和分散相组成。其中，分散相有两种或两种以上大小不等的着色粒子，在含有稳定剂的分散介质中均匀悬浮着并呈稳定状态。在涂装时，通过喷涂形成多种色彩花纹图案，干燥后构成多彩花纹涂层。

多彩花纹内墙涂料按其制备原理，可分为四个基本类型，见表8-4。其中，存储稳定性最好、被广泛采用的是水包油型多彩涂料。

表8-4　多彩花纹内墙涂料的基本类型

类型	分散相	分散介质
O/W型(水包油)	溶剂型涂料	保护胶体水溶液
W/O型(油包水)	水性涂料	溶剂或可溶于溶剂的成分
O/O型(油包油)	溶剂型涂料	溶剂或可溶于溶剂的成分
W/W型(水包水)	水性涂料	保护胶体水溶液

多彩花纹内墙涂料的主要技术性能见表8-5。

表8-5　多彩花纹内墙涂料的主要技术性能

	项目	技术指标
涂料性能	容器中的状态	经搅拌后均匀，无硬块
	储存稳定性(0 ℃~30 ℃)	6个月
	不挥发物含量/%	≥19
	黏度(25 ℃)KU值	80~100
	施工性	喷涂无困难
涂层性能	干燥时间/h	≤24
	外观	与标准样本基本相同
	耐水性(96 h)	不起泡，不掉粉，允许轻微失光和变色
	耐碱性(48 h)	不起泡，不掉粉，允许轻微失光和变色
	耐洗刷性/次	≥300

多彩花纹内墙涂料的涂层由底层、中层、面层涂料复合而成。底层涂料主要起封闭潮气的作用，防止涂料由于墙面受潮而剥落，同时也保护涂料免受碱性物质的侵蚀，一般采用具有较强耐碱性的溶剂型封闭漆。中层起到增强面层和底层黏结的作用，并起到消除墙面的色差，突出多彩面层的光泽和立体感的作用，通常应选用性能良好的合成树脂乳液内墙涂料。面层即为多彩涂料。

多彩花纹内墙涂料具有涂层色泽优雅、富有立体感、装饰效果好的特点，涂膜质地较厚，弹性、整体性、耐久性好；耐油、耐水、耐腐、耐洗刷，适用于建筑物内墙到顶棚的水泥混凝土、砂浆、石膏板、木材、钢、铝等多种基面。

四、其他内墙涂料

1. 静电植绒涂料

静电植绒涂料是利用高压静电感应原理，将纤维绒毛植入涂胶表面而形成的高档内墙涂料，它主要由纤维绒毛和专用胶粘剂等组成。

纤维绒毛可采用胶粘丝、尼龙、涤纶、丙纶等纤维，经过精度很高的专用绒毛切割机切成长短不同规格的短绒，再经染色和化学精加工，赋予绒毛柔软性、抗静电等性能。静电植绒涂料的手感柔软，光泽柔和，色彩丰富，有一定的立体感，具有良好的吸声性、抗老化性、阻燃性、无气味，不褪色，但不耐潮湿，不耐脏，不能擦洗。静电植绒涂料主要用于住宅、宾馆、办公室等的高档内墙装饰。

2. 纳米涂料

在普通涂料中按一定比例添加纳米颗粒，并充分地搅拌均匀，可使涂料的性能得到大幅度提高。纳米涂料具有三大优越性：卓越的伸缩性，能弥盖墙体的细小裂缝；优异的防霉、防水、抗菌、抗黄变及耐洗刷（6 000次以上）性能；漆膜平滑，手感细腻，色泽鲜亮、柔和，温馨宜人。纳米涂料属于高档装修材料。

3. 仿瓷涂料

仿瓷涂料又称瓷釉涂料，是一种质感与装饰效果酷似陶瓷釉面层饰面的装饰涂料。仿瓷涂料可分为溶剂型和乳液型两种。

（1）溶剂型仿瓷涂料是以常温下产生交联固化的树脂为基料。目前，主要使用的有聚氨酯树脂、丙烯酸—聚氨酯树脂、环氧—丙烯酸树脂、丙烯酸—氨基树脂、有机硅改性丙烯酸树脂等，并加入颜料、填料、溶剂、助剂等配制而成的具有瓷釉亮光的涂料。此种涂料具有优异的耐水性、耐碱性、耐磨性、耐老化性。

（2）乳液型仿瓷涂料是以合成树脂乳液（主要使用丙烯酸树脂乳液）为基料，加入颜料、填料、助剂等配制而成的具有瓷釉亮光的涂料。这种涂料价格低廉且低毒、不燃，硬度高，耐老化、耐酸碱、耐水、耐沾污，与基层材料的附着力较强，并能较长时间保持原有的光泽和色泽。

仿瓷涂料的应用较为广泛，可用于公共建筑内墙、住宅内墙、厨房、卫生间等处，还可用于电器、机械及家具的表面防腐与装饰。

4. 天然真石漆

天然真石漆是以天然石材为原料，经特殊加工而成的高级水溶性涂料，以防潮底漆和防水保护膜为配套产品，在室内外装饰、工艺美术、城市雕塑上有广泛的使用前景。天然真石漆具有阻燃、防水、环保等特点。使用该种涂料后的饰面仿天然岩石效果逼真，且施工简单、价格适中。基层可以是混凝土、砂浆、石膏板、木材、玻璃、胶合板等。

5. 彩砂涂料

彩砂涂料是由合成树脂乳液、彩色石英砂、着色颜料及各种助剂组成的。该种涂料无毒、不燃，附着力强，保色性及耐候性好，耐水性、耐酸碱腐蚀性也较好。彩砂涂料的立体感较强，色彩丰富，适用于各种场所的室内、外墙面装饰。例如，在石英砂内掺入带金属光泽的某种涂料，还能使涂膜具有强烈的质感和金属光亮感。

6. 净化空气涂料

净化空气涂料可有效地吸收和吞噬多种对人体有害的气体，而本身没有任何气味。该涂料喷涂后，其表面立即形成亿万个微孔。这些微孔不仅善于吸收各种气味，而且通过氧化分解和蒸发，还可释放出能灭菌消毒的物质。同时，其还能稳定空气的温度，使其洁净宜人。

第三节 外墙涂料

外墙涂料的主要功能是装饰和保护建筑物的外墙面，使建筑物外貌整洁、美观，从而达到美化环境的目的，同时能够起到保护建筑物外墙的作用。

常用的外墙涂料有合成乳液型外墙涂料、合成树脂乳液砂壁状外墙涂料、合成树脂溶剂型外墙涂料、外墙无机建筑涂料和复层建筑涂料等。

一、溶剂型外墙涂料

溶剂型涂料是以高分子合成树脂为主要成膜物质，有机溶剂为稀释剂，加入一定量的颜料、填料及助剂，经混合、搅拌溶解、研磨而配制成的一种挥发性涂料。涂刷在外墙面以后，随着涂料中所含溶剂的挥发，成膜物质与其他不挥发组分共同形成均匀连续的薄膜，即涂层。

目前，常用的溶剂型外墙涂料主要有丙烯酸酯外墙涂料、聚氨酯系外墙涂料、氯化橡胶外墙涂料。溶剂型外墙涂料的技术要求应符合《溶剂型外墙涂料》(GB/T 9757—2001)的规定，见表8-6。

表8-6 溶剂型外墙涂料的技术要求

序号	项目		指标		
			优等品	一等品	合格品
1	容器中状态		无硬块、搅拌后呈均匀状态		
2	施工性		刷涂二道无障碍		
3	干燥时间(表干)/h	≤	2		
4	涂膜外观		正常		
5	对比率(白色和浅色)①	≥	0.93	0.90	0.87
6	耐水性		168 h 无异常		
7	耐碱性		48 h 无异常		
8	耐洗刷性/次	≥	5 000	3 000	2 000
9	耐人工气候老化性(白色和浅色①)		1 000 h 不起泡、不剥落、无裂纹	500 h 不起泡、不剥落、无裂纹	300 h 不起泡、不剥落、无裂纹
10	粉化/级	≤	1		
11	变色/级	≤	2		
12	其他色		商定		
13	耐沾污性(白色和浅色)①/%	≤	10	10	15
	涂层耐温变性(5次循环)		无异常		

①浅色是指以白色涂料为主要成分，添加适量色浆后配制成的浅色涂料形成的涂膜所呈现的浅颜色，按《中国颜色体系》(GB/T 15608—2006)中的规定，明度值为6~9(三刺激值中的 $Y_{D65} \geq 31.26$)

1. 丙烯酸酯外墙涂料

丙烯酸酯外墙涂料是以热塑性丙烯酸酯合成树脂为主要成膜物质，加入溶剂、颜料、填料、助剂等，经研磨而成的一种溶剂型涂料。丙烯酸酯外墙涂料的主要技术指标见表8-7。

表8-7 丙烯酸酯外墙涂料的主要技术指标

序号	项目
固体含量/%	>45
干燥时间/h	表干：≤2；实干：≤24
细度/mm	≤60
遮盖力(白色及浅色)/(g·m^{-2})	≤170
耐水性(23±2)℃、96 h	不起泡、不剥落，允许稍有变色
耐碱性(23±2)℃、氢氧化钙浸泡	不起泡、不剥落，允许稍有变色，不露底
耐洗刷性(0.5%皂液，2 000次)	不露底，不脱落
耐沾污性(白色及浅色)5次循环反射系数下降率	≤30%
耐候性(人工加速)、200 h	不起泡、不剥落、无裂纹，变色及粉化不大于2级

丙烯酸酯外墙涂料的装饰效果良好，无刺激性气味，耐候性好，不易变色、粉化或脱落，使用寿命长，估计可在10年以上，属于高档涂料，是目前国内外主要使用的外墙涂料品种之一。丙烯酸酯外墙涂料主要适用于民用与工业建筑、高层建筑及高级宾馆等外墙装饰，此类涂料在施工时应注意防火、防爆。

2. 聚氨酯系外墙涂料

聚氨酯系外墙涂料是以聚氨酯树脂或聚氨酯与其他树脂复合物为主要成膜物质，加入颜料、填料、助剂等配制而成的优质外墙涂料。聚氨酯外墙涂料包括主涂层涂料和面涂层涂料。主涂层涂料是双组分聚氨酯厚质涂料，通常可采用喷涂施工，形成的涂层具有优良的弹性和防水性；面涂层涂料为双组分的非黄变性丙烯酸改性聚氨酯树脂涂料。

聚氨酯系外墙涂料属于高档涂料，适用于混凝土或水泥砂浆外墙的装饰，主要用于高级住宅、商业楼群、宾馆等的外墙装饰，在施工时需要在现场按比例混合后使用，同时需注意防火、防爆。该系列中常用的为聚氨酯丙烯酸酯涂料。

二、乳液型外墙涂料

以高分子合成树脂乳液为主要成膜物质的外墙涂料，称为乳液型外墙涂料。乳液型外墙涂料以水为分散介质，不会污染周围环境，不易发生火灾，对人体的毒性小，施工方便，可刷涂，也可滚涂或喷涂。涂料透气性好，耐候性良好，尤其是高质量的丙烯酸酯外墙乳液涂料其光亮度、耐候性、耐水性及耐久性等各种性能可与溶剂型丙烯酸酯类外墙涂料媲美。

按照涂料的质感，可分为薄质乳液涂料(乳胶漆)、厚质涂料、砂壁状涂料等。

1. 苯—丙乳液涂料

苯—丙乳液涂料是以苯乙烯—丙烯酸酯共聚物为主要成膜物质，加入颜料、填料及助剂等，经分散、混合配制而成的乳液型外墙涂料。

纯丙烯酸酯乳液配制的涂料具有优良的耐候性、保光和保色性，适于外墙装饰。但价格较高，限制了它的使用。以一部分或全部苯乙烯代替纯丙烯酸酯乳液中的甲基丙烯酸甲酯制成的苯—丙乳液涂料，既保持了良好的耐候性和保光、保色性能，价格也有较大的降低。

苯—丙乳液涂料还具有优良的耐碱、耐水性，外观细腻，色彩艳丽，质感好。用苯—丙乳液配制的各种类型外墙涂料，性能均优于乙—丙乳液涂料，是目前国内生产量较大、使用较为广泛的外墙涂料。

2. 乙—丙乳液涂料

由醋酸乙烯和一种或几种丙烯酸酯类单体、乳化剂、引发剂通过乳液聚合反应制得的共聚乳液，称为乙—丙共聚乳液。将这种乳液作为主要成膜物质，掺入颜料、填料、成膜助剂、防霉剂等，经分散、混合配制而成，称为乙—丙乳液涂料。它是一种常用的乳液型外墙涂料。乙—丙乳液涂料具有无毒，不燃，干燥快，耐候性和保光、保色性较好等特点。其适用于住宅、商店、宾馆和工业建筑的外墙装饰。

3. 彩色砂壁状外墙涂料

彩色砂壁状外墙涂料又称彩砂涂料，其以合成树脂乳液为主体，外加着色集料、增稠剂及各种助剂材料配制而成。彩色砂壁外墙涂料的色彩丰富，有较强的质感。它的耐候性、耐久性和色牢度等性能要好于同类型的其他涂料，施工方法简便。由于采用高温烧结的彩色砂粒、彩色陶瓷或天然带色石屑作为集料，使制成的涂层具有丰富的色彩及质感，其保色性及耐候性比其他类型的涂料有较大的提高，耐久性约为10年以上。

三、无机高分子外墙涂料

无机高分子涂料是以碱金属硅酸盐或硅溶胶为主要成膜物质，加入填料、颜料、助剂等配制而成的建筑外墙涂料。按其主要成膜物质的不同，可分为两类：一类是以碱金属硅酸盐，包括硅酸钠、硅酸钾、硅酸锂及其混合物为主要成膜物质，并加入相应的固化剂或有机合成树脂乳液配制而成的涂料（A类）。此类涂料为双组分涂料，使用时在现场将固化剂加入，搅拌均匀后使用。另一类是以硅溶胶为主要成膜物质，并加入有机合成树脂乳液及次要成膜物质配制而成的涂料（B类）。

无机高分子涂料的颜色多样，渗透力强，与基层材料的黏结力强，成膜温度低，无毒、无味，价格低廉。涂层具有良好的耐水性、耐酸碱性、耐老化、耐冻融循环性，并具有良好的耐洗刷性、耐沾污性。其可以广泛用于住宅、办公楼、商店、宾馆等的外墙装饰，也可以用于内墙和顶棚等的装饰。

第四节 地面涂料

地面涂料是用于装饰和保护室内地面，使其清洁、美观的涂料。地面涂料应具有良好的黏结性能，以及耐碱、耐水、耐磨及抗冲击等性能。

一、过氯乙烯地面涂料

过氯乙烯地面涂料是将合成树脂用作建筑物室内地面装饰的早期材料之一。其是以过氯乙烯树脂为主要成膜物质，掺用少量其他树脂，并加入一定量的增塑剂、填料、颜料、稳定剂等物质，经捏合、混炼、切粒、溶解、过滤等工艺过程而配制成的一种溶剂型地面涂料，具有干燥快、施工方便、耐水性好、耐磨性较好、耐化学腐蚀性强等特点。由于含有大量易挥发、易燃的有机溶剂，因而在配制涂料及涂刷施工时应注意防火、防毒。

二、聚氨酯—丙烯酸酯地面涂料

聚氨酯—丙烯酸酯地面涂料是以聚氨酯—丙烯酸酯树脂溶液为主要成膜物质,以醋酸丁酯等为溶剂,再加入颜料、填料和各种助剂等,经过一定的加工工序制作而成的。聚氨酯—丙烯酸酯地面涂料的耐磨性、耐水性、耐酸碱腐蚀性能好,其表面有瓷砖的光亮感,因而又称为仿瓷地面涂料。这种涂料是双组分涂料,施工时可按规定的比例进行称量,然后搅拌混合,做到随拌随用。

三、丙烯酸硅地面涂料

丙烯酸硅地面涂料是以丙烯酸酯系树脂和硅树脂进行复合的产物为主要成膜物质,再加入溶剂、颜料、填料和各种助剂等,经过一定的加工工序制作而成的。

丙烯酸硅地面涂料的耐候性、耐水性、耐洗刷性、耐酸碱腐蚀性和耐火性能好,渗透力较强,与水泥砂浆等材料之间的黏结牢固,具有较好的耐磨性。

四、环氧树脂地面涂料

环氧树脂地面涂料是以环氧树脂为主要成膜物质,加入稀释剂、颜料、填料、增塑剂和固化剂等,经过一定的制作工艺加工而成的。

环氧树脂地面涂料是一种双组分常温固化型涂料,甲组分有清漆和色漆,乙组分是固化剂。其具有无接缝、质地坚实、防腐、防尘、保养方便、维护费用低廉等优点,可根据客户要求施行多种涂装方案,如薄层涂装、1~5 mm厚的自流平地面,防滑耐磨涂装,砂浆型涂装,防静电、防腐蚀涂装等。其产品适用于各种场地,如厂房、机房、仓库、实验室、病房、手术室、车间等。

五、彩色聚氨酯地面涂料

彩色聚氨酯地面涂料由聚氨酯、颜色填料、助剂调制而成,具有优异的耐酸、耐碱、防水、耐碾轧、防磕碰、不燃等性能,适用于食品厂、制药厂的车间仓库等地面、墙面的涂装。它同时具有无菌、防滑、无接缝、耐腐蚀等特点,可用于医院、电子厂、学校、宾馆等地面、墙面的装饰。

第五节 功能性建筑涂料

功能性建筑涂料是指除具有一般建筑涂料的装饰功能或不以装饰功能为主,而主要具有其他特殊功能的涂料,如防水、防火、防霉、隔热、隔声等。功能性建筑涂料一般也称为特种涂料。

一、防水涂料

建筑防水涂料是指形成的涂膜能够防止雨水或地下水渗漏的一类涂料,主要包括屋面防水涂料和地下工程防水涂料。按其成膜物质的状态与成膜的形式,可分为三类,即乳液型、溶剂型和反应型。

(1)乳液型防水涂料为单组分涂料,涂刷在建筑物上以后,随着水分的挥发而成膜。该涂料施工时无有机溶剂逸出,因而安全无毒,不污染环境,不易燃烧。乳液型防水涂料的主要品种有水乳型再生胶沥青防水涂料、阳离子型氯丁胶乳沥青防水涂料、丙烯酸乳液沥青防水涂料、氯—偏共聚乳液系防水涂料和近年来发展的 VAE 乳液防水涂料等。

(2)溶剂型防水涂料是以溶解于有机溶剂中的高分子合成树脂为主要成膜物质,加入颜料、填料及助剂等组成的一种涂料,涂刷在建筑物上以后,随着有机溶剂的蒸发而形成涂膜。它的防水效果良好,可以在较低温度下施工。其缺点是施工时有大量易燃的、有毒的有机溶剂逸出,污染环境。溶剂型防水涂料的品种有氯丁橡胶防水涂料、氯磺化聚乙烯防水涂料等。

(3)反应型防水涂料一般是双组分型,由涂料中主要成膜物质与固化剂进行反应形成防水涂膜。该涂料的耐水性、耐老化性及弹性良好,是目前性能良好的一类防水涂料。主要品种有聚氨酯系防水涂料、环氧树脂系防水涂料等。

二、防火涂料

防火涂料又称阻燃涂料,它是由成膜剂、阻燃剂、发泡剂等多种材料制造而成的一种阻燃涂料。涂于可燃性基材表面,能够降低被涂材料表面的可燃性,阻滞火灾的迅速蔓延,或者涂在建筑构件上,用以提高构件的耐火极限。

防火涂料作为防火的一种手段,不仅具有一般涂料的防锈、防水、防腐、耐磨、耐热以及装饰性、着色性、易干性,延长被保护基材的使用寿命等作用,更重要的是一旦遇到火灾及高温热辐射时,还会迅速发生一系列物理化学变化(如涂层膨胀、发泡、释放出惰性气体),从而隔绝热源,防止火灾的蔓延,为消防灭火工作赢得时间。

防火涂料的种类按涂刷的基层划分,可分为钢结构防火涂料、混凝土防火涂料、木材防火涂料。以防火涂料的组成成分及涂层的防火机理分类,则可分为膨胀型防火涂料和非膨胀型防火涂料。根据实际应用情况又可分为超薄(室内和室外)型防火涂料、薄涂(室内和室外)型防火涂料、厚涂(室内和室外)型防火涂料。

三、防腐涂料

防腐涂料是采用树脂或乳液为成膜物质,加入各类防腐颜/填料的,能涂布于各种钢材、混凝土或木材等基面的一种涂料。其组成主要包括基料(树脂)、颜/填料、溶剂和助剂。常见的防腐涂料有高氯化聚乙烯防腐涂料、双组分氯磺化聚乙烯防腐涂料、单组分氯磺化聚乙烯防腐涂料、水性氯磺化聚乙烯涂料、环氧树脂防腐涂料等。

本章小结

涂料是装饰工程中的常用材料,施工方法简单方便,具有装饰性好、工期短、工效高、质量轻、维修方便等特点,其使用范围非常广泛。本章主要介绍涂料的基本知识、内墙涂料、外墙涂料、地面涂料、功能性建筑涂料的概念、特点、技术要求等。

思考与练习

一、判断题

1. 乳液性涂料是以水溶性合成树脂为主要成膜物质,以水为稀释剂,加入适量的颜料、填料及助剂,经研磨而成的涂料。   (   )

2. 有机涂料的价格低，资源丰富，无毒、不燃，具有良好的遮盖力，涂膜具有良好的耐热性、保色性、耐久性等。（　　）
3. 地面涂料应具有良好的黏结性能，以及耐碱、耐水、耐磨及抗冲击等性能。（　　）
4. 彩砂涂料是一种质感与装饰效果酷似陶瓷釉面层饰面的装饰涂料。（　　）

二、填空题
1. 涂料按使用部位可分为_____、_____和_____等。
2. 建筑涂料根据主要成膜物质的化学成分可分为_____、_____、_____。
3. _____是用于装饰和保护室内地面，使其清洁美观的涂料。
4. _____是由成膜剂、阻燃剂、发泡剂等多种材料制造而成的一种阻燃涂料。

三、简答题
1. 涂料按照其组成一般可分为哪几类？
2. 涂料的作用有哪些？
3. 什么是溶剂型涂料？其优点、缺点有哪些？
4. 常用的内墙涂料有哪几类？
5. 什么是功能性建筑涂料？功能性建筑涂料包括哪几类？
6. 外墙涂料的主要功能是什么？常用的外墙涂料有哪几类？

第九章 建筑装饰塑料

知识目标

1. 了解塑料的组成、分类及特性；掌握硬质 PVC 板、玻璃钢板、铝塑板、聚碳酸酯采光板、三聚氰胺层压板的规格、分类、特性等。
2. 了解塑料地板的结构及分类；掌握单色半硬质 PVC 地砖、印花 PVC 地砖、软质 PVC 卷材地板、不发泡 PVC 印花卷材地板、印花发泡 PVC 卷材地板的规格、分类、特性等。
3. 了解塑料壁纸的特点、分类；熟悉塑料壁纸的规格、性能。
4. 熟悉塑料门窗的特点及品种。

能力目标

能够识别市场各种塑料装饰板材；能够识别各种塑料装饰卷材；能够选择正确的门窗。

第一节 塑料的基本知识

一、塑料的组成

塑料是以合成树脂为基本材料，再按一定比例加入填料、增塑剂、固化剂、着色剂及其他助剂等经加工而成。

1. 合成树脂

合成树脂是塑料的最主要成分，含量在塑料的全部组分中占 40%～100%，起着胶粘作用，能将自身和其他材料胶结成一个整体。虽然加入的添加剂可以改变塑料的性质，但合成树脂是决定塑料类型、性能和用途的根本因素。

2. 填充剂

填充剂又称填料，是绝大多数塑料中不可缺少的原料，通常占塑料组成材料的 40%～70%。其作用是提高塑料的强度、韧性、耐热性、耐老化性、抗冲击性等，同时降低了塑料的成本，常用的填料有滑石粉、硅藻土、石灰石粉、云母、石墨、石棉、玻璃纤维等，还可用木粉、纸屑、废棉、废布等。

填料在塑料工业中占有重要的地位，随着对填料的研究与进展，特别是用于改善填料与树脂之间界面结合力的偶联剂的出现，对填料在塑料组成中的作用又赋予了新的内容。

3. 增塑剂

使用增塑剂可以提高塑料成型时的流动性和可塑性，降低塑料的脆性和硬度，提高韧性和弹性。常用的增塑剂有樟脑、磷酸酯类、二苯甲酮等。

4. 固化剂

固化剂的主要作用是使聚合物中的线型分子交联成体型分子，从而使树脂具有热固性。常用的有胺类、酸酐类和高分子类。

5. 着色剂

着色剂又称为色剂，其作用是将塑料染制成所需要的颜色。着色剂的种类按其在着色介质或水中的溶解性可分为染料和颜料两大类。

(1)染料是溶解在溶液中，靠离子或化学反应作用产生着色的化学物质，实际上染料都是有机物，其色泽鲜艳，着色性好，但其耐碱、耐热性差，受紫外线作用后易分解褪色。

(2)颜料是基本不溶的微细粉末状物质。靠自身的光谱性吸收并反射特定的光谱而显色。塑料中所用的颜料，除具有优良的着色作用外，还可作为稳定剂和填充料，来提高塑料的性能，起到一剂多能的作用，在塑料制品中，常用的是无机颜料，如灰黑、镉黄等。

二、塑料的分类

(1)按树脂在受热时所发生的变化不同分类。

1)热固性塑料。此种塑料在受热时能软化，并有部分熔融，冷却后变成不熔性固体塑料。这种塑料成型后，不能再度加热软化，只能塑制一次。常用的热固性塑料有酚醛树脂、脲醛树脂、不饱和聚酯树脂等制成的塑料制品。

2)热塑性塑料。塑料在受热时软化并熔融，冷却后固结成型，但可反复加热重新塑制。常用的热塑性塑料有聚氯乙烯、聚苯乙烯、聚酰胺等塑料。

(2)按树脂的合成方法分类。

1)缩合物塑料。凡两个或两个以上的不同分子化合时，放出水或其他简单物质(如氨、氯化氢)，生成与原来分子完全不同的化学反应物，称为缩合物，如酚醛塑料、有机硅塑料、聚酯塑料等。

2)聚合物塑料。凡许多相同的分子连接而成庞大的分子，并且基本化学组成不发生变化的化学反应物，称为聚合物。所有聚合物塑料都具有热塑性，如聚乙烯塑料、聚苯乙烯塑料、聚甲基丙烯酸甲酯塑料等。

三、塑料的特性

塑料作为建筑材料使用有很多优点，但也有很多缺点，在生产和使用时应加以注意。塑料的特性表现在以下几个方面：

(1)优良的加工性能。塑料可以采用比较简便的方法加工成多种形状的产品，并可机械化大规模地生产。

(2)比强度高。比强度即是其强度与体积密度的比值。塑料及其制品的比强度远超过水泥、混凝土，并接近或超过钢材，是一种优良的轻质高强材料。

(3)功能的可设计性强。塑料的种类很多，通过改变配方和生产工艺，可以制成具有各种特殊性能的工程材料。如具有承重、隔声、保温功能的复合材料，柔软而富有弹性的密封、防水材料等。

(4)出色的装饰性能。塑料制品色彩绚丽持久，表面富有光泽，图案清晰，可以模仿天然材料的纹理达到以假乱真的程度；还可电镀、热压、烫金从而制成各种图案和花纹，使其表面具有立体感和金属质感，能够体现设计人员丰富的想象力和创造力。

(5)化学稳定性和电绝缘性好。塑料制品一般对酸、碱、盐及油脂有较好的耐腐蚀性。其电绝缘性可与陶瓷、橡胶媲美。

(6)具有良好的经济性。塑料无论是从生产时所消耗的能量或是在使用过程中的效果来看都有节能的效果。塑料生产的能耗低于传统材料，在使用过程中某些塑料产品具有节能效果。例如，塑料窗隔热性好，代替钢铝窗可节省空调费用；塑料管内壁光滑，输水能力比白铁管高30％，由此节省的能源也是可喜的，因此，广泛使用塑料这种建筑材料有明显的经济效益和社会效益。

(7)易燃、易老化、耐热性差。塑料一般都存在受热变形的问题，甚至产生分解；塑料还可以燃烧，而且燃烧时会挥发出对人体有害的有毒烟气。所以，在生产过程中一般都掺入一定量的阻燃剂，在使用过程中要注意它的限制温度。

塑料产生老化是因其在热空气、阳光及环境介质中的酸、碱、盐等的作用下，分子结构产生递变，增塑剂等组分被挥发，化学键产生断裂，使机械性能变化，甚至变得硬脆。

(8)刚度小。塑料是一种黏弹性材料，弹性模量低，只有钢材的1/20～1/10，且在荷载长期作用下会产生蠕变。所以，其用作承重结构时应慎重。

总之，塑料及其制品的优点大于缺点，且其缺点是可以采取措施改进的，改进后的塑料制品，其使用寿命可与其他建筑材料相媲美，如德国的塑料门窗已使用40年以上。随着石油化工的发展，塑料在建筑业，特别是在建筑装饰方面的应用将越来越广泛，必将成为今后建筑材料发展的趋势之一，并将在诸多方面取代木材、水泥及钢材，成为建筑工程的四大建筑材料之一。

第二节 建筑装饰塑料板材

建筑装饰塑料板材是指以树脂为浸渍材料或以树脂为基材，采用一定的生产工艺制成的具有装饰功能的板材。建筑装饰塑料板材以其质量轻、装饰性强、生产工艺简单、施工简便、易于保养、适于与其他材料复合等特点在装饰工程中得到越来越广泛的应用。

建筑装饰塑料板材按原材料的不同可分为塑料金属复合板、硬质PVC板、三聚氰胺层压板、玻璃钢板、聚碳酸酯采光板、有机玻璃装饰板、复合夹层板等类型。按结构和断面形式可分为平板、波形板、实体异型断面板、中空异型断面板、格子板、夹心板等类型。

一、硬质PVC板

硬质PVC板主要用作护墙板、屋面板和平顶板。其分为透明和不透明两种。透明板是以PVC为基料，掺加增塑剂、抗老化剂，经挤压而成型。不透明板是以PVC为基材，掺入填料、稳定剂、颜料等，经捏合、混炼、拉片、切粒、挤出或压延而成型。硬质PVC板按其断面形式可分为平板、波形板、异型板和格子板等。

1. 平板

硬质PVC平板表面光滑、色泽鲜艳、不变形、易清洗、防水、耐腐蚀，同时具有良好的施工性能，可锯、可刨、可钻、可钉。其常用于室内饰面、家具台面的装饰。常用的规格为2 000 mm×1 000 mm、1 600 mm×700 mm、700 mm×700 mm等，厚度为1 mm、2 mm和3 mm。

2. 波形板

硬质PVC波形板是以PVC为基材，用挤出成型法制成各种波形断面的板材。这种波形断面既可以增加其抗弯刚度，也可通过其断面波形的变形来吸收PVC较大的伸缩。其波形尺寸与一般石棉水泥波形瓦、彩色钢板波形板等相同，以便必要时与其配合使用。

硬质 PVC 波形板可任意着色，常用的有白色、绿色等。透明的波形板透光率可达 75%～85%。彩色硬质 PVC 波形板可用作墙面装饰和简单建筑的屋面防水。透明 PVC 横波板可用作发光平顶，其放置在上人龙骨的翼缘上，上面安放照明灯。透明 PVC 纵波板，由于长度没有限制，故适宜做成拱形采光屋面，中间没有接缝，水密性好。

3. 异型板

硬质 PVC 异型板有两种基本结构，如图 9-1 所示。一种为单层异型板；另一种为多孔中空异型板。单层异型板的断面形式多样，一般为方形波，以使立面线条明显。其与铝合金扣板相似，两边分别做成沟槽和插入边，既可达到接缝防水的目的，又可遮盖固定螺丝。每条型材一边固定，另一边插入柔性连接，可允许有一定的横向变形，以适应横向的热伸缩。单层异型板一般宽度为 100～200 mm，长度为 4 000～6 000 mm，厚度为 1.0～1.5 mm。多孔中空异型板为栅格状薄壁异型断面，该种板材由于内部有封闭的空腔，因此有优良的隔热、隔声性能。同时，其薄壁空间结构也大大增加了刚度，使其比平板或单层板材具有更好的抗弯强度和表面抗凹陷性，而且材料也较节约，单位面积质量轻。该种异型板材的连接方式有企口式和沟槽式两种，目前较流行的为企口式。

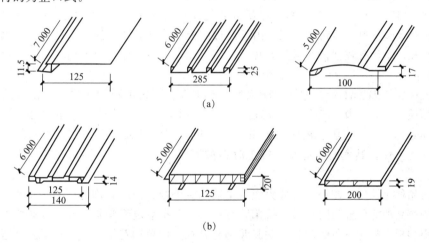

图 9-1 硬质 PVC 异型板结构

(a)单层异型板；(b)多孔中空异型板

硬质 PVC 异型板表面可印制或复合各种仿木纹、仿石纹装饰几何图案，具有良好的装饰性，而且防潮、表面光滑、易于清洁、安装简单，常用作墙板和潮湿环境的吊顶板。

4. 格子板

硬质 PVC 格子板是将硬质 PVC 平板在烘箱内加热至软化，放在真空吸塑模上，利用板上下的空气压力差使硬板吸入模具成型，然后喷水冷却定型，再经脱模、修整而成的方形立体板材。格子板常用的规格为 500 mm×500 mm，厚度为 2～3 mm。

格子板常用于体育馆、图书馆、展览馆或医院等公共建筑的墙面或吊顶。

二、玻璃钢板

玻璃钢是以合成树脂为基体，以玻璃纤维或其制品为增强材料，经成型、固化而成的固体材料。

玻璃钢采用的合成树脂有不饱和聚酯、酚醛树脂或环氧树脂。不饱和聚酯工艺性能好，可制成透光制品，可在室温常压下固化。目前制作玻璃钢装饰材料大多采用不饱和聚酯。

玻璃纤维是熔融的玻璃液拉制成的细丝，是一种光滑柔软的高强无机纤维，直径为9~18 μm，可与合成树脂良好结合而成为增强材料。在玻璃钢中常应用玻璃纤维制品，如玻璃纤维织物或玻璃纤维毡。

玻璃钢装饰制品具有良好的透光性和装饰性，可制成色彩艳丽的透光或不透光构件或饰件，其透光性与PVC接近，但具有散射光性能，故作屋面采光时，光线柔和均匀；其强度高（可超过普通碳素钢）、质量轻（仅为钢的1/4~1/5，铝的1/3左右），是典型的轻质高强材料；其成型工艺简单灵活，可制作造型复杂的构件；具有良好的耐化学腐蚀性和电绝缘性；耐湿、防潮，可用于有耐潮湿要求的建筑物的某些部位。玻璃钢制品的最大缺点是表面不够光滑。

常用的玻璃钢装饰板材有波形板、格子板、折板等。

三、铝塑板

铝塑板是以经过化学处理的铝合金薄板为表层材料，用聚乙烯塑料为芯材，在专用铝塑板生产设备上加工而成的复合材料。厚度为3 mm、4 mm、5 mm、6 mm或8 mm，常见规格为1 220 mm×2 440 mm。铝塑板表面经过阳极氧化和着色处理，色泽鲜艳。由于采取了复合结构，因此兼有金属材料和塑料的优点。由于经过阳极氧化和着色、涂装表面处理，因此铝型板不但装饰性好，而且有较强的耐候性，可锯、铆、刨（侧边）、钻，可冷弯、冷折，易加工、组装、维修和保养。

铝塑板优良的加工性能、绝佳的防火性、经济性、可选色彩的多样性、便捷的施工方法及高贵的品质，决定了其广泛用途；其被广泛地应用于建筑物的外墙和室内外墙面、柱面和顶面的饰面处理，广告招牌、展示台架等。铝塑板在国内已大量使用，属于一种新型金属塑料复合板材。为保护其表面在运输和施工时不被擦伤，铝塑板表面都贴有保护膜，施工完毕后再行揭去。

铝塑板品种比较多，按用途可分为建筑幕墙用铝塑板、外墙装饰与广告用铝塑板、室内用铝塑板；按产品功能可分为防火板、抗菌防霉铝塑板、抗静电铝塑板；按表面装饰效果可分为涂层装饰铝塑板、氧化着色铝塑板、贴膜装饰复合板、彩色印花铝塑板、拉丝铝塑板和镜面铝塑板。

四、聚碳酸酯采光板

聚碳酸酯采光板是以聚碳酸塑料为基材，添加各种助剂，采用挤出成形工艺制成的栅格状中空结构异型断面板材。其结构如图9-2所示。厚度为4 mm、6 mm、8 mm、10 mm，常用的板面规格为5 800 mm×1 210 mm。按产品结构可分为双层板、三层板。按是否含防紫外线共挤层可分为含UV共挤层防紫外线型板、不含UV共挤层普通型板两种。

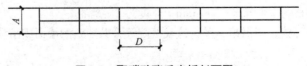

图9-2　聚碳酸酯采光板剖面图

聚碳酸酯采光板的特点为轻，薄，刚性大，不易变形，色彩丰富，外观美丽，透光性好，耐候性好，适用于遮阳棚、大厅采光天幕、游泳池和体育场馆的顶棚、大型建筑和蔬菜大棚的顶罩等。

五、三聚氰胺层压板

三聚氰胺层压板，又称三聚氰胺浸渍胶膜纸饰面人造板，是将带有不同颜色或纹理的纸放入三聚氰胺树脂胶粘剂中浸泡，然后干燥到一定固化程度，将其铺装在刨花板、中密度纤维板或硬质纤维板表面，经热压而成。

三聚氰胺层压板按其表面的外观特性可分为有光型、柔光型、双面型、滞燃型四种型号。按其内部纤维形态可分为三聚氰胺颗粒板和三聚氰胺密度板两种。三聚氰胺颗粒板的基材是将木料打成颗粒和木屑，经重定向排列、热压、胶干形成；三聚氰胺密度板的基材是将木料打成锯末，经重定向排列、热压、胶干形成。两者区别在于：颗粒板强度大、握钉能力强，密度板相对弱些，当然，后者的造价更加低廉。

经过多年的发展，三聚氰胺层压板除刨花板、中密度纤维板基层外，还衍生出防潮板、胶合板、细木工板或其他硬质纤维板基层。

三聚氰胺装饰板可以任意仿制各种图案，色泽鲜明，用作各种人造板和木材的贴面，硬度大、耐磨耐热性好、耐化学药品性能好，能抵抗一般的酸、碱、油脂及酒精等溶剂的磨蚀。表面平滑光洁，容易维护清洗。由于它具备了天然木材所不能兼备的优异性能，故常用于室内建筑及各种家具、橱柜的装饰。

第三节　塑料地板

塑料地板是以高分子合成树脂为主要材料，加入其他辅助材料，经一定的制作工艺制作而成的预制块状、卷材状或现场铺涂整体状的地面材料。塑料地板柔韧性好、脚感舒适、隔声、保温、耐腐蚀、抗静电、易清洗、耐磨损并具有一定的电绝缘性。其色彩丰富、图案多样、平滑美观、价格较低廉、施工简便。

一、塑料地板的结构及分类

1. 塑料地板的结构

塑料地板一般为3~4层复合而成。图9-3所示为PVC印花发泡卷材地板的结构。

图9-3(a)所示为采用两步法生产的地板结构，即在底衬材料上直接涂布发泡PVC浆，要求所有底衬材料平整、渗漏性小。常用于家庭地面装饰。

图9-3(b)所示为采用三步法生产的地板结构。所用底衬材料表面不很平整，有渗漏性，所以应在底衬材料下面加上一层PVC底层，使其表面平整，便于印刷。

图9-3(c)所示为用玻璃纤维毡作底衬时，上、下均加一层PVC底层，可提高平整度，也可防止玻璃纤维外露。此种结构的地板性能优于前两种结构的地板。

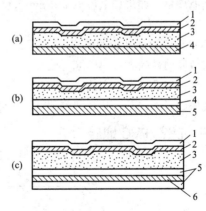

图9-3　PVC印花发泡卷材地板的结构

1—PVC印花透明面层；2—印刷油墨；3—发泡PVC；
4—底衬材料；5—PVC底层；6—玻璃纤维毡
(a)采用两步法生产的地板结构；(b)采用三步法生产的
地板结构；(c)用玻璃纤维毡作底衬时，上、下均
加一层PVC底层的地板结构

塑料地板可用于要求较高的民用住宅地面和公共建筑的室内地面装铺。

2. 塑料地板的分类

塑料地板一般可分为单层地板和同质复合地板；按颜色可分为单色与复色；按使用的树脂可分为聚氯乙烯树脂型、氯乙烯—醋酸乙烯型、聚乙烯树脂型、聚丙烯树脂型等。一般商业上通常又将塑料地板分为彩色地板、印花地板和石英地板，适用于家庭、宾馆、饭店、写字楼、医院、幼儿园、商场等建筑物室内和车船等地面装修与装饰。

二、单色半硬质 PVC 地砖

半硬质 PVC 地砖表面比较硬，但仍有一定柔性。脚感较硬，但与水磨石相比略有弹性，无冷感，步行的噪声较小。耐烟头灼烧，烟头在上面踩灭时会烧焦，略有发黄，用细砂纸一打就能去除。均质的地砖不会发生翘曲，粘贴得好，胶粘剂黏结强度较高，可以避免翘曲脱胶。耐凹陷性、耐沾污性好，但耐刻划性一般较差，易被划伤。机械强度较低，抗折强度低，有的较易折断，虽不影响使用性能，但铺设时基层必须平整。

单色半硬质 PVC 地砖主要有以下几个品种：

(1)单层均质型是均质单层结构，一般采用新料生产。若采用回收再生料生产，受回收废料的限制，一般仅有铁黄色和铁红色等有限的几种色调。

(2)复合多层型的单色块材地板由 2～3 层复合而成。虽各层材质基本相同，但仅面层采用新料，其他各层常采用回收再生料，而且各层填充料含量也不同，通常面层含填充料少而底层含填充料多，以增加面层的耐磨性和底层的刚性。

(3)石英加强型以石英砂为填充料，为均质单层型结构。由于有石英砂增强，因此有效提高了地板的耐磨性和耐久性。

单色块材地板一般为单色，有红、白、绿、黑、棕等多种颜色，可单色或多色搭配使用。除单色外，还在表面拉有杂色以形成大理石纹。单色块材地板通常为半硬质和硬质。

PVC 单色块材地板一般规格为 300 mm×300 mm，厚度为 1.5 mm，也可根据供需双方商定生产其他规格。如市场上可见 240 mm×240 mm 和 480 mm×480 mm，厚度为 2～3 mm 等多种规格。

PVC 单色块材地板的特点为：硬度较大，脚感略有弹性，行走无噪声；单层型的不翘曲，但多层型翘曲性稍大；耐凹陷、耐沾污，但耐刻划性较差，机械强度较低，不耐折，图案可组性强，价格较低，保养方便。国家标准《半硬质聚氯乙烯块状地板》(GB/T 4085—2015)对该类地板的规格、尺寸偏差、外观和物理性能均做出了规定。

三、印花 PVC 地砖

印花 PVC 地砖是表面印有彩色图案的 PVC 地板，常见的有两种类型，其结构如图 9-4 所示。

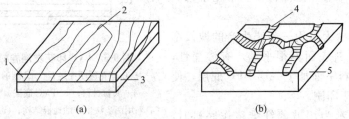

图 9-4　印花 PVC 地砖结构

(a)印花贴膜型；(b)印花压花型

1—透明 PVC 面层；2—印刷油墨层；3—PVC 底层；4—油墨压花；5—PVC 基材

(1) 印花贴膜 PVC 地砖。它由面层、印刷层和底层组成。面层为透明 PVC 膜，厚度一般为 0.2 mm 左右，底层为加填料的 PVC，也有用回收的旧塑料。印刷图案有单色也有多色的。其表面一般是平的，也有的压上橘皮纹或其他花纹，可起到消光作用。

(2) 印花压花 PVC 地砖（沟底压花地砖）。它的表面没有透明 PVC 膜，印刷图案是凹下去的，通常是线条、粗点等，在使用时油黑不易磨去。其性能除有压花印花图案外均与单色半硬质 PVC 地砖相同，应用范围也基本相同。

(3) 碎粒花纹地砖。它由许多不同颜色（2～3 种）的 PVC 碎粒互相组合，因此，整个厚度上都有花纹。碎粒的颜色虽不同，但基本是同一色调，粒度为 3～5 mm。碎粒花纹地砖的性能基本与单色 PVC 地砖相同。其主要特点是装饰性好，碎粒花纹不会因磨耗而丧失，也不怕烟头灼烧的危害。

(4) PVC 水磨石地砖。它由一些不同色彩的 PVC 碎粒和它们周围的"灰缝"构成。碎粒的外形与碎石一样，所以，其外观很像水磨石，整个厚度上都有花纹。

四、软质 PVC 卷材地板

软质 PCV 卷材地板如采用挤出法生产，可一次得到单层均质结构的卷材，但如采用压延法生产，由于一次成型 1 mm 以上的片材较困难，故可采用 3～4 层 0.5 mm 左右的片材贴合，形成多层结构的卷材。但无论是单层还是多层结构，整片材料仍是均质的。该种卷材地板一般为单色，也可拉有花纹。

均质 PVC 软性卷材地板由于是均质结构且填料含量较少，因此材质较软，有一定弹性，脚感舒适。虽耐烟头烫性不如半硬质块材地板，但轻度烧伤可用砂纸擦除，且翘曲性较小，耐刻划性、耐沾污性、耐磨性都较好，适用于公共建筑，特别是车、船等交通工具的地面铺设，在国外应用较为普通。该卷材地板宽度为 1 200 mm，厚度为 1.5～3.0 mm。

五、不发泡 PVC 印花卷材地板

不发泡 PVC 印花卷材地板结构与印花 PVC 地砖相同，也可由三层组成。面层为透明 PVC 膜，起保护印刷图案的作用；中间层为印花层，是一层印花的 PVC 色膜；底层为填料较多的 PVC，有的产品以回收料为底料，可降低生产成本。表面一般有橘皮、圆点等压纹，以降低表面的反光，但仍保持一定的光泽。不发泡 PVC 印花卷材地板通常是压延工艺生产。

不发泡 PVC 印花卷材地板的尺寸及外观、物理机械性能基本与软质 PVC 单色卷材地板相接近，但要求印刷图案的套色精度误差小于 1 mm，印花卷材还要求有一定的层间剥离强度，一般要求达到 10.5 N/cm，另外，不允许严重翘曲。不发泡 PVC 印花卷材地板可用于通行密度不高、保养条件较好的公共建筑及民用建筑。

六、印花发泡 PVC 卷材地板

印花发泡 PVC 卷材地板基本结构与不发泡 PVC 印花卷材地板接近，但它的底层是发泡的。最普通的由三层组成，面层为透明 PVC 膜，中间层为发泡的 PVC 层，底层为底布，通常用矿棉纸、玻璃纤维布、玻璃纤维毡、化学纤维无纺布等，表面有浮雕感。另一种印花发泡 PVC 卷材地板仅由透明层和发泡层组成，无底布。还有一种是底布夹在两层发泡 PVC 层之间的，也称为增强型印花发泡 PVC 卷材地板。印花发泡 PVC 卷材地板结构如图 9-5 所示。

印花发泡 PVC 卷材地板通常用涂塑法生产，必须使用价格较高的糊状 PVC 树脂，因为发泡温度较高，所以生产速度较慢，有的产品还有底布。因此，该产品价格较高。印花发泡 PVC 卷材地板有以下特点：

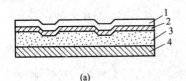 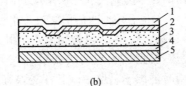 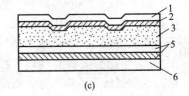

图 9-5　印花发泡 PVC 卷材地板结构
1—PVC 透明面层；2—印刷油墨；3—发泡 PVC 层；
4—地层；5—PVC 打底层；6—玻璃纤维毡

(1)因为有发泡层，增塑剂含量高(60%)，所以柔软，有弹性，步行时脚感舒适，并且有一定隔热、隔声性。

(2)除有印花图案外，还有化学压花法形成的压花纹，表面质感丰富，装饰效果优于其他卷材。

(3)由于增塑剂含量较高，因此表面耐沾污性较差，但耐刻划性好。

(4)平铺性好，一般没有翘边或荷叶边现象，可以不用胶粘剂直接平铺在平整的地面基层上。

(5)由于有发泡 PVC 层，故耐凹陷性较差，易产生永久性的凹陷，同时较易受机械损伤。

(6)不耐烟头灼烧，烟头危害较严重，不仅可能使透明层烧焦，还会使泡沫 PVC 烧结形成凹陷，不能用砂纸修复。

(7)耐磨性优异。

印花发泡 PVC 卷材地板主要适用于民用住宅。

第四节　塑料壁纸

壁纸和墙布是目前国内外广泛使用的墙面装饰材料。花色有套花、印花并压纹的，有仿锦缎、仿木纹、石材的，有仿各种织物的，仿清水砖墙并有凹凸质感及静电植绒的等。

一、塑料壁纸的特点

塑料壁纸是目前使用广泛的室内墙面装饰材料之一，也可用于顶棚、梁柱等处的贴面装饰。壁纸与传统装饰材料相比具有一定的伸缩性和耐裂强度，装饰效果好。性能优越，根据需要可加工成具有难燃、隔热、吸声、防霉等特性，不怕水洗，不易受机械损伤的产品。塑料壁纸的湿纸状态强度仍较好，耐拉耐拽，易于粘贴，且透气性能好，施工简单，表面可清洗，对酸碱有较强的抵抗能力，陈旧后易于更换；使用寿命长，易维修保养。

总之，与其他各种装饰材料相比，壁纸的艺术性、经济性和功能性综合指标极佳。壁纸的图案色彩多样，适应不同用户所要求的丰富多彩的个性。选用时应以色调和图案为主要指标，综合考虑其价格和技术性质，以保证其装饰效果。

二、塑料壁纸的分类

塑料壁纸是以纸为基材，以聚氯乙烯塑料为面层，经压延或涂布及印刷、扎花、发泡等工艺而制成的。塑料壁纸大致可分为三大类，即普通壁纸(也称纸基塑料壁纸)、发泡壁纸、特种壁纸。每一类壁纸有 3~4 个品种，每一品种又有若干种花色。

1. 普通壁纸

普通壁纸是以 80 g/m² 的纸作基材，涂塑 100 g/m² 左右的聚氯乙烯糊状树脂，经印花、压花而成。这种壁纸的花色品种多，适用面广，价格低，生产量大，使用最为普遍。

普通壁纸有单色压花壁纸、印花压花壁纸、有光印花和平光印花壁纸等品种。

2. 发泡塑料壁纸

发泡塑料壁纸是以 100 g/cm² 纸为基材，涂塑上 300～400 g/cm² 掺有发泡剂的聚氯乙烯糊状料，经印花后，再加热发泡而成。这类墙纸有高发泡印花、低发泡印花、低发泡印花压花等品种。高发泡墙纸发泡较大，表面为富有弹性的凹凸花纹，是一种集装饰、吸声多功能为一体的墙纸，常用于影剧院和住宅顶棚等装饰。低发泡印花墙纸是在发泡平面印有图案的品种。低发泡印花压花墙纸采用化学压花的方法，即用有不同抑制发泡作用的油墨印花后再发泡，使表面形成具有不同色彩的凹凸花纹图案，所以也叫作化学浮雕。该品种还有仿木纹、拼花、仿瓷砖等花色，图样逼真，立体感强，装饰效果好，并有弹性，适用于室内墙裙、客厅和内走廊的装饰。

3. 特种壁纸

特种壁纸是指具有一种或几种特殊功能的壁纸。国内的特种壁纸有耐水壁纸、防火壁纸、植绒壁纸、自粘型壁纸、金属壁纸、风景画壁纸、彩色砂粒壁纸等。

(1)耐水壁纸。耐水壁纸不怕水冲、水洗，适用于裱糊有防水要求的部位，如卫生间、盥洗室墙面等。

(2)防火壁纸。有防火特殊要求的房间，要求所使用的壁纸具有一定的防火功能，所以常选用 100～200 g/m² 的石棉纸作基材，同时，面层的 PVC 中掺有阻燃剂，使该种壁纸具有很好的阻燃防火功能，适用于防火要求很高的建筑室内装饰。另外，防火壁纸燃烧时，也不会放出浓烟或毒气。

(3)植绒壁纸。植绒壁纸是用静电植绒的方法将合成纤维短绒粘在纸基上。植绒壁纸有丝绒布的质感和手感，不反光，有一定的吸声性，无气味，不褪色。其缺点是不耐湿、不耐脏、不能擦洗，一般不在大面积的装饰面上使用，常用于点缀性的装饰面上。

植绒壁纸的常用规格：幅宽为 900～1 200 mm，30 m 为一卷。

(4)自粘型壁纸。为了便于粘贴，可选用自粘型壁纸，使用时只需要将壁纸背面的保护层撕掉，即可将其粘于基层。

(5)金属壁纸。金属壁纸是一种类似金属板镜面的壁纸。常用的有金色、银白色、古铜色等，并印有多种图案可供选择。金属壁纸常用于酒店的墙面及顶棚、柱面等部位，用在墙面上有时是局部的。

(6)风景画壁纸。风景画壁纸是指塑料壁纸面层印有风景画或将名人的作品印在表面，用几幅拼装而成。风景画壁纸往往将一幅作品分成若干小幅，按拼贴顺序排上号码，裱糊时只要按顺序裱贴即可。此种艺术壁纸多用于厅、堂的墙面，看上去好似一幅完整的艺术作品。

三、塑料壁纸的规格、性能

《聚氯乙烯壁纸》(QB/T 3805—1999)规定了塑料壁纸的规格及性能。

1. 规格尺寸

(1)宽度和每卷长度。成品壁纸的宽度为(530±5)mm 或[(900～1 000)±10]mm。530 mm 宽的壁纸，每卷长度为(10±0.05)m。

900~1 000 mm 宽的壁纸，每卷长度为(50±0.50)m。

(2)每卷壁纸的段数和段长。10 m/卷的成品壁纸每卷为一段。50 m/卷的成品壁纸每卷的段数及段长应符合表 9-1 的要求。壁纸的宽度和长度可用最小刻度为 1 mm 的铜卷尺测量。

表 9-1 50 m/卷的成品壁纸每卷的段数及段长

级别	每卷段数 不多于	最小段长 不小于
优等品	2 段	10 m
一等品	3 段	3 m
合格品	6 段	3 m

2. 技术要求

塑料壁纸的技术要求主要有外观质量及物理性质两个方面，见表 9-2 和表 9-3。在使用选择塑料壁纸时，应按其技术要求进行检验。

表 9-2 塑料壁纸的外观质量

名称	优等品	一等品	合格品
色差	不允许有	不允许有明显差异	允许有差异，但不影响使用
伤痕和皱折	不允许有	不允许有	允许纸基有明显折印，但表面不允许有死折
气泡	不允许有	不允许有	不允许有影响外观的气泡
套印精度	偏差≤0.7 mm	偏差≤1 mm	偏差≤2 mm
露底	不允许有	不允许有	允许有 2 mm 的露底，但不允许密集
漏印	不允许有	不允许有	不允许有影响使用的漏印
污染点	不允许有	不允许有目视明显的污染点	允许有目视明显的污染点，但不允许密集

表 9-3 塑料壁纸的物理性质

项 目			指 标		
			优等品	一等品	合格品
褪色性(级)			>4	≥4	≥3
耐摩擦色牢度试验(级)	干摩擦	纵向	>4	≥4	≥3
	湿摩擦	纵向			
遮蔽性(级)			4	≥3	≥3
湿剂拉伸负荷/[N·(15mm)$^{-1}$]		纵向	≥2.0	≥2.0	≥2.0
		横向			
胶粘剂可拭性		横向①	20 次无外观上的损伤和变化		
可洗性②		可洗	30 次无外观上的损伤和变化		
		特别可洗	100 次无外观上的损伤和变化		
		可刷洗	40 次无外观上的损伤和变化		

①表中可拭性是指粘贴壁纸的胶粘剂附在壁纸正面，在胶粘剂未干时，应用湿布或海绵拭去而不留下明显痕迹的性能。

②表中可洗性是指可洗壁纸在粘贴后的使用期内可洗干净而不损坏的性能，是对壁纸用在有污染和高温度房间的使用要求

常见塑料壁纸的品种、规格和性能见表9-4。

表9-4 常见塑料壁纸的品种、规格和性能

名 称	品 种	规 格	技术性能	
			项 目	指 标
中、高档壁纸	印花、压花、印花发泡壁纸,仿瓷砖、纺织物壁纸	幅宽:530 mm 长度:10 00 mm 每卷:5.3 m³	产品达到欧洲壁纸标准(PREN233)和国际壁纸协会(IG1987)及国际草案优级品要求	
高级浮雕壁纸	密突压花、印花壁纸,低、中、高发泡印花壁纸	幅宽:530 mm 长度:10 00 mm 每卷:5.3 m³		
PVC塑料壁纸	印刷壁纸,压花壁纸,发泡压花、印刷发泡、印花压花壁纸,布基壁纸及阻燃等功能型壁纸	幅宽:920 mm、1000 mm、12 000 mm 长度:15 000 mm、30 000 mm、50 000 mm	耐磨性(干擦25次,湿擦2次) 纵向湿强度(N/1.5 mm) 褪色性(级) 遮盖性(级) 施工性	无明显掉色 ≥2 褪色良好 无浮起剥落
PVC壁纸	全封闭、高发泡壁纸	幅宽:500 mm 正负公差≤1% 厚:(1.0±0.1)mm	耐磨性(干湿级) 湿强度(N/1.5mm) 褪色性(级) 遮盖性(级) 施工性	≥3.6 ≥2 ≥3.6 ≥2 无浮起剥落
塑料壁纸	有轧花、花泡轧花、印花轧花、沟底印花轧花、发泡印花轧花等	幅宽:970 mm、1 000 mm 长度:20 m/卷		

第五节 塑料门窗

塑料门窗是以聚氯乙烯、改性聚氯乙烯或其他树脂为主要原料,轻质碳酸钙为填料,添加适量助剂和改性剂,经双螺杆挤压机挤出成型形成各种截面的空腹门窗异型材,再根据不同的品种规格选用不同截面的异型材组装而成。

一、塑料门窗的特点

塑料门窗具有外形美观、尺寸稳定、抗老化、不褪色、耐腐蚀、耐冲击、气密和水密性能优良、使用寿命长等优点。

与传统的木窗和钢窗相比,塑料窗有以下特点:

(1)耐水和耐腐蚀。塑钢窗具有耐水性和耐腐蚀性,这使它不仅可以用于多雨湿热的地区,还可用于地下建筑和有腐蚀性的工业建筑。

(2)隔热性能好。虽然塑料的传热系数与木材接近,但由于塑钢窗的框料是由中空的异型材拼装而成的,因此塑钢窗的隔热性比钢木窗的效果好得多。

(3)气密性和水密性好。由于 PVC 窗异型材设计时就考虑了气密和水密的要求,在窗扇和窗框之间设有密封毛条,因此密封、隔声性能很好。

(4)装饰性好。PVC 塑料可以着色,目前较多的为白色,但也可以根据设计生产出不同的颜色,对建筑物起到美化作用。

(5)保养方便。PVC 窗不锈不腐,不像木窗和钢窗那样需要涂漆保护,其表面光洁,清理方便,部分配件可换可调,维修方便。

二、塑料门窗的品种

(1)改性全塑整体门。改性全塑整体门是以聚氯乙烯树脂为主要原料,配以一定量的抗老化剂、阻燃剂、增塑剂、稳定剂和内润滑剂等多种优良助剂,经机械加工而成的。改性全塑整体门的门扇是一个整体,在生产中采用一次成型工艺,摆脱了传统组装体的形式。其外观清雅华丽,装饰性强,可制成各种单一颜色,也可同时集三种颜色在一个门扇之上。改性全塑整体门质量坚固,耐冲击性强,结构严密,隔声、隔热性能均优于传统木门,且安装简便,省工省料,使用寿命长,是理想的以塑代木产品。其适用于宾馆、饭店、医院、办公楼及民用建筑的内门,也适用于化工建筑的内门。改性全塑整体门的使用温度为 $-20\ ℃\sim50\ ℃$。

(2)全塑折叠门。全塑折叠门和改性全塑整体门一样,以聚氯乙烯为主要原料配以一定量的防老化剂、阻燃剂、增塑剂、稳定剂等,经机械加工制成。全塑折叠门具有质量轻,安装与使用方便,装饰效果豪华、高雅,推拉轨迹顺直,自身体积小而遮蔽面积大,以及适用于多种环境和场合等优点。它特别适用于更衣间屏幕、浴室内门和用作大中型厅堂的临时隔断等。

全塑折叠门的颜色可根据设计要求定制,如棕色仿木纹及各种印花图案。其附件主要是铝合金导轨及滑轮等。

(3)塑料百叶窗。塑料百叶窗采用硬质改性聚氯乙烯、玻璃纤维增强聚丙烯及尼龙等热塑性塑料加工而成。其品种有活动百叶窗和垂直百叶窗帘等,如垂直百叶窗帘片,即采用各种颜色和花纹的聚酯薄片。它的传动系统采用丝杠及涡轮副结构,可以自动启闭及 180°转角,实现灵活调节光照,使室内有光影交错的效果。

塑料百叶窗适用于工厂车间通风采光,人防工事、地下室坑道等湿度大的建筑工程;同时,也适用于宾馆、饭店、影剧院、图书馆、科研计算中心、民用住宅等各种窗的遮阳和通风。

(4)玻璃钢门窗。玻璃钢门窗是以合成树脂为基体材料,以玻璃纤维及其制品为增强材料,经一定成型加工工艺制作而成。其结构形式一般有实心窗、空腹窗及隔断门和走廊门扇等。

空腹薄壁玻璃钢窗由于刚度较好,不易变形,使用效果也较好,因此被广泛采用。它是以无碱无捻方格玻璃布为增强材料,以不饱和聚酯树脂为胶粘剂制成空腹薄壁玻璃钢型材,然后再加工拼装成窗。SMC 压制窗由于具有成本低、使用方便、生产效率高和制品表面光洁度好等优点,得以较快发展。

玻璃钢门窗与传统的钢门窗、木门窗相比,具有质量轻、高强、耐久、耐热、绝缘、抗冻、成型简单等特点,其耐腐蚀性能尤为突出。此类门窗除适用于一般建筑外,特别适用于湿度大、有腐蚀性介质的化工生产车间、火车车厢,以及各种冷库的保温门窗。

本章小结

装饰塑料是指用于室内装饰装修工程的各种塑料及其制品,是一种理想的可代替传统材料的新型材料。本章主要介绍了室内装饰装修的塑料制品:建筑装饰塑料板材、塑料地板、塑料壁纸、塑料门窗的概念、规格、性能等。

思考与练习

一、判断题

1. 使用填充剂可以提高塑料成型时的流动性和可塑性,降低塑料的脆性和硬度,提高韧性和弹性。( )
2. 塑料制品一般对酸、碱、盐及油脂有较好的耐腐蚀性。( )
3. 塑料是一种黏弹性材料,弹性模量低,只有钢材的 1/20～1/10,且在荷载长期作用下会产生蠕变。( )
4. 硬质 PVC 异型板是以 PVC 为基材,用挤出成型法制成各种波形断面的板材。( )
5. 发泡塑料壁纸是以 100 g/cm² 纸为基材,涂塑上 100 g/cm² 掺有发泡剂的聚氯乙烯糊状料,经印花后,再加热发泡而成。( )

二、填空题

1. 塑料是以_____为基本材料,再按一定比例加入_____、_____、_____、_____及其他助剂等经加工而成。
2. _____是塑料的最主要成分,含量在塑料的全部组分中占 40%～100%,起着胶粘作用,能将自身和其他材料胶结成一个整体。
3. _____的主要作用是使聚合物中的线型分子交联成体型分子,从而使树脂具有热固性。
4. 塑料按树脂的合成方法可分为_____和_____。
5. _____主要用作护墙板、屋面板和平顶板。
6. 塑料壁纸大致可分为三大类,即_____、_____、_____。

三、简答题

1. 着色剂按其着色介质和水中的溶解性可分为哪两类?
2. 塑料按树脂在受热时所发生的变化不同可分为哪两类?
3. 塑料的特性表现有哪几个方面?
4. 什么是塑料装饰板材?塑料装饰板材是如何分类的?
5. 常用的玻璃钢装饰板材有哪几类?
6. 简述印花 PVC 地砖的结构。
7. 塑料壁纸的特点有哪些?
8. 与传统的木窗和钢窗相比,塑料窗有哪些特点?
9. 塑料门窗的品种有哪些?

第十章　建筑装饰纤维织物及其制品

知识目标

1. 了解织物纤维的种类；熟悉装饰织物纤维的鉴别方法。
2. 熟悉地毯的分类和等级；掌握地毯的主要技术性质，以及纯毛地毯、化纤地毯和挂毯的组成、特点和主要技术性能。
3. 熟悉壁纸、墙布的概念、分类及特点。
4. 了解窗帘的作用、分类；掌握窗帘的悬挂方式、窗帘的选择。

能力目标

能够根据装饰织物及地毯、墙面、窗帘等技术性质正确选择地毯、窗帘的品种和规格。

第一节　织物纤维的基本知识

一、织物纤维的种类

常用织物纤维有天然纤维和化学纤维两大类。这两类纤维材料各自具有不同的特点，能适应多种装饰织物质地、性能的要求。

1. 天然纤维

天然纤维包括羊毛、棉、麻、丝等。

(1) 羊毛纤维。羊毛纤维柔软而富有弹性，手感丰润，色彩柔和，具有良好的保暖性，并且不易变形、不易污染、不易燃、易于清洗，能染成各种颜色，制品豪华大气。羊毛纤维最大的缺点是易受虫蛀，所以，对羊毛及其制品应采取相应的防腐、防虫蛀的措施。

(2) 棉纤维。棉纤维是纺织纤维中最重要的纤维，常用于各类生活用品，如床上用品、衣物、窗帘、垫罩等，棉纤维对燃料具有天然的亲和性，可印染出色彩斑斓的图案。棉纺品易洗、易熨烫，但不能保持褶线，易污、易皱。

(3) 麻纤维。麻纤维刚性大，强度高，耐磨性好，美观挺括，但纯麻的价格较高，所以，常与化学纤维混纺制成各种制品。

(4) 丝纤维。丝纤维是最长的天然纤维，滑润、柔软、半透明、易上色、柔和，隔热性能良好，是一种高级装饰材料。

(5) 其他纤维。我国地域广阔，植物纤维资源丰富，品种也较多，除以上各种常用的天然纤维外，还有一些不常用的纤维品种，如椰壳纤维、木质纤维、苇纤维、黄麻及竹纤维等。

2. 化学纤维

化学纤维又可分为人造纤维（如粘胶纤维和醋酸纤维等）和合成纤维（如锦纶、涤纶、丙纶、腈纶和氨纶等）。

(1) 粘胶纤维。粘胶纤维又可分为人造棉、人造丝和人造毛等。此类纤维不耐脏、不耐磨且易皱，一般要掺入其他纤维混合使用，常用作窗帘或包垫布。

(2)醋酸纤维素纤维。它具有光稳定性，不易燃，不易皱，而且具有丝绸的外观，主要用作窗帘。

(3)聚酰胺纤维(锦纶)。又称为锦纶、尼龙。其优点是耐磨性能好，在所有天然纤维和化学纤维中，它的耐磨性最好，比羊毛高20倍，比粘胶纤维高50倍。如果用15%的聚酰胺纤维和85%的羊毛混纺，其织物的耐磨性能比羊毛织物高3倍多。它强度高，弹性好，染色容易，不怕虫蛀，不怕腐蚀，不发霉，吸湿性能低，易于清洗。

(4)聚酯纤维(涤纶)。耐磨性好，并且在湿润状态下同干燥时一样耐磨。它不易皱缩，耐晒、耐热，可与多种纤维、棉纱混纺制成床单、窗帘等。

(5)聚丙烯纤维(丙纶)。聚丙烯纤维具有强度高、质地好、弹性好、不霉不蛀、易于清洗、耐磨性好等优点，而且原料来源丰富，生产过程也较其他合成纤维简单，生产成本较低。

(6)聚丙烯腈纤维(腈纶)。聚丙烯腈纤维(腈纶)具有质地轻，柔软保暖，弹性好；耐潮，不霉、不蛀、耐酸碱腐蚀。其优点是耐晒，这是天然纤维和大多数合成纤维所不能比的。

3. 玻璃纤维

除天然纤维和化学纤维外，还有无机纤维，如玻璃纤维。玻璃纤维是由熔融玻璃制成的一种纤维材料，直径从数微米至数十微米。玻璃纤维性脆，较易折断，不耐磨，但抗拉强度高，伸长率小，吸湿性小，不燃，耐高温，耐腐蚀，吸声性能好，可纺织加工成各种布料、带料等，或织成印花墙布。

二、织物纤维的鉴别方法

1. 手感目测法

通过看(长短、色泽、含杂等)、抓捏(弹性、硬挺度、冷暖感等)、耳听(丝鸣等)，来判断天然纤维或化学纤维，见表10-1。

表10-1　天然纤维与化学纤维手感目测比较

观察内容 \ 纤维类别	天然纤维	化学纤维
长度、细度	差异很大	相同品种比较均匀
含杂	附有各种杂质	几乎没有
色泽	柔和但欠均一	近似雪白，均匀，有的有金属般光泽

2. 燃烧法

纤维的化学组成不同，燃烧特征也不同。燃烧法适用于单一成分的纤维、纱线和织物，不适用于混合成分的纤维、纱线和织物，或经过防火、防燃及其他整理的纤维和纺织品。

第二节　地毯

一、地毯的分类

1. 按材质分类

(1)纯毛地毯。纯毛地毯是以粗绵羊毛为主要原料制成的。纯毛地毯具有质地厚实、弹性大、经久耐用、光泽好等特点，而且其装饰性也很好，但价格较高，是一种高档铺地材料。

(2)混纺地毯。混纺地毯是羊毛纤维和合成纤维混纺后编织而成的，其性能介于纯毛地毯和化纤地毯之间。一般合成纤维的掺入，均可改善地毯的耐磨性和造价。例如，在羊毛中加入20%的聚酰胺纤维，地毯的耐磨性可提高5倍，装饰性好且价格远低于纯毛地毯。

(3)化纤地毯。化纤地毯又称为合成纤维地毯，是以各种合成纤维为原料，采用簇绒法或机织法将合成纤维制成面层，再与麻布底层缝合而成。化纤地毯的外观和触感酷似纯毛地毯，耐磨且富有弹性，但价格低于纯毛地毯。其是目前用量最大的中、低档地毯品种。

(4)塑料地毯。塑料地毯是以聚氯乙烯树脂为主要原料，加入填料和增塑剂等辅助材料，制成的一种轻质地毯。其具有质地轻柔、色泽美观、脚感好、自熄不燃、耐用、易于清洁等特点，用于公共建筑的出口或通道、住宅的卫生间和浴室等。

(5)天然地毯。天然地毯是采用天然物料编织而成的地毯，如剑麻地毯、椰棕地毯和水草地毯等。剑麻地毯是采用剑麻纤维为主要原料制成的，其产品分为素色、染色两类，有斜纹、罗纹、鱼骨纹、帆布平纹、多米诺纹等多种纹理花色。剑麻地毯具有耐酸碱、耐磨、无静电、防虫蛀、阻燃防火等优点，较羊毛地毯经济实用。天然地毯以独特的质感、绿色环保的时代潮流，受到市场的欢迎。

2. 按规格尺寸分类

(1)块状地毯。块状地毯多为方形或长方形，也有圆形、椭圆形等多种形状、多种尺寸。花式方块地毯是由花色各不相同的500 mm×500 mm的方块地毯组成，集美观、实用、灵活于一体，花色流行，图案拼接完整流畅，具有阻燃、耐热、抗静电和优异的尺寸稳定性。块状地毯铺设方便灵活，铺设时可组成不同的图案，给室内设计提供了更大的选择性。同时，对已经磨损的部位，可随意调换，达到既经济又美观的目的。

(2)卷状地毯。卷状地毯通常为宽幅的成卷包装的地毯，其幅宽为1~4 m等多种规格，每卷长度一般为20~30 m，剑麻地毯、化纤地毯及无纺纯毛地毯等常为卷状地毯。

这种地毯一般适用于室内固定式满铺，可使室内具有宽敞感、整洁感，但该地毯局部磨损后不易更换，而且清洗比较困难。

3. 按地毯的编织工艺分类

(1)手工编织地毯。手工编织地毯是以人手和手工工具完成毯面加工的地毯。按照其编织方法的不同又分为手工打结地毯、手工簇绒地毯、手工绳条编结地毯和手工绳条缝结地毯。

(2)簇绒地毯。簇绒地毯又称栽绒地毯，是目前生产化纤地毯所采用较为广泛的一种编织工艺，通过带有一排往复式穿针的纺机把毛纺纱穿入第一层基底(初级衬背织布)，并在其面上将毛纺纱穿插成毛圈而背面拉紧，然后在初级背衬的背面刷一层胶，使之固定，于是就织成了厚实的圈绒地毯。若再用锋利的刀片横向切割毛圈顶部，并经修剪，就成了割绒地毯。圈绒的高度一般为5~10 mm，平绒绒毛的高度为7~10 mm。同时，毯绒纤维密度大，因而弹性好，脚感舒适，并且可在毯面上印染各种图案花纹，是一种较受欢迎的中档地毯。

(3)无纺地毯。无纺地毯是指无经纬编织的短毛地毯，也是生产化纤地毯的方法之一。它的制作方法是，先将绒毛线用特殊的钩针扎刺在用合成纤维构成的网布底衬上，然后在其背面涂上胶层，使之粘牢，故又有针刺地毯、黏合地毯等品种之分。这种地毯生产工艺简单，成本低廉，弹性和耐久性均较差。为提高其强度和弹性，可在毯底加缝或加贴一层麻布底衬，也可再加贴一层海绵底衬。

4. 按使用场所不同分类

(1)轻度家用级地毯铺设在不常使用的房间或部位。

(2)中度家用级或轻度专业使用级地毯用于主卧室或家庭餐室等。
(3)一般家用或中度专业使用级地毯用于起居室及楼梯、走廊等交通频繁的部位。
(4)重度家用或一般专业使用级地毯用于家中重度磨损的场所。
(5)重度专业使用级地毯价格较高,一般家庭不用,主要用于有特殊要求的场合。
(6)豪华级地毯品质好,绒毛纤维长,豪华气派,用于高级卧室。

5. 按使用场所不同分类

(1)商用地毯。广义上讲其是指除家庭用及工业用地毯外的所有地毯。商用地毯在国内还仅限于宾馆、酒店、写字楼、办公室、酒楼等场所。而在西方发达国家,商用地毯除上述使用场所外,已在机场候机楼、码头候船大厅、车站候车厅、超市、医院、学校、养老院、托儿所、影剧院等场所被普遍使用。随着经济发展和社会进步,商用地毯的使用范围会逐步加大,覆盖面会更广。

(2)家用地毯。家用地毯目前在我国家庭中尚未普及,主要以条块地毯为多,家庭的装修仍大量以木地板为主。但随着我国经济的发展和人们生活水平的提高,家用地毯会越来越多。

(3)工业用地毯。工业用地毯从国内到国外,仍仅限于汽车、飞机、客船、火车等装饰。
建筑室内地面铺设的地毯是根据建筑装饰等级、使用部位及使用功能等要求而选用的。
总之,高级装饰选用纯毛地毯,一般装饰则选用化纤地毯。

二、地毯的主要技术性质

(1)弹性。弹性是反映地毯受压后,其厚度产生压缩变形的程度,它是地毯脚感是否舒适的重要性能。地毯的弹性是指地毯经一定次数的碰撞(一定动荷载)后,厚度减少的百分率。

(2)耐磨性。地毯的耐磨性是衡量地毯使用耐久性的重要指标。地毯的耐磨性常用耐磨次数表示,即地毯在固定压力下磨至背衬露出所需要的次数。耐磨次数越多,表示地毯的耐磨性越好。

(3)绒毛黏合力。绒毛黏合力是指地毯绒毛在背衬上黏结的牢固程度。化纤簇绒地毯的黏合力以绒簇拔出力表示,要求圈绒地毯的绒簇拔出力大于 20 N,平绒地毯的绒簇拔出力大于 12 N。

(4)剥离强度。地毯的剥离强度不仅反映了地毯面层与背衬之间复合强度的大小,也反映了地毯复合之后的耐水性能。其通常以背衬剥离强力表示,即采用一定的仪器设备,在规定速度下,将 50 mm 宽的地毯试样的面层与背衬剥离至 50 mm 长时所需的最大力。

(5)抗静电性。抗静电性表示地毯带电和放电的性能。静电大小与纤维的导电性有关。通常,有机高分子材料受到摩擦会产生静电,而高分子材料具有绝缘性,静电不容易放出,这就使得化纤地毯比羊毛地毯所带静电多,易于吸尘,难清扫;严重时在上面行走的人有触电感。因此,在生产化纤地毯时常掺入适量抗静电剂,以提高其抗静电性。化纤地毯的抗静电性常以其表面电阻和静电压表示。

(6)抗老化性。抗老化性主要是针对化纤地毯而言。这是因为化学合成纤维在光照和空气等因素作用下会发生氧化,从而导致地毯性能变坏。通常,用经紫外线照射一定时间后,化纤地毯的耐磨次数、弹性及色泽的变化情况来评定其抗老化性。

(7)耐燃性。耐燃性是指化纤地毯遇火时,在一定时间内燃烧的程度。化学纤维一般易燃,所以,常在生产化学纤维时加入一定量的阻燃剂,以使织成的地毯具有自熄性或阻燃性。

当化纤地毯试件在 12 min 的燃烧时间内,其燃烧的直径不大于 17.96 cm 时,则认为其耐燃性合格。

(8)抗菌性。作为地面材料,地毯在使用过程中较易被虫、菌等侵蚀而引起霉变。因此,地毯生产时常要做防菌、抗菌处理。通常规定,凡能经受八种常见霉菌和五种常见细菌的侵蚀而不长菌和霉变的地毯,被认为抗菌性合格。

三、纯毛地毯

纯毛地毯一般是指纯羊毛地毯,是传统的手工工艺品之一。其可分为手工编织和机械编织两种。纯毛地毯具有历史悠久、图案优美、色彩鲜艳、质地厚实、经久耐用的特点。

纯毛地毯一般由手工编织而成,它是采用中国特产的优质绵羊毛纺纱,自下而上垒织栽绒打结制成,每垒织打结完成一层称为一道,通常以1英尺①高的毯面垒织的道数多少来表示栽绒密度,道数越多,栽绒密度越大,地毯质量越好,价格也就越高。

手工编织地毯可分为以下几种:

(1)蒙古毯。传统地毯多采用明黄色、绛红色、杏黄色、橘红色等暖色,而今民用织毯以蓝、白色调居多,具有蒙古情调。

(2)新疆毯。新疆现时生产的织毛毯、织花毯、绰花毯、拉绒毯、栽绒毯多用来铺地,兼作壁挂,其特点是纤维粗、弹性好、光泽强、抗压力大,品质居国内之冠。

(3)西藏毯。由当地纯绵羊毛为原料织成,纹样多为龙、凤、鹿、蝶、花草、山水,古朴大方,民族特点浓厚,它与波斯毯、土耳其毯并称为世界三大名毯,在国际市场上享有很高的声誉。

手工纯毛地毯由于做工精细,产品名贵,故售价很高,一般用于国际性、国家级的大会堂、迎宾馆、高级饭店和高级住宅、会客厅、舞台及其他重要的、装饰性要求较高的场所。

机织纯毛地毯具有毯面平整、光泽好、富有弹性、抗磨耐用、脚感柔软等特点,与化纤地毯相比,其回弹性、抗静电、抗老化、耐燃性都优于化纤地毯。与纯毛手工地毯相比,其性能相似,但价格低于手工地毯。

国产纯毛地毯的主要规格与性能见表10-2。

表10-2 国产纯毛地毯的主要规格与性能

品 名	规格/mm	性能特点
羊毛满铺地毯 电针绣枪地毯 艺术壁挂	有各种规格	以优质羊毛加工而成。电针绣枪地毯可仿制传统手工地毯图案,古香古色,现代图案富有时代气息。艺术壁挂图案粗犷朴实,风格多样
90道手工打结地毯 素式羊毛地毯 高道数艺术挂毯	(61×910)~(3 050×4 270)等各种规格	以优质羊毛加工而成,图案华丽、柔软舒适、牢固耐用
90道手工栽绒地毯 提花地毯 艺术壁挂	有各种规格	以优质西宁羊毛加工而成。图案有北京式、美术式、彩色式、素凸式、东方式及古典式
90道羊毛地毯 120道羊毛艺术挂毯	厚度:6~15 宽度:按要求加工 长度:按要求加工	用上等纯羊毛手工编织而成。经化学处理,防潮、防蛀,吸声,图案美观,柔软耐用
手工栽绒地毯	(2 140×610)~(3 660×910)等各种规格	以上等羊毛加工而成。产品有北京式、美术式、彩花式、素凸式、敦煌式、仿古式等

四、化纤地毯

化纤地毯以化学纤维为主要原料制成,化学纤维原料有丙纶、腈纶、涤纶、锦纶等,经过

---

① 1英尺=0.304 8米。

机织法或簇绒法等加工成面层织物后,再与麻布背衬材料复合处理而成。按其织法不同,化纤地毯可分为簇绒地毯、针刺地毯、机织地毯、黏结地毯、编织地毯、静电植绒地毯等多种,其中,以簇绒地毯产销量最大。

1. 化纤地毯的组成

化纤地毯由面层、防松涂层、背衬三部分组成。

(1)面层。化纤地毯的面层是以尼龙纤维(锦纶)、聚丙烯纤维(丙纶)、聚丙烯腈纤维(腈纶)、聚酯纤维(涤纶)等化学纤维为原料,经机织法、簇绒法等加工成的织物。面层织物大多以棉纱或丙纶扁丝作为初级背衬进行编织。为适应对地毯不同功能和价格方面的要求,也可用两种纤维混纺制作面层,在性能和造价上可以互相补充。

化纤地毯面层的绒毛可以是长绒、中长绒、短绒、起圈绒、卷曲线、高低圈绒等,也可以是中空异型等不同形式。一般多采用中长绒制作面层,因为基绒毛不易脱落和起球,使用寿命长。另外,纤维的粗细也会直接影响地毯的弹性和脚感。

(2)防松涂层。防松涂层是指涂刷于面层织物背面初级背衬上的涂层。这种涂层是以化合乳液、增塑剂、增稠剂及填料等配制而成的一种水溶性涂料,将其涂于面层织物背面,可以增加地毯绒面纤维在初级背衬上的固着牢度,使之不易脱落。同时经热风烘道干燥成膜后,当再粘贴次级背衬时,还能起防止胶粘剂渗透到绒面层而使面层发硬的作用,并可增加黏结强度,减少和控制胶粘剂的用量。

(3)背衬。化纤地毯的背衬材料一般为麻布,采用胶结力很强的丁苯胶乳、天然乳胶等水溶性橡胶作胶粘剂,将麻布与已经在防松涂层处理过的初级背衬相黏结,形成次级背衬;然后再经过加热、加压、烘干等工序,即成卷材成品。次级背衬不仅保护了面层织物背面的针码,增强了地毯背面的耐磨性,也加强了地毯的厚实程度。

2. 化纤地毯的特点

(1)具有优良的装饰性。其色彩绚丽、图案多样、质感丰富、主题感强,且弹性好、脚感舒适,给人以温暖、舒适、宁静、柔和的感觉。

(2)耐污及藏污性较好。化纤地毯主要对尘土砂粒等固体污染物有很好的藏污性。对液体污染物特别是有色液体,较易沾污和着色,使用时要注意。

(3)耐倒伏性较好,即回弹性好。一般地毯面层纤维的倒伏性主要取决于纤维的高度、密度及性质,密度大的手工编织地毯的耐倒伏性好,而密度小、绒头较高的簇绒地毯则耐倒伏性差。

(4)耐磨性较好。化学合成纤维的耐磨性比羊毛要好,因此化纤地毯的耐磨性好,使用寿命长。

(5)耐燃性差。加入阻燃剂后,可以收到自熄或阻燃的效果。

(6)易产生静电。由于化纤地毯有摩擦放电的特性,因此极易吸收灰尘。但放电会对某些场合造成危害,一般采用掺加抗静电剂的方法处理。

3. 化纤地毯的主要技术性能

化纤地毯的技术性能要求是鉴定其质量的标准。其主要技术性能要求如下:

(1)剥离强度。剥离强度反映地毯面层与背衬间复合强度的大小,通常以背衬剥离强力表示,即指采用一定的仪器设备,在规定的速度下,对 50 mm 宽的地毯试样,使之面层与背衬剥离至 50 mm 长时所需的最大力。化纤簇绒地毯要求剥离强力大于或等于 25 N。

(2)绒毛黏合力。绒毛黏合力是指地毯绒毛固着于背衬上的牢度。化纤簇绒地毯的黏合力以簇绒拔出力来表示,要求平绒毯簇绒拔出力大于或等于 12 N,圈绒毯簇绒拔出力大于或等于 20 N。

(3)耐磨性。地毯的耐磨性是耐久性的重要指标,通常以地毯在固定压力下,磨至露出背衬时所需要的耐磨次数来表示。耐磨次数越多,地毯的耐磨性越好。

(4)弹性。弹性是反映地毯受压力后,其厚度产生压缩变形的程度,以及压力消除后恢复到原始状态的程度。地毯的弹性好,脚感就舒适。地毯的弹性通常用动态荷载下(规定次数下周期性外加荷载撞击后)地毯厚度减少值,以及中等静荷载后地毯厚度减少值来表示。

(5)抗静电性。静电性是指地毯带电和放电的性能。如果化纤未经抗静电处理,其导电性差,会致使化纤地毯静电大,易吸尘,清扫除尘较困难。这是由于有机高分子材料受到摩擦后易产生静电,而其本身又具有绝缘性,使静电不易放出所致。严重时,会使行走其上的人有触电的感觉。为此,在生产合成纤维时,常掺入一定量的抗静电剂,国外还采用增加导电性处理等措施,以提高地毯的抗静电性。

(6)抗老化性。化纤制品属于有机高分子化合物,在光照和空气等因素作用下,经过一定时间后,会逐渐产生老化,导致地毯性能指标下降。化纤地毯老化后,当受到撞击和摩擦时会产生粉末现象。在生产化学纤维时,加入一定的抗老化剂,可提高地毯的抗老化性能。

(7)耐燃性。耐燃性是指化纤地毯遇到火种时,在一定时间内燃烧的程度。由于化学纤维一般易燃,故常在生产化学纤维时加入一定量的阻燃剂,以使织成的地毯具有自熄性或阻燃性。

(8)抗菌性。地毯作为地面覆盖材料,在使用过程中较易被虫、菌等侵蚀而引起霉变,因此,地毯在生产中常要做防霉、抗菌等处理。

4. 化纤地毯的应用

化纤地毯可以摊铺,也可以粘铺在木地板、马赛克地面、水磨石地面及水泥混凝土地面上。其适用于宾馆、饭店、招待所、接待室、船舶、车辆、飞机等地面的装饰。对于高绒头、高密度、格调新颖、图案美丽的化纤地毯,可用于三星级以上的宾馆。机织提花工艺地毯属于高档产品,其外观可与纯毛地毯相媲美。

五、挂毯

挂在墙上供人观赏的毛毯称为挂毯,也叫作壁毯,是一种高雅、美观的艺术品,所以,又称为艺术壁挂。它有吸声、吸热等实际作用,又能以特有的质感与纹理给人以亲切感。挂毯要求图案花色精美,常采用纯羊毛、蚕丝、麻布等上等材料,按生产高级纯毛地毯的制作方法进行编织。挂毯的规格各异,大的可达上百平方米,小的则不足一平方米。挂毯的图案题材十分广泛,从油画、国画、水彩画到一些成功的摄影作品,都可以作为表现的题材。

用艺术挂毯装饰室内,可以增加安逸、平和的气氛,还能反映主人的性格特征和审美情趣。挂毯可以改善室内空间感,使用艺术挂毯装饰室内可以收到良好的艺术效果,给人以美的享受,深受人们的青睐。

第三节 墙面装饰织物

一、壁纸

1. 壁纸的概念及特点

壁纸是以纸为基材,以聚氯乙烯塑料、纤维等为面层,用压延或涂敷方法复合,再经印刷、压花或发泡而制成的。壁纸与传统装饰材料相比有以下特点:

(1)具有一定的伸缩性和耐裂强度。因此,允许底层结构(如墙面、顶棚面等)有一定的裂缝。

(2)装饰效果好。塑料壁纸表面可进行印花、压花发泡处理，能仿天然石材、木纹及锦缎，可印制适合各种环境的花纹图案，色彩也可任意调配，做到自然流畅，清淡高雅。

(3)性能优越。根据需要可加工成具有难燃、隔热、吸声、防霉等特性，不怕水洗，不易受机械损伤的产品。

(4)粘贴方便。塑料壁纸的湿纸状态强度仍较好，耐拉耐拽，易于粘贴(可用胶粘剂或乳白胶粘贴)，且透气性能好，施工简单，陈旧后易于更换。

(5)使用寿命长，易维修保养。表面可清洗，对酸碱有较强的抵抗能力，墙面易清洁。

2. 壁纸的分类

常见的种类有塑料壁纸、全纸壁纸、织物壁纸、金属壁纸等类型。

(1)塑料壁纸。塑料壁纸又称为PVC壁纸，通常分为普通壁纸和发泡壁纸。其所用塑料大部分为聚氯乙烯(或聚乙烯)。

1)普通壁纸。普通壁纸是以 80 g/m^2 的纸为基材，涂塑 100 g/m^2 左右的聚氯乙烯糊状树脂，经印花、压花而成。这种壁纸的花色品种多，适用面广，价格低，生产量大，使用最为普遍。

普通壁纸有单色压花壁纸、印花压花壁纸、有光印花壁纸和平光印花壁纸等品种。

2)发泡壁纸。发泡壁纸是以 100 g/m^2 的纸作基材，涂塑 300~400 g/m^2 的掺有发泡剂的PVC糊状剂，印花后再加热发泡而成。

发泡壁纸有高发泡印花壁纸、低发泡印花壁纸、低发泡印花压花壁纸等品种。

①高发泡印花壁纸。高发泡印花壁纸的发泡率大，表面呈现富有弹性的凹凸花纹，是一种集装饰、吸声于一体的多功能壁纸，常用于顶棚饰面。

②低发泡印花壁纸。低发泡印花壁纸是在发泡平面上印有图案的、装饰效果非常好的一种壁纸。其图案形式多种多样。

③低发泡印花压花壁纸。低发泡印花压花壁纸(化学压花)是用有不同抑制发泡作用的油墨印花后再发泡，使表面形成具有不同色彩的凹凸花纹图案，也称为化学浮雕。该品种还有仿木纹、拼花、仿瓷砖等花色图案。其图样逼真，立体感强，装饰效果好，并富有弹性。

(2)全纸壁纸。全纸壁纸也称为纸面纸基壁纸，是以纸为基材，印花后压花而成的壁纸，是最早壁纸。这类壁纸最大的特点是透气性好，但性能差，容易断裂，不耐潮，不耐水，不能擦洗，现被已淘汰。

(3)织物壁纸。织物壁纸主要有纸基织物壁纸和麻草壁纸两种。

1)纸基织物壁纸是由丝、羊毛、棉、麻等天然纤维织物及聚酰胺纤维等化学纤维制成各种色泽、花色、粗细不一的纺线，然后按一定的花式图案经特殊工艺处理和巧妙的艺术编织，黏合于纸基面而制成的。纸基织物壁纸质感柔和，透气性好，具有吸声效果，无静电，耐磨，色泽丰富，花样繁多，是较高级墙面装饰材料，给人以高雅、柔、舒适的感觉。其适用于宾馆、酒店、会议室、接待室、客厅、卧室等。

2)麻草壁纸又称植物纤维壁纸，是以纸为底层，以草、麻、木材等植物纤维作表面，经复合加工在一起而成的墙面装饰材料。这种壁纸没有毒性，透气性好，能散潮气，吸声，不变形，图案自然古朴，是一种新型的流行壁纸。

(4)金属壁纸。金属壁纸是将金、银、铜、锡、铝等金属箔，与纸基压合印花而成。其装饰效果像贴金属材料一样，具有不锈钢、黄铜等多种金属的质感和光泽，典雅、高贵、华丽。其通常用于酒店、餐厅、夜总会等公共场所。

二、墙布

墙布实际上是壁纸的另一种形式，壁纸与墙布的主要区别在于基底的材质，壁纸的基底主材是纸浆，墙布的基底是纤维无纺布或纺织十字布。墙布一样有变幻多彩的图案、瑰丽无比的色泽，在质感上比壁纸更胜一筹。墙布表层材料多为天然物质，经过特殊处理的表面，其质地都较柔软舒适，而且纹理更加自然，色彩也更显柔和，极具艺术效果。墙布不仅有着与壁纸一样的环保特性，而且更新也很简便，并具有更强的吸声、隔声性能，还可防火、防霉、防蛀，也非常耐擦洗。

(1) 棉纺装饰墙布。棉纺装饰墙布是以纯棉平布为基材，经过处理、印花、涂布耐磨树脂等工序制作而成。这种墙布的特点是强度大、静电小、蠕变性小、无光、吸声、无毒、无味，对施工人员和用户均无害，花型色泽美观大方。

棉纺装饰墙布还常用作窗帘，在夏季采用这种薄型的浅色窗帘，能给室内营造出清新舒适的氛围。其适用于水泥砂浆墙面，混凝土墙面，白灰墙面，石膏板、胶合条、纤维板、石棉水泥板等墙面基层的黏结或浮挂。

(2) 无纺贴墙布。无纺贴墙布是采用棉、麻等天然或涤、腈等合成纤维，经无纺成型、上树脂、印花等工序而制成。其特点是挺括、富有弹性、耐久、无毒、可擦洗不褪色，还具有一定的透气性和防潮性，是一种高级的墙面装饰材料。其适用于各种建筑物的室内墙面装饰。

(3) 化纤装饰贴墙布。化纤装饰贴墙布又称人造纤维装饰贴壁布，种类繁多，常见的有用粘胶纤维、醋酸纤维、三酸纤维、聚丙烯、聚酰胺纤维、聚酯纤维等人造纤维制成的纤维装饰贴墙布，适用于各种建筑物的室内墙面装饰。

(4) 玻璃纤维墙布。玻璃纤维墙布以石英为原料，经拉丝，织成网格状、人字状的玻璃纤维墙布。将这种墙布贴在墙上后，再涂刷各种色彩的乳胶漆，可形成多种色彩和纹理的装饰效果。其具有无毒、无味、耐擦洗、抗裂性好、寿命长等特点。

(5) 锦缎墙布。锦缎墙布以锦缎制成。其特点是花纹艳丽多彩，质感光滑细腻，不易长霉，但价格较高。

(6) 织物壁布。织物壁布又称艺术壁布，用棉、麻等植物纤维或与化学纤维混合织成。其特点是拉力较好，色彩典雅文静，自然感强，透气性好。

第四节　窗帘装饰材料

一、窗帘的作用

随着现代建筑的发展，窗帘帷幔已成为室内装饰不可缺少的一部分。

窗帘帷幔除装饰作用外，还有遮挡外来光线，保护地毯及其他织物陈设和装饰材料不因日晒而褪色变质；防止灰尘进入，保持室内清洁，保持室内清静，消声、隔声作用。若窗帘采用厚质织物，尺寸宽大，褶皱较多，其隔声效果就较好，同时，可以起到调节室内温度的作用，创造出温馨舒适的室内环境。

二、窗帘的分类

1. 按组成分类

窗帘按其组成，可分为外窗帘、中间窗帘和里层窗帘。

(1)外窗帘。外窗帘一般是指靠近玻璃的一层窗帘。其作用是防止阳光暴晒并起到一定的遮挡室外视线的作用。要求窗帘轻薄透明，面料一般为薄型和半透明织物。

(2)中间窗帘。中间窗帘一般采用半透明织物，常选用花色纱线织物、提花织物、提花印花织物、仿麻及麻混纺织物等。

(3)里层窗帘。里层窗在美化室内环境方面起着重要作用。其对窗帘的质地、图案色彩要求较高，在窗帘深加工方面也比较讲究。里层窗帘要求不透明，有隔热、遮光和吸声等功能，一般选择粗犷的中厚织物，如棉、麻及各种混纺织物。

2. 按材质分类

窗帘帷幔按材质，一般可分为以下四大类：

(1)粗料。粗料包括毛料、仿毛化纤织品和麻料编织物等，属厚重型织物。其保温、隔声和遮光性好，风格朴实大方或古典、厚重。

(2)绒料。绒料含平绒、条绒、丝绒和毛巾布等，属柔软细腻织物。其纹理细密，质地柔和，自然下垂，具有保温、遮光、隔声等特点，可用于单层窗帘或用于双层窗帘中的厚层。

(3)薄料。薄料含花布、府绸、丝绸、涤纶、乔其纱和尼龙纱等，属轻薄型织物。其质地薄而轻，打褶后悬挂效果好且便于清洗，但遮光、保温和隔声等性能差。它可单独用于制作窗帘，也可与厚窗帘配合使用。

(4)网扣和拉丝。

三、窗帘的悬挂方式

窗帘的悬挂方式很多，从层次上可分为单层和双层；从开启方式上可分为单幅平拉、双幅平拉、整幅竖拉和上下两段竖拉等；从配件上可分为设置窗帘盒、暴露窗帘杆和不暴露窗帘杆；从拉开后的形状上可分为自然下垂和半弧形等。

四、窗帘的选择

合理选择窗帘的颜色及图案是达到室内装饰目的的重要环节。窗帘的颜色应根据室内的整体性及不同气候、环境和光线而定。如随着季节的变化，夏季以选择淡色薄质的窗帘为宜，冬天以选用深色和质地厚实的窗帘为佳。另外，窗帘颜色的选择还应同室内墙面、家具和灯光的颜色相配合，并与其相协调。

图案是在选择窗帘时要考虑的另一个重要问题。竖向的图案或条纹会使窗户显得窄长，水平方向的图案或条纹则使窗户显得短宽；大图案窗帘使窗户显得小；碎花图案使窗户显得大。所以，一般应根据窗户的大小及房间的高低、色调来选择合适的图案织物做窗帘。另外，窗帘的悬挂长度也影响图案大小的选择。

➤ 本章小结

现如今，轻装修装饰的理念下，人们对室内织物、陈设的选择与设计更加重视。装饰织物的种类很多，本章主要介绍了纤维的基本知识、地毯、墙面装饰织物、窗帘的分类和等级、技术性质、作用等。

思考与练习

一、判断题

1. 卷状地毯通常为宽幅的成卷包装的地毯,其幅宽为 1~4 m 等多种规格,每卷长度一般为 40 m。（   ）
2. 高级装饰选用纯毛地毯,一般装饰则选用化纤地毯。（   ）
3. 地毯的弹性是衡量地毯使用耐久性的重要指标。（   ）
4. 地毯的剥离强度不仅反映了地毯面层与背衬之间复合强度的大小,也反映地毯复合之后的耐水性能。（   ）
5. 低发泡印花壁纸的发泡倍率大,表面呈现富有弹性的凹凸花纹,是一种集装饰、吸声于一体的多功能壁纸,常用于顶棚饰面。（   ）

二、填空题

1. 常用织物纤维有_____和_____两大类。
2. 地毯按使用场所不同可分为_____、_____、_____。
3. 化纤地毯由_____、_____、_____三部分组成。
4. 窗帘帷幔按材质可分为_____、_____、_____、_____四大类。
5. 织物壁纸主要有_____和_____两种。

三、简答题

1. 天然纤维包括哪几类?
2. 装饰织物纤维的鉴别方法有哪些?
3. 地毯按编织工艺划分有哪几类?
4. 简述地毯的主要技术性质。
5. 壁纸与传统装饰材料相比有哪些特点?
6. 窗帘按其组成分为哪几类?
7. 窗帘的悬挂方式有哪些?
8. 壁纸与墙布的主要区别有哪些?

第十一章 防水材料

知识目标

1. 掌握石油沥青的组成、技术要求与应用。
2. 掌握沥青防水卷材、高聚物改性沥青防水卷材、合成高分子防水卷材的性能特点、技术要求及应用。
3. 了解各种防水涂料的特点、组成、分类及应用。

能力目标

能够根据各种防水材料的性能特点及技术要求，结合工程实际情况选择防水材料的品种。

第一节 沥青

沥青是一种憎水性的有机胶凝体材料，在常温下呈褐色或黑褐色的固体、半固体或黏稠体状液体。沥青具有良好的不透水性、黏结性、塑性、抗冲击性、耐化学腐蚀性、电绝缘性等，广泛应用于土木工程的防水、防潮和防渗，可用来制作防水卷材、防水涂料、防腐涂料、嵌缝油膏等。另外，沥青作为胶凝材料，与砂、石等矿物混合具有非常好的黏结能力，所制得的沥青混合料是现代道路工程重要的路面材料。

一、石油沥青

1. 石油沥青的组分

由于沥青的化学组成复杂，对其组成进行分析很困难，且其化学组成也不能反映出沥青性质的差异，因此一般不做沥青的化学分析。通常从使用角度出发，将沥青按化学成分和物理力学性质相近的成分划分为若干个组，这些组就称为组分。沥青中各组分含量的多少与沥青的技术性质有着直接的关系。石油沥青的组分主要有油分、树脂、地沥青质。

（1）油分：为淡黄色至红褐色的油状液体，密度为 $0.7\sim1.0\ g/cm^3$，含量为 $40\%\sim60\%$，能溶于大多数有机溶剂，但不溶于酒精。在石油沥青中，油分赋予沥青以流动性。

（2）树脂：为黄色至黑褐色半的固体黏稠物质，密度为 $1.0\sim1.1\ g/cm^3$，碳氢比为 $0.7\sim0.8$。其温度敏感性高，熔点低于 $100\ ℃$。树脂又可分为中性树脂和酸性树脂。中性树脂能溶于三氯甲烷、汽油和苯等有机溶剂，但在酒精和丙酮中难溶解或溶解度很低。中性树脂赋予沥青一定的塑性、可流动性和黏结性，其含量增加，则沥青的黏结力和延伸性增加。除中性树脂外，沥青树脂还含少量的酸性树脂（即沥青酸和沥青酸酐），其是油分氧化后的产物，具有酸性，能为碱皂化；能溶于酒精、氯仿，难溶于石油醚和苯。酸性树脂是沥青中活性最大的组分，它能改善沥青对矿物材料的浸润性，特别是能提高与碳酸盐类岩石的黏附性；增强沥青的可乳化性。石油沥青中树脂的含量为 $15\%\sim30\%$。

(3)地沥青质:为深褐色至黑褐色的固体,密度大于 1.0 g/cm³,含量为 10%～30%,不溶于汽油、酒精,但能溶于二硫化碳和三氯甲烷中。地沥青质赋予石油沥青黏性和温度敏感性,地沥青质含量越多,温度稳定性越好,黏性越大,也越硬脆。

2. 石油沥青的结构

石油沥青中油分和树脂可以相互溶解,树脂能浸润地沥青质。石油沥青的结构是以地沥青质为核心,周围吸附部分树脂和油分的互溶物而成的胶团,无数胶团分散在油分中而形成胶体结构。石油沥青的各组分相对含量不同,形成的胶体结构也不同。

(1)溶胶结构。油分和树脂含量较多,胶团之间的距离较大,引力较小,相对运动较容易。这种结构的特点是流动性、塑性和温度敏感性大,黏性小,开裂后自行愈合能力强。

(2)凝胶结构。地沥青质含量较多,胶团多,油分与树脂含量较少,胶团之间的距离小,引力增大,相对移动较困难。这种结构的特点是黏性大,塑性和温度敏感性小,开裂后自行愈合能力差。建筑石油沥青多属于这种结构。

(3)溶—凝胶结构。地沥青质含量适宜,胶团之间的距离较近,相互之间有一定的引力,形成介于溶胶结构和凝胶结构之间的结构。这种结构的性质也介于溶胶和凝胶之间。道路石油沥青多属于这种结构。

3. 石油沥青的技术性质

(1)黏滞性(黏性)。黏滞性是指石油沥青材料在外力作用下,内部阻碍其相对流动的一种特性。其反映了石油沥青在外力作用下抵抗变形的能力。石油沥青的黏滞性与其组分及所处环境的温度有关。一般地沥青质含量增大,其黏滞性增大;温度升高,其黏滞性降低。液态石油沥青的黏滞性用黏滞度表示,半固体或固体沥青的黏滞性用针入度表示。针入度是石油沥青划分牌号的主要依据。

黏滞度是指液体沥青在一定温度(25 ℃或 60 ℃)下,经规定直径的孔洞(3.5 mm 或 10 mm)漏下 50 mL 所需要的秒数。黏滞度常以符号 C_t^d 表示,其中 d 为孔洞直径,t 为温度。黏滞度越大,表示液态沥青在流动时内部阻力越大,即黏滞性越大。

针入度是指在温度为 25 ℃的条件下,以质量 100 g 的标准针,经 5 s 沉入沥青中的深度(每深入 0.1 mm 称为 1 度)。针入度值越大,说明半固态或固态沥青的黏滞性越小。

(2)塑性。塑性是指石油沥青在外力作用下产生变形而不破坏,除去外力后,仍能保持变形后的形状的性质,是石油沥青的主要性能之一。

石油沥青的塑性与其组分、温度及拉伸速度等因素有关。树脂含量较多,塑性较大;温度升高,塑性增大;拉伸速度越快,塑性越大。

石油沥青的塑性用延伸度表示。延伸度是将石油沥青标准试件在规定温度(25 ℃)和规定速度(5 cm/min)的条件下,在沥青延伸仪上进行拉伸,延伸度以试件拉断时的伸长值(cm)表示。石油沥青的延伸度越大,塑性越好。

(3)温度敏感性。温度敏感性是指石油沥青的黏滞性和塑性随温度升降而变化的性能。温度敏感性较小的沥青,其黏滞性、塑性随温度的变化较小。温度敏感性与其组分及含蜡有关。沥青中地沥青质含量较多,其温度敏感性较小。在实际使用时,往往加入滑石粉、石灰石粉等矿物填料,以减小其温度敏感性。沥青中含蜡量较多,在温度升高时会流淌,在温度较低时又易变硬开裂。

温度敏感性用软化点表示,即沥青受热由固态转变为具有一定流动性膏体时的温度,可通过环球法测定。其方法为:将沥青试样装入规定尺寸的铜环中,上置规定尺寸和质量的钢球,放在水或甘油中,以每分钟升高 5 ℃的速度加热至沥青软化。下垂到 25 mm 时的温度,即沥青的软化点。软化点越高,表明沥青的温度敏感性越小。

石油沥青的软化点不能太低,否则在夏季易产生变形,甚至流淌;但也不能太高,否则品质太硬,不易施工,冬季易发生脆裂现象。

(4)大气稳定性。大气稳定性是指石油沥青在热、阳光、氧气和潮湿等因素的长期综合作用下抵抗老化的性能,也称为石油沥青材料的耐久性。

石油沥青的大气稳定性以加热蒸发质量损失的百分率作为指标,通常用沥青材料在163 ℃保温5 h损失的质量百分率表示。质量损失小,表示性能变化小,大气稳定性好,耐久性高。

在石油沥青材料的主要性质中,针入度、延伸度和软化点是评价石油沥青质量的主要指标。另外,石油沥青材料加热后会产生易燃气体,与空气混合遇火即发生闪火现象。开始出现闪火时的温度,称为闪点。其是加热沥青时,从防火要求提出的指标。施工时熬制沥青的温度不得超过闪点温度。

4. 石油沥青的技术标准、选用及掺配

(1)石油沥青的技术标准。

1)建筑石油沥青。建筑石油沥青按针入度划分牌号,每一牌号的沥青还应保证相应的延度、软化点、溶解度、蒸发损失、蒸发后针入度和闪点等。建筑石油沥青的技术标准应符合《建筑石油沥青》(GB/T 494—2010)的规定,见表11-1。

表11-1 建筑石油沥青的技术要求

项 目		质 量 指 标		
		10号	30号	40号
针入度(25 ℃,100 g,5 s)/[1·(10 mm)$^{-1}$]		10~25	26~35	36~50
针入度(46 ℃,100 g,5 s)/[1·(10 mm)$^{-1}$]		报告①	报告①	报告①
针入度(0 ℃,200 g,5 s)/[1·(10 mm)$^{-1}$]	不小于	3	6	6
延度(25 ℃,5 cm/min)/cm	不小于	1.5	2.5	3.5
软化点(环球法)/℃	不低于	95	75	60
溶解度(三氯乙烯)/%	不小于	99.0		
蒸发后质量变化(163 ℃,5 h)/%	不大于	1		
蒸发后25 ℃针入度比②/%	不小于	65		
闪点(开口杯法)/℃	不低于	260		

①报告应为实测值。
②测定蒸发损失后样品的25 ℃针入度与原25 ℃针入度之比乘以100后,所得的百分比,称为蒸发后针入度比

2)道路石油沥青。道路石油沥青按《公路沥青路面施工技术规范》(JTG F40—2004)可分为30、50、70、90、110、130和160七个牌号。各牌号沥青的延度、软化点、溶解度、蒸发损失、蒸发后针入度和闪点等都有不同的要求,具体技术标准详见相关规范。在同一品种的石油沥青中,牌号越大,沥青越软,针入度、延度越大,软化点越低。

道路沥青的牌号较多,选用时应根据地区气候条件、施工季节气温、路面类型、施工方法等按有关标准选用。

(2)石油沥青的选用。选用石油沥青材料时,应根据工程性质(房屋、道路、防腐)及当地气候条件、所处工程部位(屋面、地下)来选用不同品种和牌号的沥青。

1)道路石油沥青。通常情况下,道路石油沥青主要用于道路路面或车间地面等工程,多用于拌制沥青混凝土和沥青砂浆等。道路石油沥青还可作密封材料、胶粘剂及沥青涂料等。

2)建筑石油沥青。建筑石油沥青的黏性较大,耐热性较好,但塑性较小,主要用于制造油毡、油纸、防水涂料和沥青胶等防水材料。它们绝大部分用于屋面及地下防水、沟槽防水、防腐蚀及管道防腐等工程。对于屋面防水工程应注意防止过分软化。为避免夏季流淌,屋面用沥青材料的软化点还应比当地气温下屋面可能达到的最高温度高 25 ℃～30 ℃。

但软化点也不宜选择过高,否则冬季低温时易发生硬脆甚至开裂。对一些不易受温度影响的部位,可选用牌号较大的沥青。

(3)石油沥青的掺配。某一种牌号沥青的特性往往不能满足工程技术的要求,因此,需要用不同牌号的沥青进行掺配。

在进行掺配时,为了不使掺配后的沥青胶体结构被破坏,应选用表面张力相近和化学性质相似的沥青。试验证明,同产源的沥青容易保证掺配后的沥青胶体结构的均匀性。所谓同产源,是指同属石油沥青,或同属煤沥青(或焦油沥青)。

二、煤沥青

煤沥青是烟煤炼焦炭或制煤气时,将干馏挥发物中冷凝得到的煤焦油继续蒸馏出轻油、中油、重油后所剩的残渣。煤沥青又可分为软煤沥青和硬煤沥青两种。软煤沥青中含有较多的油分,呈黏稠状或半固体状;硬煤沥青是蒸馏出全部油分后的固体残渣,质地硬脆,性能不稳定。建筑上采用的煤沥青多为黏稠或半固体的软煤沥青。

1. 煤沥青的特性

煤沥青是芳香族碳氢化合物及氧、硫和氮的衍生物的混合物。煤沥青的主要化学组分为油分、脂胶、游离碳等。与石油沥青相比,煤沥青有以下特性:

(1)煤沥青因含可溶性树脂多,由固体变为液体的温度范围较窄,受热易软化,受冷易脆裂,故其温度稳定性差。

(2)煤沥青中不饱和碳氢化合物含量较高,易老化变质,故其大气稳定性差。

(3)煤沥青因含有较多的游离碳,使用时易变形、开裂,故塑性差。

(4)煤沥青中含有的酸、碱物质均为表面活性物质,所以,其能与矿物表面很好地黏结。

(5)煤沥青因含酚、蒽等有毒物质,防腐蚀能力较强,故适用于木材的防腐处理,但因酚易溶于水,故其防水性不如石油沥青。

2. 煤沥青的技术要求

煤沥青应符合《煤沥青》(GB/T 2290—2012)规定的技术要求,见表11-2。

表11-2 煤沥青的技术要求

指标名称	低温沥青		中温沥青		高温沥青	
	1号	2号	1号	2号	1号	2号
软化点/℃	35～45	46～75	80～90	75～95	95～100	95～120
甲苯不溶物含量/%	—	—	15～25	≤25	≥24	—
灰分/%	—	—	≤0.3	≤0.5	≤0.3	—
水分/%	—	—	≤5.0	≤5.0	≤4.0	≤5.0
喹啉不溶物/%	—	—	≤10	—	—	—
结焦值/%	—	—	≥45	—	≥52	—

注:1. 水分只作生产操作中控制指标,不作质量考核依据。
　　2. 沥青喹啉不溶物含量每月至少测定一次

3. 煤沥青与石油沥青的鉴别方法

煤沥青与石油沥青的外观和颜色大体相同，但两种沥青不能随意掺和使用，使用时必须注意区分，防止混淆用错。对两种沥青可参考表 11-3 所示的简易方法进行鉴别。

表 11-3　石油沥青与煤沥青的简易鉴别法

鉴别方法	石油沥青	煤沥青
密度法	密度近似于 1.0 g/cm³	密度大于 1.10 g/cm³
锤击法	声哑、有弹性、韧性较好	声脆、韧性差
燃烧法	烟无色，无刺激性臭味	烟呈黄色，有刺激性臭味
溶液比色法	用 30～50 倍汽油或煤油溶解后，将溶液滴于滤纸上，斑点呈棕色	溶解方法同石油沥青，斑点分内外两圈，内黑外棕

4. 煤沥青的应用

煤沥青具有很好的防腐能力、良好的黏结能力，因此，可用于木材防腐、铺设路面、配制防腐涂料、胶粘剂、防水涂料、油膏及制作油毡等。

三、改性沥青

改性沥青是在传统沥青中掺加橡胶、树脂、高分子聚合物、磨细的橡胶粉或其他填料等外掺剂（改性剂），或采取对沥青轻度氧化加工等措施，从而改善沥青的多种性能。对沥青改性的目的在于提高沥青材料的强度、流变性、弹性和塑性，延长沥青的耐久性，增强沥青与结构表面的黏结力等。目前，改性沥青可用来制作防水卷材、防水涂料、改性道路沥青等，广泛应用于建筑物的防水工程和路面铺装等，取得了良好的使用效果。采用改性沥青铺设的路面有良好的耐久性、抗磨性，达到高温不软化、低温不开裂的效果。

1. 橡胶改性沥青

橡胶是沥青的重要改性材料，常用的橡胶改性材料有氯丁橡胶、再生橡胶、热塑性丁苯橡胶（SBS）等。橡胶和沥青油能够很好共混，使石油沥青兼具橡胶的很多优点，如高温变形小、低温柔韧性好等。橡胶改性沥青克服了传统沥青材料热淌冷脆的缺点，提高了沥青材料的强度和耐老化性。

2. 树脂改性沥青

在沥青中掺入适量的树脂改性材料后，可以改善沥青的耐寒性、耐热性、黏结性和抗老化性，但树脂和石油沥青的相溶性较差，而且可利用的树脂品种也较少，常用的树脂改性材料有古马隆树脂、聚乙烯、聚丙烯等。

3. 橡胶和树脂共混改性沥青

在沥青材料中同时掺入橡胶和树脂，可以使沥青同时具有橡胶和树脂的特性。另外，树脂比橡胶便宜，橡胶和树脂又有较好的混溶性，故改性效果较好。常用的有氯化聚乙烯—橡胶共混改性沥青等。配制时，采用的原材料品种、配合比及制作工艺不同，可以得到许多性能各异的产品，主要有卷材、密封材料、防水涂料等。

4. 矿物填料改性沥青

在沥青中加入一定数量的矿物填料，可提高沥青的耐热性、黏滞性和大气稳定性，减小沥青的温度敏感性，同时，可节省沥青用量。一般矿物填料的掺量为 20%～40%。

常用的矿物填料有粉状和纤维状两大类。粉状的有滑石粉、白云石粉、石灰石粉、粉煤灰、磨细砂等；纤维状的有石棉粉等。粉状矿物填料加入沥青中，可提高沥青的大气稳定性，降低温度敏感性；纤维状的石棉粉加入沥青中，可提高沥青的抗拉强度和耐热性。

第二节 防水卷材

一、沥青防水卷材

1. 沥青防水卷材的分类

沥青防水卷材是在基胎(原纸或纤维织物等)上浸涂沥青后,在表面撒布粉状或片状隔离材料制成的一种防水卷材。沥青防水卷材有石油沥青纸胎油毡、石油沥青玻璃纤维(或玻璃布)油毡、沥青复合胎柔性防水卷材、铝箔面油毡、改性沥青聚乙烯胎防水卷材等品种。

(1)石油沥青纸胎油毡。石油沥青纸胎油毡是采用低软化点石油沥青浸渍原纸,用高软化点沥青涂盖油纸的两面,再撒以隔离材料而制成的一种纸胎油毡。

《石油沥青纸胎油毡》(GB 326—2007)规定:油毡按卷重和物理性能可分为Ⅰ型、Ⅱ型、Ⅲ型。油毡幅宽为1 000 mm,其他规格可由供需双方商定。每卷油毡的总面积为$(20±0.3)m^2$。按产品名称、类型和标准号顺序标记。如Ⅲ型石油沥青纸胎油毡标记为:油毡Ⅲ型 GB 326—2007。Ⅰ型、Ⅱ型油毡适用于辅助防水、保护隔离层、临时性建筑防水、防潮及包装等,Ⅲ型油毡适用于屋面工程的多层防水。

(2)石油沥青玻璃纤维(或玻璃布)油毡。石油沥青玻璃纤维油毡简称玻纤油毡。玻纤油毡是采用玻璃薄毡为胎基,浸渍石油沥青,表面撒矿物粉料或覆盖聚乙烯薄膜等隔离材料,制成的一种防水卷材。其指标应符合《石油沥青玻璃纤维胎防水卷材》(GB/T 14686—2008)的规定,柔性好(在0 ℃~10 ℃弯曲无裂纹),耐化学微生物的腐蚀,寿命长。其适用于防水等级为Ⅲ级的屋面工程。

玻璃布油毡是采用玻璃布为胎基,浸涂石油沥青,表面撒以矿物粉料或覆盖聚乙烯薄膜等隔离材料,制成的一种防水卷材。玻璃布油毡拉力大及耐霉菌性好,适用于要求强度高及耐霉菌性好的防水工程,其柔韧性也比纸胎油毡好,易于在复杂部位粘贴和密封,主要用于铺设地下防水、防潮层和金属管道的防腐保护层。

(3)沥青复合胎柔性防水卷材。沥青复合胎柔性防水卷材指以沥青(用橡胶、树脂等高聚物改性)为基料,以两种材料复合为胎体,以细砂、矿物粒(片)料、聚酯膜、聚乙烯膜等为覆盖材料,以浸涂、辊压工艺制成的防水卷材。其按胎体分为沥青聚酯毡、玻纤网格布复合胎柔性防水卷材、沥青玻纤毡、沥青涤棉无纺布油毡、聚乙烯膜复合胎柔性防水卷材。规格尺寸:长度为10 m、7.5 m;宽度为1 000 mm、1 100 mm;厚度为3 mm、4 mm。其按物理性能可分为一等品(B)和合格品(C)。

(4)铝箔面油毡。铝箔面油毡是用玻璃纤维毡为胎基,浸涂氧化沥青,表面用压纹铝箔贴面,底面撒细颗粒矿物料或覆盖聚乙烯(PE)膜制成的防水卷材,具有美观效果及能反射热量和紫外线的功能,能降低屋面及室内温度,阻隔蒸汽的渗透。其适用于多层防水的屋面和隔汽层。其性能指标应符合《铝箔面石油沥青防水卷材》(JC/T 504—2007)的规定。

2. 沥青防水卷材的验收、存储、保管

(1)不同规格、标号、品种、等级的产品不得混放。

(2)卷材应保管在规定温度(粉毡和玻璃毡≤45 ℃,片毡≤50 ℃)下。

(3)纸胎油毡和玻璃纤维油毡要求立放,高度不得超过2层,所有搭接边的一端必须朝上;

玻璃布胎油毡可以同一方向平放堆置成三角形，码放不超过10层并应远离火源，置于通风、干燥的室内，防止日晒、雨淋和受潮。

（4）用轮船和铁路运输时，卷材必须立放，高度不得超过2层，短途运输可以平放，不宜超过4层，不得倾斜、横压，必要时应加盖苫布；人工搬运要轻拿轻放，避免出现不必要的损伤。

（5）产品质量保证期为一年。

（6）检验内容：外观不允许有孔洞、硌伤，胎体不允许出现露胎或涂盖不匀；裂纹、折纹、皱褶、裂口、缺边不许超标，每卷允许有一个接头，较短的一段不应小于2.5 m，接头处应加长150 mm。其物理性能有纵向拉力、耐热度、柔度、不透水性，各指标应符合技术要求。

二、高聚物改性沥青防水卷材

高聚物改性沥青防水卷材是以合成高分子聚合物改性沥青为涂盖层，纤维织物或纤维毡为基胎，粉状、粒状、片状或薄膜材料为防粘隔离层制成的防水卷材，具有高温不流淌、低温不脆裂、拉伸强度高、延伸率较大等优异性能。常用品种有弹性体改性沥青防水卷材、塑料体改性沥青防水卷材、合成高分子防水卷材、改性沥青聚乙烯胎防水卷材、自粘橡胶沥青防水卷材等；高聚物改性沥青有SBS、APP、PVC等。

1. 弹性体改性沥青防水卷材

弹性体改性沥青防水卷材是以苯乙烯—丁二烯—苯乙烯（SBS）热塑性弹性体作为石油沥青改性剂，以聚酯毡、玻纤毡、玻纤增强聚酯毡为胎基，两面覆盖隔离材料所制成的防水卷材，简称SBS防水卷材。隔离材料有聚乙烯膜（PE）、细砂（S）、矿物粒料（M）。

《弹性体改性沥青防水卷材》（GB 18242—2008）规定：SBS防水卷材按胎基可分为聚酯毡（PY）、玻纤毡（G）、玻纤增强聚酯毡（PYG）三种，按材料性能可分为Ⅰ型和Ⅱ型。其物理性能见表11-4。

表11-4 弹性体（SBS）改性沥青防水卷材的物理性能

序号	项目		指标				
			Ⅰ型		Ⅱ型		
			PY	G	PY	G	PYG
1	可溶物含量/(g·m^{-2})≥	3 mm	2 100				—
		4 mm	2 900				
		5 mm	3 500				
		试验现象	—	胎基不燃	—	胎基不燃	
2	耐热性	℃	90		105		
		mm ≤	2				
		试验现象	无流淌、滴落				
3	低温柔性/℃		−20		−25		
			无裂缝				
4	不透水性 30 min		0.3 MPa	0.2 MPa	0.3 MPa		
5	拉力	最大峰拉力/[N·(50 mm)$^{-1}$]≥	500	350	800	500	900
		次高峰拉力/[N·(50 mm)$^{-1}$]≥	—				800
		试验现象	拉伸过程中，试件中部无沥青涂盖层开裂或与胎基分离现象				

续表

序号	项目			指标				
				I型		II型		
				PY	G	PY	G	PYG
	延伸率	最大峰时延伸率/%	≥	30	—	40	—	—
		第二峰时延伸率/%	≥	—				15
7	浸水后质量增加/% ≤	PE、S		1.0				
		M		2.0				
8	热老化	拉力保持率/%	≥	90				
		延伸率保持率/%	≥	80				
		低温柔性/℃		−15		−20		
				无裂缝				
		尺寸变化率/%	≤	0.7		0.7		0.3
		质量损失/%	≤	1.0				
9	渗油性	张数 ≤		2				
10	接缝剥离强度/(N·mm⁻¹)		≥	1.5				
11	钉杆撕裂强度①/N		≥	—				300
12	矿物粒料黏附性②/g		≤	2.0				
13	卷材下表面沥青涂盖层厚度③/mm		≥	1.0				
14	人工气候加速老化	外观		无滑动、流淌、滴落				
		拉力保持率/%	≥	80				
		低温柔性/℃		−15		−20		
				无裂缝				

①仅适用于单层机械固定施工方式的卷材。
②仅适用于矿物粒料表面的卷材。
③仅适用于热熔施工的卷材。

规格：卷材幅宽为1 000 mm，每卷卷材公称面积为7.5 m²、10 m²、15 m²。聚酯毡卷材公称厚度有3 mm、4 mm、5 mm三种；玻纤毡卷材厚度有3 mm、4 mm两种；玻纤增强聚酯毡卷材厚度只有5 mm一种。

标记：按名称、型号、胎基、上表面材料、下表面材料、厚度、面积和标准号顺序标记。如10 m²面积、3 mm厚上表面为矿物粒料、下表面为聚乙烯膜聚酯毡I型弹性体改性沥青防水卷材标记为：SBS I PY MP E 3 10 GB 18242—2008。

SBS防水卷材广泛应用于各种领域和类型的防水工程，可单层或多层使用，施工方法有热熔法、冷粘法和自粘法等。玻纤增强聚酯毡卷材可用于机械固定单层防水，但需通过抗风荷载试验；玻纤毡卷材适用于多层防水中的底层防水；外露采用上表面隔离材料为不透明的矿物粒料的防水卷材；地下工程防水采用表面隔离材料为细砂的防水卷材。

2. 塑性体改性沥青防水卷材

塑性体改性沥青防水卷材是指以聚酯毡、玻纤毡、玻纤增强聚酯毡为胎基，以无规聚丙烯（APP）或聚烯烃类聚合物作为石油沥青改性剂，两面覆以隔离材料所制成的防水卷材，简称APP防水卷材。APP防水卷材的品种型号、规格同SBS防水卷材；其物理力学性能应符合《塑性体改性沥青防水卷材》(GB 18243—2008)的规定，见表11-5。

表11-5 塑性体(APP)改性沥青防水卷材的物理性能

序号	项目			指标				
				Ⅰ型		Ⅱ型		
				PY	G	PY	G	PYG
1	可溶物含量/(g·m⁻²) ≥		3 mm	2 100				—
			4 mm	2 900				
			5 mm	3 500				
			试验现象	—	胎基不燃	—	胎基不燃	—
2	耐热性		℃	110		130		
			mm ≤	2				
			试验现象	无流淌、滴落				
3	低温柔性/℃			—7		—15		
				无裂缝				
4	不透水性 30 min			0.3 MPa	0.2 MPa	0.3 MPa		
5	拉力	最大峰拉力/[N·(50 mm)⁻¹] ≥		500	350	800	500	900
		次高峰拉力/[N·(50 mm)⁻¹] ≥		—	—	—	—	800
		试验现象		拉伸过程中，试件中部无沥青涂盖层开裂或与胎基分离现象				
6	延伸率	最大峰时延伸率/% ≥		25		40		—
		第二峰时延伸率/% ≥		—		—		15
7	浸水后质量增加/% ≤		PE、S	1.0				
			M	2.0				
8	热老化	拉力保持率/% ≥		90				
		延伸率保持率/% ≥		80				
		低温柔性/℃		—2		—10		
				无裂缝				
		尺寸变化率/% ≤		0.7	—	0.7	—	0.3
		质量损失率/% ≤		1.0				
9	接缝剥离强度/(N·mm⁻¹) ≥			1.0				
10	钉杆撕裂强度①/N ≥			—				300
11	矿物粒料黏附性②/g ≤			2.0				
12	卷材下表面沥青涂盖层厚度③/mm ≥			1.0				
13	人工气候加速老化	外观		无滑动、流淌、滴落				
		拉力保持率/% ≥		80				
		低温柔性/℃		—2		—10		
				无裂缝				

①仅适用于单层机械固定施工方式卷材。
②仅适用于矿物粒料表面的卷材。
③仅适用于热熔施工的卷材。

规格：同 SBS 防水卷材。

标记：按名称、型号、胎基、上表面材料、下表面材料、厚度、面积和标准号顺序标记。如 10 m² 面积、3 mm 厚上表面为矿物粒料、下表面为聚乙烯膜聚酯毡Ⅰ型塑性体改性沥青防水卷材标记为：APP Ⅰ PY MP E 3 10 GB 18243—2008。

APP 防水卷材具有良好的防水性能、耐高温性能和较好的柔韧性（耐−15℃不裂），能形成高强度、耐撕裂、耐穿刺的防水层，耐紫外线照射，耐久，寿命长；APP 防水卷材分子结构稳定，受高温、阳光照射后，分子结构不重新排列，抗老化性能好；APP 材料具有良好的憎水性和黏结性，可冷粘施工，热熔施工，干净、无污染。

APP 防水卷材的应用领域、部位、使用注意事项与 SBS 防水卷材相同。APP 防水卷材的热熔性非常好，特别适合于热熔法施工，也可用冷粘法施工。

三、合成高分子防水卷材

随着合成高分子材料的发展，出现了以合成橡胶、合成树脂为主的新型合成高分子防水卷材。合成高分子防水卷材是以合成橡胶、合成树脂或它们两者的共混体为基料，再加入硫化剂、软化剂、促进剂、补强剂和防老化剂等助剂和填充料，经过密炼、拉片、过滤、挤出（或压延）成型、硫化、检验和分卷等工序而制成的可卷曲的片状防水卷材。合成高分子防水卷材又可分为加筋增强型和非加筋增强型两种。常用的合成高分子防水卷材为聚氯乙烯防水卷材。

聚氯乙烯防水卷材是以聚氯乙烯为主要原料，加入适量的填料、增塑剂、改性剂、抗氧剂、紫外线吸收剂等，经过捏合、塑合、压延成型（或挤出成型）等工序加工而成。

1. 聚氯乙烯防水卷材的特点

聚氯乙烯防水卷材具有拉伸强度高、伸长率较大、耐高低温性能较好的特点，而且热熔性能好，卷材接缝时，既可采用冷粘法，也可以采用热风焊接法，使其形成接缝黏结牢固、封闭严密的整体防水层。

2. 聚氯乙烯防水卷材的分类、规格和标记

（1）分类。聚氯乙烯防水卷材按产品的组成可分为均质卷材（代号 H）、带纤维背衬卷材（代号 L）、织物内增强卷材（代号 P）、玻璃纤维内增强卷材（代号 G）、玻璃纤维内增强带纤维背衬卷材（代号 GL）。

（2）规格。公称长度的规格为 15 m、20 m、25 m。公称宽度的规格为 1.00 m、2.00 m。厚度的规格为 1.20 mm、1.50 mm、1.80 mm、2.00 mm。

（3）标记。聚氯乙烯防水卷材按产品名称（代号 PVC 卷材）、是否外露使用、类型、厚度、长度、宽度和标准号顺序标记。

例如，长度为 20 m、宽度为 2.00 m、厚度为 1.50 mm、L 类外露使用的聚氯乙烯防水卷材标记为：PVC 卷材 外露 L 1.50 mm/20 m×2.00 m GB 12952—2011。

3. 聚氯乙烯防水卷材的技术要求

聚氯乙烯防水卷材的技术要求应符合《聚氯乙烯（PVC）防水卷材》（GB 12952—2011）的规定，具体要求如下：

（1）尺寸偏差。长度、宽度应不小于规格值的 99.5%。厚度不应小于 1.20 mm，厚度允许偏差和最小单值见表 11-6。

表 11-6 聚氯乙烯防水卷材的厚度允许偏差和最小单值

厚度/mm	允许偏差/%	最小单值/mm
1.20	−5, +10	1.05
1.50		1.35
1.80		1.65
2.00		1.85

(2)外观。卷材的接头不应多于一处,其中较短的一段的长度不应小于 1.5 m,接头应被剪切整齐,并应加长 150 mm。卷材表面应平整,边缘整齐,无裂纹、孔洞、黏结、气泡和疤痕。

(3)材料性能指标。聚氯乙烯防水卷材的材料性能指标见表 11-7。

表 11-7 聚氯乙烯防水卷材的材料性能指标

序号	项目			指标				
				H	L	P	G	GL
1	中间胎基上面树脂层厚度/mm		≥	—	—	—	0.40	—
2	拉伸性能	最大拉力/(N·cm⁻¹)	≥	—	120	250	—	120
		拉伸强度/MPa	≥	10.0	—	—	10.0	—
		最大拉力时伸长率/%	≥	—	—	15	—	—
		断裂伸长率/%	≥	200	150	—	200	100
3	热处理尺寸变化率/%		≤	2.0	1.0	0.5	0.1	0.1
4	低温弯折性			−25 ℃无裂纹				
5	不透水性			0.3 MPa,2 h 不透水				
6	抗冲击性能			0.5 kg·m,不渗水				
7	抗静态荷载①			—	—	—	20 kg 不渗水	
8	接缝剥离强度/(N·mm⁻¹)		≥	4.0 或卷材破坏			3.0	
9	直角撕裂强度/(N·mm⁻¹)		≥	50	—	—	50	—
10	梯形撕裂强度/N		≥	—	150	250	—	220
11	吸水率(70 ℃,168 h)/%	浸水后	≤	4.0				
		晾置后	≥	−0.40				
12	热老化 (80 ℃)	时间/h		672				
		外观		无起泡、裂纹、分层、黏结和孔洞				
		最大拉力保持率/%	≥	—	85	85	—	85
		拉伸强度保持率/%	≥	85	—	—	85	—
		最大拉力时伸长率保持率/%	≥	—	—	80	—	—
		断裂伸长率保持率/%	≥	80	80	—	80	80
		低温弯折性		−20 ℃无裂纹				

续表

序号	项目			指标				
				H	L	P	G	GL
13	耐化学性	外观		无起泡、裂纹、分层、黏结和孔洞				
		最大拉力保持率/%	≥	—	85	85	—	85
		拉伸强度保持率/%	≥	85	—	—	85	—
		最大拉力时伸长率保持率/%	≥	—	—	80	—	—
		断裂伸长率保持率/%	≥	80	80	—	80	80
		低温弯折性		−20 ℃无裂纹				
14	人工气候加速老化③	时间/h		1 500②				
		外观		无起泡、裂纹、分层、黏结和孔洞				
		最大拉力保持率/%	≥	—	85	85	—	85
		拉伸强度保持率/%	≥	85	—	—	85	—
		最大拉力时伸长率保持率/%	≥	—	—	80	—	—
		断裂伸长率保持率/%	≥	80	80	—	80	80
		低温弯折性		−20 ℃无裂纹				

①抗静态荷载仅对用于压铺屋面的卷材要求。
②单层卷材屋面使用产品的人工气候加速老化时间为 2 500 h。
③非外露使用的卷材不要求测定人工气候加速老化。

4. 聚氯乙烯防水卷材的应用

聚氯乙烯防水卷材适用于大型屋面板、空心板做防水层，也可作刚性层下的防水层及旧建筑物混凝土构件屋面的修缮，以及地下室或地下工程的防水、防潮，水池、贮水槽及污水处理池的防渗，有一定耐腐蚀要求的地面工程的防水、防渗。

第三节　防水涂料

一、沥青类防水涂料

沥青类防水涂料的主要成膜物质是沥青，包括溶剂型和水乳型两种，主要品种有冷底子油、沥青胶、水性沥青基防水涂料。

(1)冷底子油是将建筑石油沥青(30 号或 40 号)加入汽油、柴油或将煤沥青(软化点为 50 ℃～70 ℃)加入苯，溶解而成的沥青溶液。一般不单独将其作为防水材料使用，而是作为打底材料与沥青胶配合使用，以增加沥青胶与基层的黏结力。其常用配合比为：石油沥青：汽油＝30：70；石油沥青：煤油或柴油＝40：60。冷底子油一般现用现配，用密闭容器储存，以防溶剂挥发。

(2)沥青胶(玛琋脂)是为了提高沥青的耐热性、降低沥青层的低温脆性，在沥青材料中加入填料进行改性而制成的液体。粉状填料有石灰石粉、白云石粉、滑石粉、膨润土等，纤维状填料有木质纤维、石棉屑等。该产品主要有耐热度、黏结力、柔韧性三种技术指标,见表11-8。

表11-8 石油沥青胶的技术指标

项目	标号					
	S-60	S-65	S-70	S-75	S-80	S-85
耐热度	用2 mm厚沥青胶黏合两张沥青油纸,在不低于下列温度(℃)下,于45°的坡度上,停放5 h,沥青胶结料不应流出,油纸不应滑动					
	60	65	70	75	80	85
黏结力	将两张用沥青胶粘贴在一起的油纸撕开时,若被撕开的面积超过粘贴面积的一半,则被认为不合格;否则,认为合格					
柔韧性	涂在沥青油纸上的厚沥青胶层,在(18±2)℃时用下列直径(mm)的圆棒以5 s时间且匀速弯曲成半周,沥青胶结料不应有开裂					
	10	15	15	20	25	30

(3) 水性沥青基防水涂料是指以水为介质,采用化学乳化剂和(或)矿物乳化剂制得的水乳型沥青防水涂料,主要用于一般建筑的屋面防水及厕浴间、厨房防水。按《水乳型沥青防水涂料》(JC/T 408—2005)的规定,水乳型沥青防水涂料根据产品性能分为H型和L型,其物理力学性能见表11-9。

表11-9 水乳型沥青防水涂料物理力学性能

序号	项目		L型	H型
1	固体含量/%	≥	45	
2	耐热度/℃	≥	80±2	110±2
			无流淌、滑动、滴落	
3	不透水性	≥	0.10 MPa,30 min无渗水	
4	黏结强度/MPa	≥	0.30	
5	表干时间/h	≥	8	
6	实干时间/h	≥	24	
7	低温柔性[①]/℃ ≥	标准条件	-15	0
		碱处理	-10	5
		热处理		
		紫外线处理		
8	断裂伸长率/% ≥	标准条件	600	
		碱处理		
		热处理		
		紫外线处理		

① 供需双方可以商定温度更低的低温柔性指标

二、合成高分子防水涂料

合成高分子防水涂料是以合成橡胶或合成树脂为主要成膜物质,加入其他辅料配成的单组分或多组分防水涂料，主要有聚氨酯（单、多组分）、硅橡胶、水乳型、丙烯酸酯、聚氯乙烯、水乳型三元乙丙橡胶防水涂料等。

1. 聚氨酯防水涂料

聚氨酯防水涂料是一种化学反应型涂料，涂料喷、刷以后，借助组分之间发生的化学反应，直接由液态变为固态，形成较厚的防水涂膜，涂料中几乎不含有溶剂，故涂膜体积收缩小，且其弹性、延性、延伸性和抗拉强度大，耐候、耐蚀性能好，对环境温度变化和基层变形的适应性强，是一种性能优良的合成高分子防水涂料。其缺点是有一定的毒性、不阻燃，且成本也较高。

2. 聚氯乙烯弹性防水涂料

聚氯乙烯弹性防水涂料是以聚氯乙烯为基料，加入改性材料和其他助剂配制而成的热塑型和热熔型的弹性防水涂料（简称PVC防水涂料）。聚氯乙烯弹性防水涂料具有良好的弹性、延伸性，对基层结构变形有较强的适应能力，可在较潮湿的基层上冷施工。其使用温度在－20℃～80℃范围内，有良好的耐寒性、耐热性、耐老化性、耐腐蚀性和黏结性，还可以大面积施工，形成的防水层整体性好，尤其适应复杂结构部位的防水。

三、高聚物改性沥青类防水涂料

高聚物改性沥青类防水涂料是以高聚物改性沥青为基料制成的水乳型或溶剂型防水涂料，有再生胶改性沥青防水涂料、氯丁橡胶改性沥青防水涂料等。

(1)再生胶改性沥青防水涂料。其可分为JG-1型和JG-2型两类。

1)JG-1型是溶剂型再生胶改性沥青防水胶粘剂。以渣油（200号或60号道路石油沥青）与废开司粉（废轮胎里层带线部分磨成的细粉）加热熬制，加入高标号的汽油制成。

2)JG-2型是水乳型的双组分防水冷胶料，属反应固化型。A液为乳化橡胶，B液为阴离子型乳化沥青，分别包装，现用现配，在常温下施工，维修简单，具有优良的防水、抗渗性能。温度稳定性好，但涂层薄，需多道施工（低于5℃不能施工），加衬中碱玻璃丝或无纺布可做防水层。

(2)氯丁橡胶改性沥青防水涂料。其有溶剂型和水乳型两类，可用于Ⅰ级、Ⅱ级屋面防水。溶剂型氯丁橡胶改性沥青防水涂料是将氯丁橡胶和石油沥青溶于芳烃溶剂（苯或二甲苯）中形成一种混合胶体溶液。其具有较好的耐高、低温性能，黏结性好，干燥成膜速度快。其按抗裂及低温柔性可分为一等品和合格品。

水乳型氯丁橡胶改性沥青防水涂料以阳离子氯丁胶乳和阴离子沥青乳液混合而成。涂膜层强度高，耐候性好，抗裂性好，以水代替溶剂，成本低，无毒。

(3)检验及应用。高聚物改性沥青类防水涂料适用于民用及工业建筑的屋面工程、厕浴间、厨房的防水工程；地下室、水池的防水、防潮工程；旧油毡屋面的维修工程。在实际使用时应检验涂料的固体含量、延伸性、柔韧性、不透水性、耐热性等技术指标，合格后才能用于工程中。

四、聚合物水泥基防水涂料

聚合物水泥基防水涂料是以丙烯酸酯等聚合物乳液和水泥为主要原料，加入其他外加剂制得的双组分水性防水涂料，可分为Ⅰ型和Ⅱ型两种。Ⅰ型是以聚合物为主的防水涂料，用于非长期浸水环境下的建筑防水工程；Ⅱ型是以水泥为主的防水涂料，适用于长期浸水环境下的建筑防水工程。

聚合物水泥基防水涂料的含固量、表干时间、实干时间、低温柔性、常温拉伸断裂延伸率及强度、不透水性和黏结性等指标应符合《聚合物水泥防水涂料》（GB/T 23445—2009）的要求。其适用于工业及民用建筑的屋面工程，厕浴间、厨房的防水防潮工程，地面、地下室、游泳池、灌槽的防水工程。

本章小结

防水材料是建筑工程中不可缺少的主要建筑材料之一,它在建筑物中起防止雨水、地下水及其他水分渗透的作用。防水材料同时也用于其他工程中,如公路桥梁、水利工程等。本章主要介绍了沥青、防水卷材、防水涂料的性能特点、技术要求、主要类型及应用。

思考与练习

一、判断题

1. 石油的油分为淡黄色至红褐色的油状液体,能溶于大多数有机溶剂、酒精。在石油沥青中,油分赋予沥青以流动性。（　　）
2. 地沥青质含量越多,温度稳定性越好,黏性越大,也越硬脆。（　　）
3. 塑性是指石油沥青材料在外力作用下,内部阻碍其相对流动的一种特性。（　　）
4. 针入度值越大,说明半固态或固态沥青的黏滞性减小。（　　）
5. 温度敏感性较小的沥青,其黏滞性、塑性随温度的变化较大。（　　）
6. 玻璃布油毡是采用玻璃布为胎基,浸涂石油沥青,表面撒以矿物粉料或覆盖聚乙烯薄膜等隔离材料,制成的一种防水卷材。（　　）

二、填空题

1. 沥青是一种_____的_____,在常温下呈褐色或黑褐色的固体、半固体或黏稠状液体。
2. _____是沥青中活性最大的组分,它能改善沥青对矿物材料的浸润性,特别是能提高与碳酸盐类岩石的黏附性;增强沥青的可乳化性。
3. 石油沥青的结构是以_____为核心,周围吸附_____和_____的互溶物而成的胶团,无数胶团分散在油分中而形成胶体结构。
4. _____是指石油沥青在热、阳光、氧气和潮湿等因素的长期综合作用下抵抗老化的性能,也称为石油沥青材料的耐久性。
5. _____是烟煤炼焦炭或制煤气时,将干馏挥发物中冷凝得到的煤焦油继续蒸馏出轻油、中油、重油后所剩的残渣。
6. _____是采用低软化点石油沥青浸渍原纸,用高软化点沥青涂盖油纸的两面,再撒以隔离材料而制成的一种纸胎油毡。
7. 沥青类防水涂料的主要成膜物质是_____,包括_____和_____两种。

三、简答题

1. 沥青具有哪些特点?主要应用于哪些地方?
2. 石油沥青的组分主要有哪些?
3. 石油沥青的结构有哪些?
4. 石油沥青材料选用时应注意哪些问题?
5. 煤沥青与石油沥青的鉴别方法有哪些?
6. 什么是改性沥青?改性沥青有哪几类?
7. 什么是沥青防水卷材?沥青防水卷材有哪几类?
8. 什么是高聚物改性沥青防水卷材?常用的高聚物改性沥青防水卷材有哪几类?
9. 什么是合成高分子防水涂料?合成高分子防水涂料主要有哪几类?

第十二章 吸声材料与绝热材料

知识目标

1. 了解吸声材料的吸声原理及其影响因素；掌握建筑装饰常用的吸声材料和吸声板材。
2. 了解传热原理与绝热材料的作用原理；熟悉绝热材料的性能及影响导热性能的主要因素；掌握常用的绝热材料。

能力目标

1. 能够根据工程实际需要选择和使用各种绝热材料、吸声材料。
2. 能合理地将绝热材料、吸声材料应用到装饰工程设计中。

第一节 吸声材料

声音的产生起源于物体的振动，发出声音的发声体称为声源。当声源振动时，使邻近空气随之振动并产生声波，并通过空气介质向周围传播。当声波入射到建筑构件（如墙、顶棚）时，声能的一部分被反射，一部分被穿透，还有一部分由于构件的振动或声音在内部传播时介质的摩擦或热传导而被损耗，统称为材料的吸收。吸声材料在一定程度上吸收声波能量，主要用于对声音效果需求较高的建筑空间，如音乐厅、影剧院、大会堂、播音室等的内部墙面、地面、顶棚等部位，可用来改善声波在室内传播的质量，保持良好的声音传播效果。

一、吸声材料的吸声原理

多孔吸声材料根据材料的外观形状可划分为颗粒型、纤维型、泡沫型三类。

颗粒型吸声材料主要有膨胀珍珠岩和微孔吸声砖等。纤维型是由无数细小纤维状材料堆叠或压制而成的，如玻璃纤维、矿渣棉、木丝板等。泡沫型是由表面和内部都有无数微孔的高分子材料制成的，如聚氨基甲醋酸泡沫塑料等。

在多孔材料中，组成材料的筋络纤维之间的细微孔隙占有材料极大部分的体积，从材料表面到材料内部，孔隙组成了许多微小的通路。当声波传播到材料表面时，大多数声波沿着对外敞开的微孔入射，并衍射到内部的微孔内，引起孔隙中空气分子和材料细小纤维的振动。由于空气分子之间的黏滞阻力，以及空气与材料中筋络纤维之间的摩擦作用，使相当部分能量转化为热能，从而使声能衰减。另外，空气与材料纤维之间，以及孔壁的热交换也会消耗部分声能，从而使再次反射出去的声能大大减少。多孔吸声材料对高频声能的吸收高于低频，孔径越细或声音频率越高，这种声能吸收的效果越显著。

评价材料吸声性能好坏的主要指数之一是吸声系数，一般材料或结构的吸声系数为0~1。吸声系数值越大，表示吸声性能越好。吸声系数和声波的入射条件、声波的频率有关，工程上通常采用频率为 125 Hz、250 Hz、500 Hz、1 000 Hz、2 000 Hz、4 000 Hz 的吸声系数及这 6 个频率下的吸声系数算术平均值来表示材料或结构的吸声性能。一般将这 6 个频率下平均吸声系数大于 0.2 的材料，称为吸声材料；平均吸声系数大于 0.56 的材料，称为高效吸声材料。

二、影响材料吸声性能的因素

任何材料都有一定的吸声能力，只是吸声能力的大小不同而已。材料的吸声性与材料的表观密度、孔隙特征、材料厚度、温度和湿度均有关。

1. 材料的表观密度

通常同种材料的表观密度增大时，吸低频声效果提高，而吸高频声效果降低。因此，在一定条件下，材料密度存在一个最佳值。因为密度过大或过小，对材料的吸声性能均会产生不利的影响。

2. 材料的孔隙特征

多孔吸声材料都具有很大的孔隙率，孔隙越多、越细小，而且为开放型孔隙时，材料的吸声效果越好。多孔吸声材料的构造特征是：材料从表到里有大量内外连通的微小间隙和连续气泡，有一定的通气性。但当多孔吸声材料的表面涂刷形成致密层或吸声材料吸湿时，吸声效果就会大大下降。

3. 材料的厚度

增加材料的厚度，可提高材料的吸声系数，但厚度对高频声波系数的影响并不显著，因而，为提高材料的吸声能力而盲目增加材料的厚度是不可取的。

4. 温度和湿度

温度对材料的吸声性能影响并不很显著，温度的影响主要改变入射声波的波长，使材料的吸声系数产生相应的改变。

湿度对多孔材料的影响主要表现在多孔材料容易吸湿变形，滋生微生物，从而堵塞孔洞，使材料的吸声性能降低。

三、常用吸声材料

1. 多孔吸声材料

多孔吸声材料是最常用的吸声材料。多孔吸声材料从表到里都具有大量内外连通的微小间隙和连续气泡，有一定的通气性。

多孔吸声材料品种很多，有呈松散状的超细玻璃棉、矿棉、海草、麻绒等；有的已加工成板状材料，如玻璃棉毡、穿孔吸声装饰纤维板、软质木纤维板、木丝板等；另外，还有微孔吸声砖、矿渣膨胀珍珠岩吸声砖、泡沫玻璃等。其常见类型见表 12-1。

表 12-1 多孔吸声材料常见类型

主要种类		常用材料举例	使用情况
纤维材料	有机纤维材料	动物纤维：毛毡	价格高昂，使用较少
		植物纤维：麻绒、海草	防火、防潮性能差，原料来源丰富
	无机纤维材料	玻璃纤维：中粗棉、超细棉、玻璃棉毡	吸声性能好，保温隔热，不自燃，防腐防潮
		矿渣棉：散棉、矿棉毡	吸声性能好，松散材料易自重下沉，施工扎手
	纤维材料	矿棉吸声板、岩棉吸声板、玻璃棉吸声板	装配式施工，多用于室内吸声装饰工程

续表

主要种类		常用材料举例	使用情况
颗粒材料	砌块	矿渣吸声砖、膨胀珍珠岩吸声砖	多用于砌筑截面较大的消声器
	板材	膨胀珍珠岩吸声装饰板	质轻、不燃、保温、隔热、强度偏低
泡沫材料	泡沫塑料	聚氨酯及脲醛泡沫塑料	吸声性能不稳定，吸声系数使用前需实测
	其他	泡沫玻璃	强度高、防水、不燃、耐腐蚀、价格高昂
		加气混凝土	微孔不贯通，使用较少
		吸声剂	多用于不易施工的墙面等处

2. 薄膜、薄板共振吸声材料结构

将皮革、人造革、塑料薄膜等材料固定在框架上，背后留有一定的空气层，构成薄膜、薄板共振吸声结构。当声波入射到薄膜、薄板结构时，声波的频率与薄膜、薄板的固有频率接近，使薄膜、薄板产生剧烈振动，将机械振动转变为热能，从而达到吸声的目的。由于低频声波比高频声波容易使薄膜、薄板产生振动，因此薄膜、薄板吸声结构是一种很有效的低频吸声结构。

3. 共振吸声结构

共振吸声结构中间封闭有一定体积的空腔，并通过有一定深度的小孔与声场相联系。受外力微荡时，空腔内的空气会按一定的共振频率振动，此时，空腔开口颈部的空气分子在声波作用下，像活塞一样往复振动，因摩擦而消耗声能，从而起到吸声的效果。如腔口蒙一层细布或疏松的棉絮，可有助于加宽吸声频率范围和提高吸声量，也可同时用几种不同共振频率的共振器，加宽和提高共振频率范围内的吸声量。共振吸声结构在厅堂建筑中应用较广。

4. 穿孔板组合共振吸声结构

穿孔板组合共振吸声结构是在各种穿孔板、狭缝板背后设置空气层形成吸声结构，属于空腔共振吸声类结构，它们相当于若干个共振器并列在一起。这类结构取材方便，并有较好的装饰效果，所以，使用广泛。穿孔板具有适用于中频的吸声特性。穿孔板还受其板厚、孔径、穿孔率、孔距、背后空气层厚度的影响，它们会改变穿孔板的主要吸声频率和共振频率；若穿孔板背后空气层还填有多孔吸声材料，则吸声效果更好。

5. 空间吸声体

空间吸声体与一般吸声结构的区别在于它不是与顶棚、墙体等壁面组成吸声结构，而是一种悬挂于室内的吸声结构，它自成体系。空间吸声体常用形式有平板状、圆柱状、圆锥状等，它可以根据不同的使用场合和具体条件，因地制宜地设计成各种形状，既能获得良好的声学效果，又能获得良好的艺术效果。

四、常用吸声板材

(1)矿棉装饰吸声板。其以矿渣棉为主要原料，加入适量胶粘剂，经加压、烘干、饰面等工艺加工而成，具有轻质、吸声、防火、保温、隔热、装饰效果好等优异性能，适用于宾馆、会议大厅、写字楼、机场候机大厅、影剧院等公共建筑吊顶装饰。

矿棉装饰吸声板通常有滚花、浮雕、纹体、印刷、自然型、米格型等多个品种；规格有正方形和长方形，尺寸有 500 mm×500 mm、600 mm×600 mm、610 mm×610 mm、600 mm×1 000 mm、600 mm×1 200 mm 等，厚度分别为 12 mm、15 mm、20 mm。

(2)玻璃棉装饰吸声板。其是以玻璃棉为主要原料，加入适量胶粘剂、防潮剂、防腐剂等，经加压、烘干、表面加工等工序制成的吊顶装饰材料，表面处理通常采用贴附具有图案花纹的

PVC薄膜、铝箔，由于薄膜和铝箔具有大量开口孔隙，因而具有良好的吸声效果。其产品具有轻质、吸声、防火、隔热、保温、装饰美观、施工方便等特点，适用于宾馆、大厅、影剧院、音乐厅、体育馆、会场、船舶及住宅的室内吊顶。

(3)珍珠岩装饰吸声板。其又被称为珍珠岩吸声板，是以膨胀珍珠岩粉及石膏、水玻璃配以其他辅料，经拌和加工，加入配筋材料压制成型并经热处理固化而成。产品具有轻质、美观、吸声、隔热、保温等特点，可用于室内顶棚、墙面装饰。

普通膨胀珍珠岩装饰吸声板用于一般环境的吸声板，代号为PB。防潮珍珠岩装饰吸声板经过特殊防水材料处理，可用于高湿度环境，代号为FB。

珍珠岩吸声板的产品规格为400 mm×400 mm、500 mm×500 mm和600 mm×600 mm，厚度为15 mm、17 mm和20 mm。

(4)钙塑泡沫装饰吸声板。其由聚乙烯树脂加入轻质碳酸钙无机填料、发泡剂、交联剂、润滑剂、颜料等经混炼、模压、发泡而成，有一般板和加入阻燃剂的难燃板两种。产品具有轻质、吸声、耐热、耐水及施工方便等优点，适用于大会堂、电视台、广播室、影剧院、医院、工厂及商店建筑室内吊顶。

(5)聚苯乙烯泡沫装饰吸声板。其以聚苯乙烯泡沫塑料经混炼、模压、发泡、成型而成，具有隔声、隔热、保温、轻质、色白等优点，适用于影剧院、会议厅、医院、宾馆等建筑的室内吊顶装饰。

(6)纤维增强硅酸钙板。其又被称为硅钙板，原料广泛。硅质原料可采用石英砂磨细粉、硅藻土或粉煤灰；钙质原料为生石灰、消石灰、电石泥和水泥；增强材料为石棉、纸浆等。原料经配料、制浆、成型、压蒸养护、烘干、砂光而成板材，产品具有质量轻、高强、隔声、隔热、不燃、防水等性能，可加工性好，广泛用于建筑室内装饰或远洋船只的隔舱板、防火门等，也可用于列车车厢装饰。

第二节　绝热材料

在建筑中，将用于控制室内热量外流的材料称为保温材料，将防止热量进入室内的材料称为隔热材料，将保温、隔热材料统称为绝热材料。绝热材料通常为质量轻、疏松、多孔或纤维状材料，主要用于屋面、墙体、地面、管道等的隔热与保温。合理使用绝热材料可以减少热损失，节约能源，减小外墙厚度，减轻自重，从而节约材料，降低造价，保证室内温度适宜人们生活、工作与学习。

一、传热原理与绝热材料的作用原理

任何介质中，当两处存在温度差时，就会产生热的传递现象。热能将由温度较高的部分传递至温度较低的部分。对于大多数绝热材料，所测得的传热系数值，实际上为传导、对流和辐射的综合结果。

不同的建筑材料具有不同的保温绝热性能。通常保温绝热性能良好的材料，多是孔隙率较大的。由于在材料的孔隙内有着空气和水分，起着对流和辐射作用，因此严格地讲，在热流通过材料层时，因对流和辐射所占的比例很小，故在建筑热工计算中，均不予考虑。衡量材料绝热性能的主要指标是导热性。衡量材料导热能力的主要指标是传热系数(λ)。

$$\lambda = \frac{Qd}{At(T_2 - T_1)} \tag{12-1}$$

式中 λ ——传热系数[W/(m·K)];

Q ——传导的热量(J);

d ——热传导面积(m^2);

A ——材料的厚度(m);

t ——热传导时间(s);

$T_2 - T_1$ ——材料两面的温差(℃或K)。

其物理意义是在稳定传热条件下,当材料两边表面温差为1℃时,在1h内通过厚度为1m、表面积为1m^2的材料的热量。因此,传热系数λ值越小,材料的导热能力越差,而保温隔热性能越好。对绝热材料的要求是传热系数小于0.29 W/(m·K),表观密度小于1 000 kg/m^3,抗压强度大于0.3 MPa。

二、绝热材料的性能

1. 导热性

导热性是指材料传递热量的性质。材料导热性的大小用传热系数λ表示。传热系数的物理意义:在稳定传热条件下,当材料层单位厚度内的温差为1 K时,在1 s内通过单位面积(1 mm^2)传递的热量。材料的传热系数越小,表示其绝热性能越好。工程上将传热系数λ<23 W/m·K的材料称为绝热材料。

影响传热系数的主要因素有材料组成、微观结构、孔隙率、孔隙特征、温度、湿度和热流方向。

2. 温度稳定性

温度稳定性是指材料在受热作用下保持其原有性能不变的能力。通常用其不致丧失绝热性能的极限温度来表示。

3. 吸湿性

吸湿性是指绝热材料从潮湿环境中吸收水分的能力。一般来说,材料吸湿性越大,对绝热效果越不利。

4. 强度

强度通常用抗压强度和抗折强度来表示。对于某些纤维材料,常用材料达到某一变形时的承载能力作为其强度代表值。由于绝热材料含有大量孔隙,故强度一般较低,因此,不宜将绝热材料用于承重部位。

另外,绝热材料还应具有一定的抗冻性、防火性、耐腐蚀性等。

三、影响导热性能的主要因素

1. 材料的性质

不同材料的传热系数差异很大,相比之下,固体的传热系数远大于液体和气体,而金属材料的传热系数远大于非金属的固体材料。对于同一种材料,内部结构不同也会导致传热系数的不同。传热系数最强的是结晶结构材料,其次是微晶体结构材料,而玻璃体结构材料的传热系数最小,但对于多孔的绝热材料而言,由于材料孔隙较多,故气体(空气)对传热系数会产生影响。

2. 化学成分和微观结构

不同的化学成分和微观结构有着不同的导热性能,如金属材料的传热系数都比非金属材料大得多。一般来说，结晶结构的传热系数最大，微晶结构的次之，玻璃体结构的最小。因此，通过改变其微观结构，可使建筑装饰材料的传热系数变小。

3. 孔结构

孔结构也是影响建筑装饰材料传热系数的一大因素。材料的孔结构包括两个方面的含义：一方面是孔隙率；另一方面是孔隙特征。孔隙率指的是孔隙密度；孔隙特征指的是孔隙的物理特征。其中孔隙特征包括很多方面，如孔的形状、大小、孔径分布、连通或封闭等。

在工程中，孔隙率可用体积密度来代替，从而表示出孔结构对材料导热性能的影响，材料的体积密度越小，其孔隙率越大，则传热系数就越小。在孔隙率相近的情况下对比空隙特征，孔径越大，孔隙相互连通的越多，材料的传热系数越大。

对于表观密度很小的材料，特别是纤维状材料（如超细玻璃纤维），当其表观密度低于某一极限值时，传热系数反而会增大，这是由于孔隙增大且互相连通的孔隙大大增多，而使对流作用加强的结果。因此，这类材料存在一个最佳表观密度，即在这个表观密度时传热系数最小。

4. 温度

材料本身的导热性能够随温度的变化而变化。一般情况下，传热系数会随温度的升高而增大。同时，材料孔隙中空气的导热和孔壁之间的辐射作用也有所增加。但这种影响在温度处于 0 ℃～50 ℃范围内时并不明显，只有处于高温或负温下的材料，才需要考虑温度的影响。

5. 湿度

材料受潮后，传热系数会增大，这是因为当材料的孔隙中有了水分后，孔隙中蒸汽的扩散起到传热的作用，水的传热系数比空气的传热系数大 20 倍左右，所以，水分子的运动将起主要导热作用，如果孔隙中的水结成冰，其传热系数会变得更大。这种情况在多孔材料中最为明显。

6. 热流方向

有些材料的组成在不同方向上结构布局不同，如木材等，纤维具有方向性，当热流平行于纤维方向时，受到阻力较小，此时，其传热系数较大；而热流垂直于纤维方向时，受到的阻力较大，此时，其传热系数较小。因此，在材料使用过程中，还要根据其特性，依照热流方向走势进行合理利用。

四、常用绝热材料

绝热材料按化学成分可分为有机和无机两大类；按材料的构造可分为纤维状、松散粒状和多孔组织材料三种。通常可制成板、片、卷材或管壳等多种形式的制品。一般来说，无机绝热材料的表现密度大，不易腐蚀，耐高温；而有机绝热材料吸湿性大，不耐久，不耐高温，只能用于低温绝热。

1. 无机保温隔热材料

(1)岩矿棉。岩矿棉是一种优良的保温隔热材料，根据所用原料不同可分为矿渣棉和岩石棉。矿渣棉是由熔融矿渣经熔融后吹制而成的；岩石棉是由熔融岩石（玄武岩、辉绿岩等）经喷吹而制成的纤维材料。其纤维长，耐久性较矿渣棉更优，但成本稍高。将矿渣棉与有机胶粘剂结合可以制成矿棉板、毡、管壳等制品，传热系数为 0.044～0.049 W/(m·K)，具有质量轻、吸声、隔振、不燃、绝热和电绝缘、使用温度高等特点，且原料丰富，成本低。主要应用于墙体、屋面、房门、地面等保温和隔声、吸声、隔振材料，国外多用于制取粒状棉，以制造装饰吸声板，也用作墙面、顶棚、梁柱、窑炉表面等的喷涂，作防火、保温及装饰之用。

(2)玻璃棉。玻璃棉是以玻璃原料或碎玻璃经熔融后拉制、吹制或甩制成的极细的纤维状材料。在玻璃棉中加入一定量的胶粘剂和添加料，经固化、切割、贴面等工序可制成各种用途的玻璃棉制品。玻璃棉具有质量轻、吸声性好、过滤效率高、不燃、耐腐蚀性好等特点，除可用于围护结构及管道绝热外，还可用于低温保冷工程。如玻璃棉毡、卷毡用于建筑、空调、冷库、消声室等的保温、隔热、隔声，玻璃棉板用于录音间、冷库、隧道、房屋等绝热、隔声，玻璃棉装饰板用于剧场、音乐厅顶棚等。但是由于吸水性强，因此不得露天存放和雨天施工。

(3) 膨胀珍珠岩。膨胀珍珠岩是由天然珍珠岩、黑耀岩或松脂岩为原料，经破碎、分级、预热、高温焙烧瞬时急剧膨胀而得的蜂窝状白色或灰白色松散颗料。其堆积密度为 40~500 kg/m³，传热系数 $\lambda=0.047\sim0.074$ W/(m·K)，使用温度为 $-200\ ℃\sim800\ ℃$。具有质轻、化学稳定性好、吸湿性小、不燃烧、耐腐蚀、防火、吸声等特点，而且其原料来源丰富、加工工艺简单、价格低廉。除可用作保温填充料、轻集料及防水、装饰涂料的填料外，其胶结制品(如石膏珍珠岩、屋面憎水珍珠岩板、纤维石膏珍珠岩吸声板)可用于内、外墙保温，装饰和防水，其烧结制品(如膨润土、沸石、珍珠岩烧结制品等)可用于内墙保温材料。

(4) 膨胀蛭石。膨胀蛭石是以蛭石为原料，经烘干、破碎、焙烧，在短时间内体积急剧膨胀而成的一种轻质粒状物料。其表观密度小(87~900 kg/m³)，传热系数 $\lambda=0.046\sim0.07$ W/(m·K)，使用温度为 1 000 ℃~1 100 ℃，具有强度高，质量稳定，耐火性强的特点，是一种良好的保温隔热材料，既可以直接填充在墙壁、楼板、屋面等中间层，起绝热隔声作用，又可与水泥、水玻璃、沥青、树脂等胶结材料配制混凝土，现浇或预制成各种规格的构件或不同形状和性能的蛭石制品。

(5) 微孔硅酸钙。微孔硅酸钙是以粉状硅质材料、石灰、纤维增强材料、助剂和水经搅拌、凝胶化、成型、蒸压养护、干燥等工序制成。其主要水化产物为托贝莫来石或硬硅钙石。微孔硅酸具有表观密度小(100~1 000 kg/m³)，强度高，传热系数[0.036~0.224 W/(m·K)]较小，使用温度高(100 ℃~1 000 ℃)，以及质量稳定，耐水性强、无腐蚀、耐用、可锯可刨、安装方便等优点，被广泛应用于热力设备、管道、窑炉的保温隔热材料，房屋建筑的内墙、外墙、隔墙板、吊顶的防火覆盖材料，以及走道的防火隔热材料。

(6) 泡沫玻璃。泡沫玻璃是一种内部充满无数微小气孔，具有均匀孔隙结构的多孔玻璃制品。其气孔体积占 80%~90%，孔径为 0.5~5 mm，或更小。具有轻质、高强、隔热、吸声、不燃、耐虫蛀、耐细菌及抗腐蚀好、易加工等特点。主要用于为墙体、地板、顶、屋面的绝热及设备管道、容器的绝热。

(7) 陶瓷纤维。陶瓷纤维采用氧化硅、氧化钴为原料，经高温熔融、喷吹制成。其纤维直径为 2~4 um，表观密度为 140~190 kg/m³，传热系数为 0.036~0.224 W/(m·K)，使用温度 1 100 ℃~1 350 ℃。陶瓷纤维除可制成毡、毯、纸、绳等制品用于高温绝热外，还可用于高温下的吸声材料。

(8) 吸热玻璃。吸热玻璃是在普通玻璃中加入氧化亚铁等能吸热的着色剂，或在玻璃表面喷涂氧化锡制成的。玻璃本身呈蓝色、天蓝色、茶色、灰绿色、蓝绿色、金黄色等多种颜色。与相同厚度的普通玻璃相比，吸热玻璃的热阻挡率可提高 2.5 倍，多用于建筑门窗或幕墙。

(9) 热反射玻璃。在平板玻璃表面涂覆金属或金属氧化膜，可制得热反射玻璃。这种玻璃的热反射率可达 40%，从而起绝热作用，多用于门、窗、橱窗上，近年来被广泛用于高层建筑的幕墙玻璃。

2. 有机保温隔热材料

(1) 泡沫塑料。泡沫塑料是高分子化合物或聚合物的一种，以各种树脂为基料，加入各种辅助料经加热发泡制得的轻质、保温、隔热、吸声、防震材料。它保持了原有树脂的性能，并且同塑料相比，具有表观密度小、传热系数小、防震、吸声、耐腐蚀、耐霉变、加工成型方便、施工性能好等优点。由于这类材料造价高，且具有可燃性，因此应用上受到一定的限制。今后，随着材料性能的改善，将向着高效、多功能方向发展。

(2)碳化软木板。碳化软木板是以一种软木橡树的外皮为原料,经适当破碎后再在模型中成型,在300℃左右热处理而成。由于软木树皮层中含有无数树脂包含的气泡,因此成为理想的保温、隔热、吸声材料,且具有不透水、无味、无毒等特性,并且有弹性,柔和耐用,不起火焰只能阴燃。

(3)植物纤维复合板。植物纤维复合板是以植物纤维为重要材料加入胶结料和填料而制成。如木丝板是以木材下脚料制成的木丝加入硅酸钠溶液及普通硅酸盐水泥混合,经成型、冷压、养护、干燥而制成。甘蔗板是以甘蔗渣为原料,经过蒸制、加压、干燥等工序制成的一种轻质、吸声、保温材料。

▶ 本章小结

绝热材料和吸声材料都是功能性材料的重要品种,绝热材料和吸声材料的应用对提高人们的生活质量有着非常重要的作用。本章主要介绍吸声材料、绝热材料的原理,影响导热性能的主要因素及常用吸声材料和绝热材料。

▶ 思考与练习

一、判断题

1. 纤维型吸声材料主要有膨胀珍珠岩和微孔吸声砖等。( )
2. 多孔吸声材料对高频声能的吸收高于低频,孔径越细或声音频率越高,这种声能吸收的效果越显著。( )
3. 评价材料吸声性能好坏的主要指数之一是吸声系数,一般材料或结构的吸声系数为1~2。( )
4. 通常,同种材料的表观密度减小时,吸低频声效果提高,而吸高频声效果降低。( )
5. 多孔吸声材料都具有很大的孔隙率,孔隙越多、越细小,而且为开放型孔隙时,材料的吸声效果越好。( )

二、填空题

1. 声音的产生起源于物体的振动,发出声音的发声体称为_____。
2. 当声源振动时,使邻近空气随之振动并产生_____,并通过_____向周围传播。
3. 多孔吸声材料根据材料的外观形状可划分为_____、_____、_____三类。
4. 在建筑中,将用于控制室内热量外流的材料称为_____,将防止热量进入室内的材料称为_____,将保温、隔热材料统称为_____。
5. 任何介质中,当两处存在温度差时,就会产生热的_____现象。
6. 绝热材料的性能有_____、_____、_____、_____。

三、简答题

1. 影响材料吸声性能的因素有哪些?
2. 常用吸声材料有哪几类?
3. 常用吸声板材有哪几类?
4. 影响导热性能的主要因素有哪些?
5. 常用的绝热材料有哪几类?

第十三章 新型节能、绿色环保材料

知识目标

1. 了解建筑节能的意义；熟悉环保建材的概念、特征及分类。
2. 熟悉污染物质的种类和来源；掌握装饰材料的选择，常见的环保建筑装饰材料。
3. 熟悉保温隔热材料、聚氨酯保温材料、浆体保温材料、玻璃钢墙体保温板的特点。

能力目标

能够在实际工程中多使用新型节能、保温隔热建筑材料。

第一节 概述

一、建筑节能的意义

建筑既是人类活动的基本场所，也是大量消耗能源、资源的重要环节。建筑耗能问题是牵动社会经济发展全局的大问题。由于保温材料隔热差、采暖系统效率低，我国建筑面积采暖平均能耗是相同气候条件下世界平均值的3倍。因此，在全球能源匮乏的今天，建筑节能将成为我国节能战略的必然选择，做好建筑节能是一件"功在当代、利在千秋"的大好事。

建筑节能是指节约采暖供热、空调制冷、采光照明及调节室内空气、湿度，改变居室环境质量的能源消耗，还包括利用太阳能、地热(水)能源的综合技术工程。

建筑节能是全社会节约能源的重要组成部分，严峻的事实告诉我们，走可持续发展道路，发展节能型建筑已刻不容缓。

建筑节能发展的重点领域为：研究新型低能耗的围护结构(包括墙体、门窗、屋面)体系和成套节能技术及产品；新型能源的开发和能源的综合利用，包括太阳能、地下能源开发利用和能源综合利用；室内环境控制成套节能技术的研究和设备开发等。

二、环保建材的概念及特征

1. 环保建材的概念

从不同的角度理解，环保建材可称为生态型建材、环保型建材与健康型建材。其基本含义应是：不用或少用自然资源(利用工业废料或工农业副产品)、采用清洁无污染的生产技术、使用有利于环保和人体健康的材料所生产出的可再生的建筑材料。

2. 环保建材的特征

(1)能够最大限度地综合利用自然资源，最好以废料、废渣、废弃物为主要原料。
(2)采用的生产技术和工艺低能耗、无污染，有利于保护环境和维护生态平衡。

(3)产品应有利于人体健康。
(4)产品应具有高性能和多功能的特点,有利于建筑物使用与维护中的节能。
(5)产品应可循环再利用,建(构)筑物拆除后不会造成二次污染。

早在环保建材这一概念正式提出之前,许多发达国家已经十分重视发展具有环保建材特征的建筑材料。世界"环发"大会(联合国环境与发展会议)后,各发达国家又制定了一系列鼓励和扶持环保建材、限制非环保建材生产和使用的政策法规,使这些国家的环保建材工业发展得十分迅速,利用环保建材建成的建(构)筑物也越来越多。

三、环保材料的分类

绿色环保型装饰材料是人们因高度重视生态保护而提出的新概念,绿色环保建筑材料首先是在进行住宅装饰装修过程中使用的材料。要保证绿色装饰装修以人为本,在环保和生态的基础上追求高品质生存、生活空间。要保证装饰装修过程的生活空间不受污染,满足消费者的安全和健康需求。在使用过程中不对人体和外界造成污染。绿色环保型装饰材料主要分为以下几大类型。

1. 基本无毒无害型装饰材料

基本无毒无害型装饰材料是指天然的、本身没有或极少有毒有害物质,未经污染只进行了简单加工的装饰材料,如石膏、滑石粉、木材、某些天然石材等。

2. 低毒低排放型装饰材料

低毒低排放型装饰材料是指经过加工、合成等技术手段来控制有毒有害物质的积聚和缓慢释放,因其毒性轻微对人体健康不构成危害的装饰材料,如甲醛释放量达到国家标准的胶合板、纤维板、大芯板等。

虽然国家目前已出台了有关绿色装饰装修方面的标准、规章制度,但是这些制度还有待于进一步完善和推广,甚至强制执行,特别是对一些危害性很强的装饰材料。

第二节 室内污染物简介及装饰材料选择

一、污染物的种类和来源

一般来说,装饰材料中大部分无机材料是安全和无害的,如龙骨及配件、普通型材、地砖、玻璃等传统饰材。而有机材料、人造材料及复合材料中的部分化学合成物质则对人体有一定的危害,它们大多为多环芳烃,如苯、酚、蒽、醛等及其衍生物,具有浓重的刺激性气味,可导致人们各种生理和心理的病变。

在装修过程中最主要、最常见、危害最大的污染物质有五种,即甲醛、总挥发性有机物(硼)、氨气、氡、苯。其中,以甲醛为最。这些污染物质主要来自三个方面:一是建筑物本身的污染——冬期施工混凝土防冻剂中含有氨类物质;二是装饰装修材料带来的污染——胶合板、细木工板、中密度纤维板和刨花板等人造板材,油漆、涂料、地板、深成岩(如部分花岗石、大理石)等,尤其是低档材料,污染更为严重;三是家具所带来的污染——人造板材制造的家具、布艺沙发的喷胶和填充物。

二、污染物的主要危害

调查统计,装修污染已被列为公众危害最大的五种环境问题之一。不良室内空气环境将对人的健康造成最直接的伤害。据有关部门了解,目前在众多装饰材料中,有毒材料占68%,会产生300多种挥发性有机化合物(VOC),并可引发30多种疾病,其中,最容易受到伤害的是老人和小孩。

这些污染物如果长期侵入人体,则会造成以下后果:

(1)可引起居住者眼、鼻、咽喉刺激,疲劳,头痛,皮肤刺激,呼吸困难等一系列症状,使人的嗅觉异常、过敏,肺功能和肝功能异常,免疫功能异常(降低人体的抗病能力)等。

(2)可破坏人体造血功能,诱发癌症、白血病,导致胎儿畸形等。

(3)具有较明显的致突变性,有可能诱发人体肿瘤;可使人产生典型的神经行为功能损害,包括记忆力的损伤等。苯已被国际癌症研究中心确认为高度致癌物质,对人的皮肤和黏膜有局部刺激作用,吸入或经皮肤吸收可引起中毒。

三、装饰材料的选择

从建筑所用材料和设备的角度来看,若建筑各部位所用材料均为达标的绿色环保建材,采用节能建材和节能设计、节能设备,如太阳能利用、循环能源设计等,则能增强人体健康,这就是全面达到健康建筑的理想目的。

第三节 常见环保建筑装饰材料

一、矿棉吸声板

矿棉吸声板是一种以吊顶为主的新型绿色室内环保材料,是室内装修中吊顶必不可少的装饰材料。

矿棉吸声板以矿棉为主要原料,矿棉是矿渣经高温熔化由高速离心机甩出的絮状物,无害、无污染,是一种变废为宝、有利于环境的绿色建材。它有以下几个特点:

(1)吸声性能好。矿棉板是一种多孔材料,由纤维组成无数个微孔。声波撞击材料表面,部分被反射回去,部分被板材吸收,还有一部分穿过板材进入后空腔,大大降低反射声,有效控制和调整室内回响时间,降低噪声。

(2)有多种装饰类型。矿棉吸声板表面处理形式丰富,板材有较强的装饰效果。表面经过处理的滚花型矿棉板,又称"毛毛虫",其表面布满深浅、形状、孔径各不相同的孔洞。另外一种"满天星",则表面孔径深浅不同。

(3)高效节能。矿棉板质量较轻,一般控制为$350\sim450\ kg/m^2$,使用中没有沉重感,给人安全、放心的感觉,能减轻建筑物质量,是一种安全饰材。同时,矿棉板还具有良好的保温阻燃性能,其平均传热系数小,易保温,而且其主要原料是矿棉,熔点高达1 300 ℃,具有较高的防火性能。

(4)多种安装方法。矿棉板吊顶构造很多,并可配套龙骨,具有各种吊顶形式。如易于更换板材、检修管线、安装简单快捷的明龙骨吊装;具有良好隔热性能、在同一平面和空间可以用多种图案灵活组合的复合粘贴法吊装;不露龙骨、可自由开启的暗插式吊装等,可以随户主需要选择其中一种安装。

二、木器漆

传统的木器漆，大多以硝基漆和聚氨酯漆等溶剂型漆为主，这些漆涂刷在木器上会释放大量有毒、有害的溶剂、游离TDI（甲苯二异氰酸酯），有的还含有重金属。这些物质严重损害了人们的身体健康，也污染了人们居住、工作和学习的环境。而水性木器漆在环保性上首先得到突破，它以水做稀释剂，无毒无味，因而无环境污染，对人体无害，并且还具有耐水、耐磨、耐酸碱、经久耐用、省工省力、干燥快、使用方便、漆膜平滑光亮等特点。

水性漆可分为三个体系，即乳液体系、水分散体系和水溶液体系。在乳液体系中，以水为连续相，聚合物不溶于水，依赖于表面活性剂以分散相形成乳状液，它的成膜主要是通过不同粒径乳胶粒子的堆积层压来完成。水分散体系（也叫作水稀释性体系）是以水为连续相，很少或不用表面活性剂，有一定的亲水性，以分散体形式存在。水溶液体系是聚合物通过成盐的办法，使其成为离子聚合物，能溶于水中，是均相体系。目前，市场上所能够买到的包括进口的水性漆产品，主要是乳液型产品和水溶型产品。乳白色的乳液型丙烯酸类产品，具有很好的耐时性，但漆膜的丰满度、光亮度及耐水性较差；透明的水白色的水溶型产品各项性能较好，但含有一定量的有机溶剂。目前，高级水性漆市场上多为进口产品。

三、M-Color柔性天花

M-Color天彩柔性彩色天花系列（简称M-Color柔性天花），产于法国，是一种高档的绿色环保软膜天花装饰材料。品种多样的材质及颜色，使其成为非凡室内装饰效果的夺目亮点。其每平方米的质量为180～320 g。它的柔韧性良好，可以自由进行多种造型的设计，常用于曲廊、敞开式观景空间等各种场合。

天彩柔性彩色天花的应用领域为商业场所、娱乐场所、工业场所、酒店、游泳池、家居、办公场所。

产品的优势：安全耐用，天花平整度高，均一性好，抗振动，无表面裂纹及脱落现象，其燃烧性能为B1级；百余种丰富的颜色，锦缎般光滑的表面，变幻随意的造型，足以施展个性化创意；具有有利于健康的品质，抗细菌和真菌，无有害气体挥发，是医院、家庭、餐厅理想的装饰材料。

四、泡沫玻璃

泡沫玻璃是新型的环保建筑材料，是以碎玻璃和天然熔岩为主要原料，加入发泡剂和外掺剂经粉碎、高温发泡成型制成的一种新型保温隔热和吸声材料。该产品以其无机硅酸盐材质和独立的封闭微小气孔结构，集传统保温隔热材料的优良性能于一身，可广泛应用于石化、轻工、冷藏、建筑、环保等领域，具有堆积密度低、强度高、传热系数小、不吸湿、不透气、不燃烧、防啮防蛀、耐酸耐碱（氢氟酸除外）、易加工且不变形等特点。

第四节 新型节能、保温隔热建筑材料

新型节能、保温隔热材料在建筑保温上应体现以发展矿物棉、泡沫塑料等产品为主，**玻璃棉、膨胀珍珠岩和泡沫塑料制品等多种材料并存的格局**。

现场发泡的聚氨酯泡沫塑料、高密度的膨胀聚苯乙烯泡沫塑料和聚氨酯泡沫塑料、具有防火性能的各种泡沫塑料、高耐水性的泡沫塑料等性能良好的保温材料和无氯氟烃的健康型保温板将获得较快发展和应用。

重点发展绝热性能优良的多孔材料、纤维类材料和轻质材料，以及具有轻质、高强、绝热等多功能的复合制品，注重开发与墙体材料配套的绝热制品。

建筑上根据保温隔热材料在围护结构的使用部位不同，可分为内墙保温隔热材料和外墙保温隔热材料；根据节能保温材料的状态不同，分为板材(固体)保温隔热材料和浆体保温隔热材料。

一、板材保温隔热材料

1. 单一板材保温隔热材料

单一板材保温隔热材料是保温工程应用的主体，在使用过程中需要其他材料的配合，如发泡型聚苯乙烯板、挤出型聚苯乙烯板、岩棉板、玻璃棉板等，在使用前要测试以下检测内容。

(1)传热系数[W/(m·K)]。这一技术指标是关系工程保温效果的关键指标。

(2)表观密度(kg/m^3)。材料的表观密度在一定程度上影响其传热系数，表观密度不合格的材料将直接导致其物理性能如强度、尺寸稳定性等下降。

(3)压缩强度(MPa)。压缩强度指试件在10%变形下的压缩应力。它关系到该面层系统的耐久性和耐冲击性。

(4)尺寸变化率(m)。尺寸变化率大的材料将导致该系统面层的开裂。

(5)水蒸气透湿系数[g/(m·h·Pa)]。该性能决定了对水蒸气透过的性能，在一定程度上决定了墙面的结露与否。

(6)氧指数，需阻燃型，否则防火不能达标。

如《绝热用模塑聚苯乙烯泡沫塑料》(GB/T 10801.1—2002)，其要求有：表观密度≥15.0 kg/m^3；压缩强度≥60 kPa；传热系数≤0.041 W/(m·K)；水蒸气透湿系数≤6 ng/(Pa·m·s)；吸水率≤6%。

2. 系统板材保温材料

将单一保温材料与其他辅助材料复合而成为一个系统，称为系统保温材料。近年来建筑节能墙体外保温技术的发展尤为迅速，目前，主要技术体系和材料有聚苯板玻纤网格布聚合物砂浆、现浇混凝土模板内置保温板、胶粉聚苯颗粒保温砂浆料玻纤网格布抗裂砂浆等做法。除此之外，聚氨酯复合板也是一种比较好的材料。常用的系统保温材料有如下几种：

(1)外墙外保温系统。

1)彩钢夹芯复合板。如聚氨酯复合板或聚苯乙烯复合板，由两面彩钢压型板及中间自动发泡的硬质聚氨酯或聚苯乙烯组成，可广泛应用于各种建筑物的外墙和屋面。

彩钢夹芯幕墙板是由双层热镀锌彩涂薄型钢板中夹聚苯乙烯或岩(矿)棉保温隔热材料复合而成的，是一种新型建筑幕墙用节能装饰金属板材。彩钢保温夹芯幕墙板采用标准化设计，工厂化高精度制作，装配化高精准安装，板面平整，与框架连接可靠。同时，它还具有良好的物理性能，如隔热、保温、隔声、防渗水、防裂缝、防腐蚀、抗弯、抗压、抗震等诸多优点，且装饰效果极佳，是一种经济的幕墙板材。

2)聚苯板玻纤网格布聚合物砂浆。它是以聚苯乙烯泡沫板为主要保温绝热材料，使用聚合物砂浆为主要黏结和罩面材料，并使用耐碱玻璃纤维涂塑网格布增强的一种墙体保温体系，即发泡型聚苯乙烯板(或挤出型聚苯乙烯板)+耐碱玻纤网布+含有胶粘剂的聚合物砂浆。这种保温体系比起常用的外墙内保温体系具有保温效率高、节能效果好的优点(能较容易地达到国家要求的建筑物65％的节能分项指标），并对建筑物起到了较好的保护作用。该体系已在全世界各地区得到了广泛的应用。如专威特外墙外保温系统，北京中建院外墙外保温系统，Preswitt保温系统等。该外保温系统需测试的项目如下：

①传热系数。系统保温材料与主体结构复合后的保温效果受施工质量和环境温度、湿度的影响而有所改变，因此，要实地现场测试，掌握其实际效果。

②防水性、耐冻融、耐候性、耐冲击、抗风压。作为外墙外保温系统，其饰面直接与外界环境接触，必须抵抗雨水、冻融、冲击和强风等不良因素的侵袭，因此，在使用前应测试如下内容：

防水性：20 cm^2 的涂层试块浸在水中整个表面全部湿透的时间≥2 h；

耐冻融：10个循环无裂缝、无剥离；

耐候性：500 h无明显变化；

抗风压：5 000 Pa无裂缝；

耐冲击：10 J无任何破坏，未开裂、未穿孔。

与外保温系统配套的耐碱玻纤网布的抗拉强度应大于200 N/cm^2，耐碱后的剩余抗拉强度应不小于150 N/cm^2；胶粘剂的7 d抗拉黏结强度应大于1 MPa，耐水、耐冻融后抗拉黏结强度应大于0.9 MPa。

(2)内保温系统。有发泡型聚苯乙烯板（或挤出型聚苯乙烯板）＋纸面石膏板；岩棉夹心保温板；增强水泥聚苯保温板；GRC保温板（发泡型聚苯乙烯板与水泥砂浆复合）等。

内保温系统需测试的内容有传热系数、水蒸气透湿系数、吸水率、收缩率、氧指数。

二、聚氨酯保温材料

聚氨酯材料是目前国际上性能最好的保温材料。硬质聚氨酯具有质量轻、传热系数低、耐热性好、耐老化、容易与其他基材黏结、燃烧不产生熔滴等优异性能。其在欧美国家广泛用于建筑物的屋顶、墙体、顶棚、地板、门窗等作为保温隔热材料。欧美等发达国家的建筑保温材料中约有49％为聚氨酯材料，而在我国这一比例尚不足10％。

聚氨酯作为一种性能优异的高分子材料，已成为继聚乙烯、聚氯乙烯、聚丙烯、聚苯乙烯之后的第五大塑料。我国住房和城乡建设部将全面推广新型建筑节能技术，将聚氨酯材料作为传统建筑保温材料的替代品进行推广。其在建筑节能等领域的大力推广，将为我国聚氨酯产业创造巨大的发展空间。

三、浆体保温材料

浆体保温材料目前主要用于外墙内保温，也可用于隔墙和分户墙的保温隔热，如性能允许还可用于外墙外保温。浆体材料有两种类型：一种是以胶凝材料为主的固化型；另一种是以水分蒸发为主的干燥型。其主要成分是以海泡石（聚苯粒）、矿物纤维、硅酸盐为主的多种材料，经过一定的生产工艺复合而成的轻质保温材料。它的产品有粉状和膏状（浆体状）两种类型，但使用时均以浆体涂抹在基层上。

无论是板材保温隔热材料还是浆体保温隔热材料都各有其特点，只有适应其特点，才能最大限度地发挥其优势，对建筑节能起到事半功倍的作用。

四、玻璃钢墙体保温板

玻璃钢墙体保温板由添加剂、玻璃丝布、氯化镁、胶浆、玻璃丝网格、钢筋聚乙烯泡沫等若干种成分组成。

该产品的特点是：质量轻、墙体薄、节能性能优越、玻璃纤维网格布和钢筋增加了强度、使用年限长、易安装、防水性能好、抗老化、防水、防潮、抗震、抗冲击、收缩极小、无毒、无害、无辐射、环保性能优越，堪称绿色建材。

本章小结

在建筑材料和建筑装饰材料领域，新型节能、绿色环保建材的使用已经成为时尚，这是建材随时代发展的必然要求。本章主要介绍了室内污染物种类、来源、主要危害及材料的选择，常见环保建筑材料，新型节能、保温隔热建筑材料。

思考与练习

一、填空题

1. _____以矿棉为主要原料，矿棉是矿渣经高温熔化由高速离心机甩出的絮状物，无害、无污染，是一种变废为宝、有利环境的绿色建材。
2. 水性漆可分为三个体系，即_____、_____和_____。
3. 泡沫玻璃是新型的环保建筑材料，是以_____和_____为主要原料，加入_____和_____经粉碎、高温发泡成型制成的一种新型保温隔热和吸声材料。
4. 将单一保温材料与其他辅助材料复合而成为一个系统，称为_____。
5. 浆体材料有两种类型，一种是以_____为主的固化型；另一种是以_____为主的干燥型。

二、简答题

1. 建筑节能的意义有哪些？
2. 环保建材的概念是什么？环保建材的特征有哪些？
3. 绿色环保型装饰材料主要可分为哪三大类型？
4. 简述污染物的种类及来源。
5. 什么是矿棉吸声板？它具有哪些特点？
6. 什么是 M-Color 柔性天花？其应用领域有哪些？其产品优势有哪些？
7. 常用的系统保温材料有哪几种？
8. 什么是玻璃钢墙体保温板？该产品的特点有哪些？

第十四章　建筑装饰材料试验

知识目标

掌握建筑装饰材料的各种试验。

能力目标

能够进行关于装饰材料方面的试验。

第一节　饰面石膏板试验

一、试验设备及仪器

(1)钢卷尺：最大量程5 000 mm，分度值1 mm。

(2)钢直尺：最大量程1 000 mm，分度值1 mm。

(3)板厚测定仪：最大量程30 mm，分度值0.01 mm。

(4)楔形棱边深度测定仪：最大量程10 mm，分度值0.01 mm。

(5)电子秤：感量1 g。

(6)电子天平：感量0.01 g。

(7)电热鼓风干燥箱：最高温度300 ℃，控温器灵敏度±1℃。

(8)板材抗折试验机：最大量程2 000 N，精度1级。

(9)压力试验机：最大量程2 000 N，精度1级。

(10)抗冲击性试验仪：钢球直径50 mm，钢球质量510 g。

(11)护面纸与芯材黏结性试验仪：荷载质量3 kg。

(12)纸张表面吸收重量测定仪：圆筒内径113 mm。

(13)遇火稳定性测定仪：喷火头直径(40±1)mm，喷火孔直径(2.5±0.1)mm，最高温度900 ℃，精度1级。

(14)受潮挠度试验箱：可调至温度(32±2)℃，相对湿度90%±3%。

二、试验条件

对于进行面密度、断裂荷载、硬度、抗冲击性、护面纸与芯材黏结性，以及吸水率测定的实验室，应满足温度(25±5)℃、相对湿度50%±5%的试验环境条件。对于进行表面吸水量测定的实验室应满足温度(25±5)℃、相对湿度50%±3%的试验环境条件。

三、试样与试件

以5张板材为一组试样，依次进行外观质量、尺寸偏差、对角线长度差、楔形棱边断面尺寸测定后，在距离板材四周大于 100 mm 处(除进行端头硬度、棱边硬度测定的试件外)按表 14-1 规定的方向、尺寸及数量切取试件，并予以编号，供其余各项试验用。

表 14-1 试件规格

试件用途	试件代号	纵向尺寸/mm	横向尺寸/mm	每张板材上切取试件数量/个
纵向断裂荷载(兼作面密度)	Z	400	300	1
横向断裂荷载(兼作面密度)	H	300	400	1
端头硬度	T	75	300	1(两端头任取1)
棱边硬度	L	300	75	2(两棱边各取1)
抗冲击性	K	300	300	1
面纸与芯材黏结性	M	120	50	1
背纸与芯材黏结性	D	120	50	1
遇火稳定性	Y	300	50	1
吸水率	S	300	300	1
表面吸水量	B	125	125	1

对于将进行端头硬度测定的试件，在板材任一端头按表 14-1 的规定切取试件，但距离棱边应大于 100 mm。对于将进行棱边硬度测定的试件，在板材两棱边侧按表 14-1 的规定各取一个试件，但距离端头应大于 100 mm。

四、试件的处理

1. 外观质量的检查

在光照明亮的条件下，在距离试样 0.5 m 处进行检查，记录每张板材上影响使用的外观质量情况，以 5 张板材中缺陷最严重的那张板材的情况作为该组试样的外观质量。

2. 面密度的测定

将经过试件处理的 10 个用于测定断裂荷载的试件放置于电子秤上予以称量。根据其面积计算每张板材上两个试件面密度的平均值，以五张板材的平均值的最大值作为该组试样的面密度，精确至 0.1 kg/m^2。

3. 断裂荷载的测定

将已按面密度测定后的 10 个试件随即进行断裂荷载的测定。将试件放置于板材抗折试验机的支座上。其中，纵向断裂荷载试件(试件代号 Z)正面朝下放置；横向断裂荷载试件(试件代号 H)正面朝上放置。支座中心距 350 mm。在跨距中央，通过加荷辊沿平行于下支座的方向施加荷载，加荷速度控制在 (4.2 ± 0.8) N/s，直至试件断裂。记录板材荷载最大值，并计算 5 张板材的断裂荷载平均值，以 5 张板材的平均值的最小值作为该组试样的断裂荷载，精确至 1 N。

4. 硬度的测定

(1)端头硬度的测定。将经处理的试件横向垂直侧立，然后用夹具夹紧。在试件厚度中心线上按图 14-1 布置 3 个测点。由压力试验机以 (4.2 ± 0.8) N/s 的加荷速度，通过钢针(图 14-2)向试件加荷，直至钢针插入深度达到 13 mm 时，记录每个试件在试验过程中的 3 个最大值，并以 5 个试件硬度最大值的平均值作为该组试样的端头硬度值，精确至 1 N。

(2)棱边硬度的测定。把经处理后的试件放置在图 14-1 规定的 3 个测点上，去除棱边护面纸,使棱边芯材暴露。再按照(1)的方法测定10个试件的棱边硬度最大值,并以10个试件硬度最大值作为该组试样的棱边硬度值,精确至1 N。

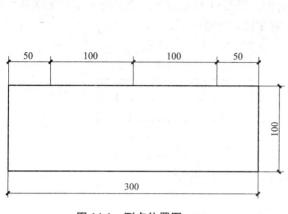

图 14-1　测点位置图

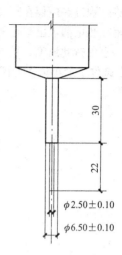

图 14-2　钢针示意图

5. 吸水率的测定

试件经处理后,用电子秤称量试件质量(G_1),然后浸入温度为$(25\pm5)℃$的水中。试件用支架悬置,不与水槽底部紧贴,试件上表面距离水面30 mm。浸水2 h后取出试件,用半湿毛巾吸去试件表面附着水分,称量试件质量(G_2)。记录每个试件在浸水前和浸水后的质量,并按下式计算吸水率。以5个试件中最大值作为该组试样的吸水率,精确至1%。

$$W_1 = \frac{G_2 - G_1}{G_1} \times 100$$

式中　W_1——吸水率(%);
　　　G_1——试件浸水前的质量(g);
　　　G_2——试件浸水后的质量(g)。

6. 表面吸水量的测定

试件经处理后,在满足上述规定的实验室试验条件下进行测定。测定试件正面的表面吸水量。用电子天平称量试件质量(G_3),然后将试件固定于纸张表面吸收重量测定仪上。在纸张表面吸收重量测定仪的圆筒内,注入温度为$(25\pm5)℃$的水,高度为25 mm。翻转圆筒时开始计时,静置2 h。转正圆筒后,取下试件,用中性滤纸吸去试件表面的附着水分。

然后在电子天平上称量试件质量(G_4),精确至0.01 g。记录每个试件在表面吸水前和吸水后的质量,按下式计算表面吸水量。以5个试件中的最大值作为该组试样的表面吸水量,精确至1 g/m²。

$$W_2 = \frac{G_4 - G_3}{S}$$

式中　W_2——表面吸水量(g/m²);
　　　G_3——表面吸水前试件的质量(g);
　　　G_4——表面吸水后试件的质量(g);
　　　S——表面吸水面积(m²)。

7. 遇火稳定性的测定

试件按照图14-3所示钻孔,再经过处理,用支杆将试件竖直悬挂于两个喷火口中间,喷火口与试件的表面垂直。用液化石油气作为热源向遇火稳定性测定仪的两只燃烧器供气,燃烧器喷火口距离板面为 30 mm。按表 14-2 的规定在试件下端悬挂荷载(图 14-4),点燃燃烧器。用两支镍铬—镍硅热电偶在距离板面 5 mm 处测量温度。试验初期应在不使试件晃动的情况下,去除掉落在热电偶上已碳化的护面纸。通过调节,在 3 min 内把温度控制在(800±30)℃,试验过程中一直保持此温度。从试件遇火开始计时,至试件断裂破坏。记录每个试件被烧断的时间,以 5 个试件中最小值作为该组试样的遇火稳定性,精确至 1 min。

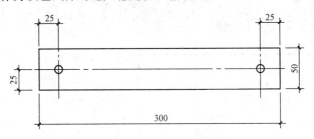

图 14-3　试件钻孔位置图

表 14-2　悬挂的荷载

板材厚度/mm	悬挂的荷载/N	板材厚度/mm	悬挂的荷载/N
9.5	7	18.0	15
12.0	10	21.0	17
15.0	12	25.0	20

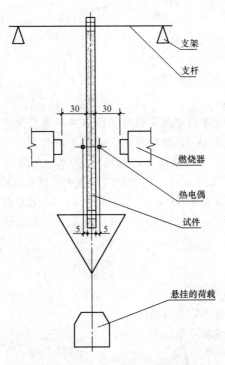

图 14-4　遇火稳定性的测定示意

第二节 天然饰面石材试验

一、干燥、水饱和、冻融循环后压缩强度试验

(一)设备及量具

(1)试验机：具有球形支座并能满足试验要求，示值相对误差不超过±1%。试验破坏载荷应在示值的20%~90%范围内。
(2)游标卡尺：读数值为0.10 mm。
(3)万能角度尺：精度为2′。
(4)干燥箱：温度可控制在(105±2)℃范围内。
(5)冷冻箱：温度可控制在(−20±2)℃范围内。

(二)试样

(1)试样尺寸为边长50 mm的正方体或ϕ50 mm×50 mm的圆柱体；误差为±5。
(2)每种试验条件下的试样取5个为一组。若进行干燥、水饱和、冻融循环后的垂直和平行层理的压缩强度试验，需要制备试样30个。
(3)试样应标明层理方向。
(4)试样两个受力面应平行、光滑，相邻面夹角应为90°±0.5°。
(5)试样上不得有裂纹、缺棱和缺角。

(三)试验步骤

1. 干燥状态压缩强度试验
(1)将试样在(105±2)℃的干燥箱内干燥24 h，放入干燥器中冷却至室温。
(2)用游标卡尺分别测量试样两受力面的边长或直径并计算其面积，以两个受力面面积的平均值作为试样受力面面积，边长测量值精确到0.5 mm。
(3)将试样放置于材料试验机下压板的中心部位，施加载荷至试样破坏并记录试样破坏时的载荷值，读数值精确到500 N。加载速率为(1 500±100)N/s或压板移动的速率不超过1.3 mm/min。

2. 水饱和状态压缩强度试验
(1)将试样放置于(20+2)℃的清水中，浸泡48 h后取出，用拧干的湿毛巾擦去试样表面水分。
(2)受力面面积计算同干燥状态下受力面面积计算。
(3)试验按干燥状态下试验方法进行。

3. 冻融循环后压缩强度试验
(1)用清水洗净试样，并将其置于(20+2)℃的清水中浸泡48 h，取出后立即放入(−20±2)℃的冷冻箱内冷冻4 h，再将其放入流动的清水中融化4 h。反复冻融25次后，用拧干的湿毛巾将试样表面水分擦去。
(2)受力面面积计算同干燥状态下受力面面积计算。
(3)试验按干燥状态下试验方法进行。

(四)结果计算

压缩强度按下式计算：

$$P=\frac{F}{S}$$

式中　P——压缩强度(MPa)；
　　　F——试样破坏载荷(N)；
　　　S——试样受力面面积(mm^2)。

(五)试验结果

计算试验不同层理的算术平均值及最大值和最小值。

二、弯曲强度试验

(一)设备及量具

(1)试验机：示值相对误差不超过±1%，试样破坏的载荷在设备示值的20%～90%范围内。
(2)游标卡尺：读数值为0.10 mm。
(3)万能角度尺：精度为2′。
(4)干燥箱：温度可控制在105 ℃±2 ℃范围内。

(二)试样

(1)试样厚度(H)可按实际情况确定。当试样厚度(H)≤68 mm 时宽度为100 mm；当试样厚度>68 mm 时宽度为1.5H。试样长度为10×H+50 mm。长度尺寸偏差为±1 mm，宽度、厚度尺寸偏差为±0.3 mm。
(2)示例：试样厚度为30 mm 时，试样长度为10×30 mm+50 mm＝350 mm；宽度为100 mm。
(3)试样上应标明层理方向。
(4)试样两个受力面应平整且平行。正面与侧面夹角应为90°±0.5°。
(5)试样不得有裂纹、缺棱和缺角。
(6)在试样上下两面分别标记出支点的位置(图14-5)。
(7)每种试验条件下的试样取5个为一组。如对干燥、水饱和条件下的垂直和平行层理的弯曲强度试验应备制20个试样。

(三)试验步骤

1. 干燥状态弯曲强度试验

(1)在105 ℃±2 ℃的干燥箱内将试样干燥24 h 后，放入干燥器中冷却至室温。
(2)调节支架下支座之间的距离(L=10×H)和上支座之间的距离($L/2$)，误差在±1.0 mm 内。按照试样上标记的支点位置将其放在上下支架之间。一般情况下，应使试样装饰面处于弯曲拉伸状态，即装饰面朝下放在下支架支座上(图14-5)。
(3)以每分钟1 800 N±50 N 的速率对试样施加载荷至试样破坏。记录试样破坏载荷值(F)，精确至10 N。
(4)用游标卡尺测量试样断裂面的宽度(K)和厚度(H)，精确至0.1 mm。

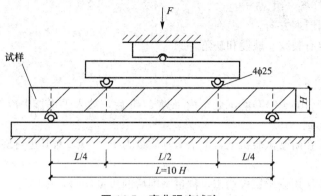

图 14-5 弯曲强度试验

2. 水饱和状态弯曲强度试验

(1)试样处理:将试样放在 20 ℃±2 ℃的清水中浸泡 48 h 后取出,用拧干的湿毛巾擦去试样表面水分,立即进行试验。

(2)调节支架支座距离同前。

(3)试验加载条件同前。

(4)测量试样尺寸同前。

(四)结果计算

弯曲强度按下式计算:

$$P_w = \frac{3FL}{4KH^2} \tag{1}$$

式中 P_w——弯曲强度(MPa);
F——试样破坏载荷(N);
L——支点间距离(mm);
K——试样宽度(mm);
H——试样厚度(mm)。

以每组试样弯曲强度的算术平均值作为弯曲强度,数值修约到 0.1 MPa。

(五)试验结果

计算试样不同层理的算术平均值及最大值和最小值。

三、耐磨性试验

(一)设备及量具

(1)试验机:道瑞式耐磨试验机。

(2)天平:最大称量为 100 g,感量为 20 mg。

(3)游标卡尺:读数值为 0.10 mm。

(二)试样

(1)试样为直径(25±0.5)mm,高(60±1)mm 的圆柱体,每组 4 件。对有层理的石材,取垂直和平行层理的试样各一组。
(2)试样应标明层理方向。
(3)试样上不得有裂纹、缺棱和缺角。

(三)试验步骤

(1)将试样置于(105±2)℃的干燥箱内干燥24 h后,放入干燥器中冷却至室温。称量质量(m_0),精确至0.01 g。

(2)将试样安装在耐磨试验机上,单个卡具质量为1 250 g,对其进行旋转研磨试验1 000转完成一次试验。

(3)将试样取下,用刷子刷去粉末,称量磨削后的质量(m_1),精确至0.01 g。

(4)用游标卡尺测量试样受磨端互相垂直的两个直径,精确至0.1 cm。用两个直径的平均值计算受磨面积(A)。

(四)结果计算

耐磨性按下式计算:

$$M = \frac{m_0 - m_1}{A}$$

式中　M——耐磨性(g/cm^2);
　　　m_0——试验前试样质量(g);
　　　m_1——试验后试样质量(g);
　　　A——试样的受磨面积(cm^2)。

(五)试验结果

计算试样不同层理耐磨率算术平均值,取两位有效数字。

四、镜面光泽度试验

(一)方法原理

在规定的几何条件下,试样镜面光泽度是其镜面反射光通量与相同条件下标准黑玻璃镜面反射光通量之比乘以100。

(二)试验仪器

(1)光电光泽计。
1)光学系统应满足C光源及视觉$V(\lambda)$的要求。
2)光泽计光束孔径为$\phi 30$,在60°几何条件下,光学条件见表14-3。

表14-3　光学条件

项目	测量平面内/(°)	垂直于测量平面/(°)
光源	0.75±0.25	3.00
接收器	4.40±0.10	11.70±0.20

(2)光泽度标准板。

1)高光泽标准板:表面平整并经抛光,其折射率为 1.567 的黑玻璃,规定 60°几何条件镜面光泽度为 100,经授权内的计量单位标定。

2)低光泽工作标准板:陶瓷板,光泽度经授权内的计量单位标定。

(三)试样

试样尺寸为 300 mm×300 mm 表面抛光的板材,5 块。

(四)试验步骤

(1)仪器校正:先打开光源预热,将仪器开口置于高光泽标准板中央,并将仪器的读数调整到标准黑玻璃的标定值。再测定低光泽工作标准板,如读数与标定值相差一个单位之内,则仪器已准备好。

(2)用镜头纸或无毛的布擦干净试样表面,按光泽计操作说明测每块板材的光泽度,测试位置与点数如图 14-6 所示。

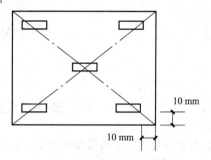

图 14-6 光泽计测试位置与点数

(五)试验结果

计算每块板材光泽度的算术平均值。

第三节 建筑陶瓷性能试验

一、陶瓷砖的平整度、边直度和直角度试验

(一)主要仪器

(1)仪器。图 14-7 所示的仪器或其他合适的仪器,其中,分度表(D_A)用于测量边直度。

(2)标准版。有精确的尺寸和平直的边。

(二)试样准备

每种类型取 10 块整砖进行测量。

(三)试验步骤

1. 平整度测量

(1)选用如图 14-7 所示的仪器,将相应的标准板准确地放在 3 个定位支承销(S_A, S_B, S_C)上,每个支承销的中心到砖边的距离为 10 mm,外部的两个分度表(D_E, D_C)到砖边的距离也为 10 mm。

(2)调节 3 个分度表(D_D, D_E, D_C)的读数至合适的初始值(图 14-7)。

(3)取出标准板,将砖的釉面和合适的正面朝下置于仪器上,记录 3 个分度表的读数。如果是正方形砖,转动试样,每块试样得到 4 个测量值,每块砖重复上述步骤。如果是长方形砖,

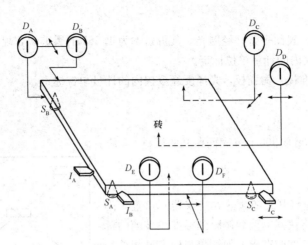

图 14-7 测量边直度、直角度和平整度的仪器

分别使用合适尺寸的仪器来测量。记录每块砖最大的中心弯曲度(D_D)、边弯曲度(D_E)和翘曲度(D_C),测量值精确到 0.1 mm。

2. 边直度、直角度测量

(1)选择如图 14-7 所示的仪器,当砖放在仪器的支承销(S_A,S_B,S_C)上时,使定位销(I_A,I_B,I_C)与被测边每一角点的距离为 5 mm。分度表(D_A)的测杆也应在距离被测边的一个角点 5 mm 处。

(2)将合适的标准板准确地置于仪器的测量位置上,调整分度表的读数至合适的初始值。

(3)取出标准板,将砖的正面恰当地放在仪器的定位销上,记录离角点 5 mm 处分度表读数。如果是正方形砖,转动砖的位置得到四个测量值。每块砖都重复上述步骤。如果是长方形砖,则分别使用合适尺寸的仪器来测量。测量值精确到 0.1 mm。

3. 表面平整度测定

(1)选择尺寸合适的仪器,将相应的标准板准确地放在 3 个定位支承销(S_A,S_B,S_C)上,每个支承销的中心到砖边的距离为 10 mm,外部的两个分度表(D_E,D_C)到砖边的距离也为 10 mm。

(2)调整 3 个分度表(D_D,D_E,D_C)的读数至合适的初始值。

(3)取出标准板,将砖的釉面或合适的正面朝下置于仪器上,记录 3 个分度表的读数。如果是正方形砖,则转动试样,每块砖都重复上述步骤。如果是长方形砖,则分别使用合适尺寸的仪器来测量,记录每块砖最大的中心弯曲度(D_D)、边弯曲度(D_E)和翘曲度(D_C)。测量值精确 0.1 mm。

二、陶瓷砖的吸水率测试试验

(一)主要仪器

干燥箱(HWXL 型电热鼓风恒温干燥箱)、干燥器、天平(精度为所测试质量的 0.01%)、压力表(精确至 2.0%)、两根圆柱形支撑棒[用金属制成,与试样接触部分用硬度为(50±5)IRHD 橡胶包裹,一根棒能稍微摆动,另一根棒能绕其轴稍做旋转,如图 14-8 所示]、圆柱形中心棒(一根与支撑棒直径相同且用相同橡胶包裹的圆柱形中心棒,用来传荷载,此棒也可稍做摆动)。

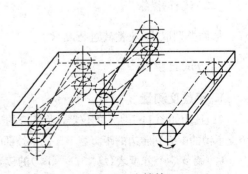

图 14-8 支撑棒

（二）试样准备

一组10块整砖，共3组。

注：如每块砖的表面积大于0.04 m^2，只需要5块整砖；如每块砖的质量小于50 g，则需足够数量的砖使每个试样质量达到50~100 g；砖的边长大于200 mm且小于400 mm时，可切成小块，但切割下的每一块应计入测量值内，多边形和其他非矩形砖，其长和宽均按外接矩形计算；若砖的边长大于400 mm，至少在3块整砖的中间部位切取最小边长为100 mm的5块试样。

（三）试验步骤

将砖放在(110±5)℃的烘箱中干燥至恒重，即每隔24 h的两次连续质量之差小于0.1%，砖放在有硅胶或其他干燥剂的干燥箱内冷却至室温（注：不能使用酸性干燥剂）。

(1)煮沸法。将砖竖直地放在盛有去离子水的加热器中，使砖互不接触。砖的上部和下部应保持有5 cm深度的水。在整个试验中都应保持高于5 cm的水面。将水加热至沸腾并保持煮沸2 h。然后切断热源，使砖完全浸泡在水中冷却至室温，并保持(4±0.25)h(也可用常温下的水或制冷器将样品冷却至室温)。将一块浸湿过的麂皮用手拧干，并将麂皮放在平台上轻轻地依次擦干每块砖的表面，对于凹凸或有浮雕的表面应用麂皮轻轻地擦去表面水分，然后称重，记录每块试样的称量结果。保持与干燥状态下相同的精度。

(2)真空法。将砖竖直地放入真空容器中，使砖互不接触，加入足够的水将砖覆盖并高出5 cm。抽真空至(10±1)kPa，并保持30 min后停止抽真空，让砖浸泡15 min后取出。将一块浸湿过的麂皮用手拧干，并将麂皮放在平台上轻轻地依次擦干每块砖的表面，对于凹凸或有浮雕的表面应用麂皮轻轻地擦去表面水分，然后立即称重并记录，与干砖的称量精度相同。

（四）计算结果

计算每块砖的吸水率 E，用干砖的质量分数（%）表示，其计算公式为

$$E=\frac{m_2-m_1}{m_1}\times 100\%$$

式中 m_1——干砖的质量(g)；
m_2——湿砖的质量(g)。

三、陶瓷地砖的耐磨性测定

（一）试验仪器

(1)磨球：直径为5 mm、3 mm、2 mm、1 mm的钢球。
(2)研磨材料：F80号刚玉磨料[应符合《普通磨料　白刚玉》(GB/T 2479—2008)的规定]和蒸馏水或去离子水。
(3)标准筛及烧杯。
(4)照度计：能测300 lx照度。
(5)耐磨仪：由内装电机驱动水平支撑盘钢壳组成。支撑转盘中心与每块试样中心距离为195 mm，转速为300 r/min，如图14-9所示；水平转盘上有9个样品夹具(也可少于9个)，相邻两水平转盘运动时，有22.5 mm的偏心距(e)，使试样做直径为45 mm的圆周运动。样品夹具是镶有橡胶密封圈的金属夹具，夹具内径为83 mm，可提供约54 cm^2的试验面积。橡胶厚度9 mm，夹具内空间高度为25.5 mm，如图14-10所示。

(6)观察箱：内装色温为 6 000~6 500 K 的荧光灯，照度为 300 lx。目测评价用装置如图 14-11 所示。

(7)电热恒温干燥箱，恒温温度(110±5)℃。

(8)天平(要求做磨耗试验用)。

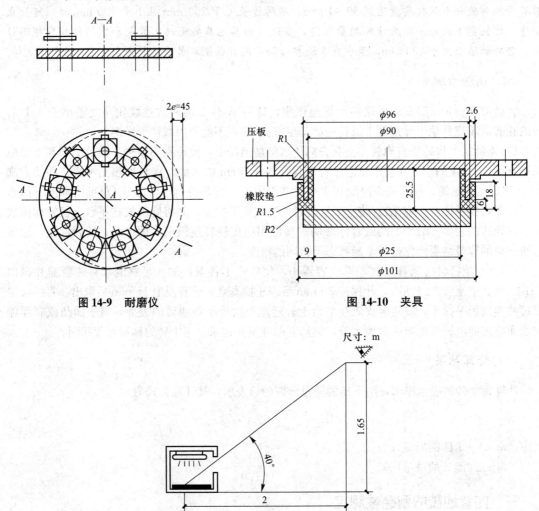

图 14-9　耐磨仪

图 14-10　夹具

图 14-11　目测评价用装置

(二)试样制备

(1)试样应具有代表性，对于不同颜色或表面有装饰效果的陶瓷砖，取样时应注意能包括所有特殊部分。

(2)试样的尺寸一般为 100 mm×100 mm。使用较小尺寸的试样时，先将它们黏结固定在一适宜的支撑材料上。窄小接缝处的边界影响可忽略不计。

(3)试样要求：用 11 块试样，其中 8 块经试验供目测评价用。每个研磨阶段要求取下一块试样，然后用 3 块试样与已磨损的试样对比，观察可见磨损痕迹。

(4)样品釉面应清洗干净。

(三)试验步骤

只是偶尔需要校准设备或对试验结果的准确性有怀疑时才进行校准。

(1)按规定配制每块试样所需研磨材料,见表14-4。

(2)将试样擦净后逐一夹紧在夹具(图14-10)下,通过夹具上方的孔加入按表14-4的规定配制的研磨材料,盖好盖子,开动试验机。

表14-4 研磨材料配料

研磨材料	规格/mm	质量/g
钢球	φ5	70.0
	φ3	52.5
	φ2	43.75
	φ1	8.75
符合《普通磨料 白刚玉》(GB/T 2479—2008)规定的刚玉磨料	F80	3.0
蒸馏水或去离子水	200 mL	

(3)在试验转数分别为100、150、600、750、900、1 500、2 100、6 000和12 000(转)时,各取出一块试样。

(4)取下的试样用浓度为10%的盐酸溶液擦洗表面后,用清水冲洗干净,放入烘箱内在110 ℃±5 ℃的温度下烘干。如果试样被铁锈污染,可用体积分数为10%的盐酸擦洗,然后立即用流动水冲洗,干燥。

(5)将烘干试样放入观察箱(图14-11)内,用一块已磨试样,周围放置3块未磨试样,在300 lx照度下,距离为2 m,高度1.65 m,用肉眼通过观察孔对比未磨损的砖釉面与经过不同转数研磨后的砖釉面的差别。注意不同转数研磨后砖釉面的差别,至少需要3种观察意见。

第四节　建筑装饰玻璃性能试验

一、平板玻璃测试试验

(一)外观质量检查

1. 点状缺陷

用符合《读数显微镜》(JB/T 2369—1993)规定的分度值为0.01 mm的读数显微镜测量点状缺陷的最大尺寸。

2. 点状缺陷密集度

用符合《金属直尺》(GB/T 9056—2004)规定的分度值为1 mm的金属直尺测量两点状缺陷的最小间距并统计100 mm圆内规定尺寸的点状缺陷数量。

3. 线道、划痕和裂纹

如图14-12所示,在不受外界光线影响的环境中,将试样垂直放置在距离屏幕600 mm的位置。屏幕为黑色无光泽屏幕,安装有数支 40 W、间距为 300 mm 的荧光灯。观察者距离试样 600 mm,视线垂直于试样表面观察。

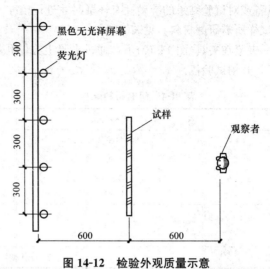

图 14-12　检验外观质量示意

采用符合《金属直尺》(GB/T 9056—2004)规定的分度值为 1 mm 的金属直尺和符合《读数显微镜》(JB/T 2369—1993)规定的分格值为 0.01 mm 的读数显微镜测量划伤的长度和宽度。

(二)断面缺陷

采用符合《金属直尺》(GB/T 9056—2004)规定的分度值为 1 mm 的金属直尺测量。凹凸时,测量边部凹进或凸出最大处与板边的距离;爆边时,测量边部沿板面凹进最大处与板边的距离;缺角时,测量原角等分线的长度;斜边时,测量端头凸出长度,如图 14-13 所示。

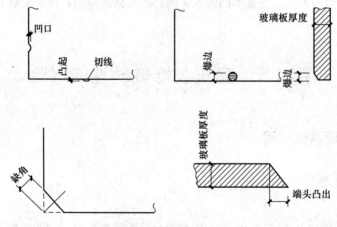

图 14-13　测量断面缺陷示意

(三)弯曲度测定

将玻璃板垂直水平面放置,不施加任何使其变形的外力,沿玻璃板表面紧靠一根水平拉直的钢丝,用符合《塞尺》(GB/T 22523—2008)规定的塞尺测量钢丝与玻璃板之间的最大间隙,玻璃呈弓形曲面时,测量对应弦长的高度;玻璃呈波形时,测量对应两波峰的波谷深度。按下式

计算弯曲度 $C(\%)$：

$$C=\frac{h}{l}\times100\%$$

式中 l——玻璃板测量边总长度(mm)；
h——最大间隙(mm)。

二、钢化玻璃性能试验

（一）弯曲度测量

将试样在室温下放置 4 h 以上，测量时将试样垂直立放，并在其长边下方的 1/4 处垫上 2 块垫块。用一直尺或金属线水平紧贴制品的两边或对角线方向，用塞尺测量直线边与玻璃之间的间隙，并以弧的高度与弦的长度之比的百分率来表示弓形时的弯曲度。进行局部波形测量时，用一直尺或金属线沿平行玻璃边缘 25 mm 方向进行测量，测量长度 300 mm。用塞尺测得波谷或波峰的高，并以除以 300 mm 后的百分率表示波形的弯曲度，如图 14-14 所示。

图 14-14 弓形和波形弯曲度示意
1—弓形变形；2—玻璃边长或对角线长；3—波形变形；4—300 mm

（二）耐热冲击性能试验

将 300 mm×300 mm 的钢化玻璃试样置于 (200±2)℃ 的烘箱中，保温 4 h 以上，取出后立即将试样垂直浸入 0 ℃ 的冰水混合物中，应保证试样高度的 1/3 以上能浸入水中，5 min 后观察玻璃是否破坏。

玻璃表面和边部的鱼鳞状剥离不应视作破坏。

（三）抗冲击性试验

(1)试样为与制品同厚度、同种类的，且与制品在同一工艺条件下制造的尺寸为 610 mm（−0 mm，+5 mm）×610 mm（−0 mm，5 mm）的平面钢化玻璃。

(2)使用直径为 63.5 mm（质量约为 1 040 g）表面光滑的钢球放在距离试样表面 1 000 mm 的高度，使其自由落下。冲击点应在距离试样中心 25 mm 的范围内。对每块试样的冲击仅限 1 次，以观察其是否破坏。试验在常温下进行。

(四)破碎试验

(1)试样。以制品为试样。
(2)试验装置。可保留碎片图案的任何装置。
(3)试验步骤。
1)将钢化玻璃试样自由放在试验台上,并用透明胶带纸或其他方式约束周边,以防止玻璃溅开。
2)在试样的最长边中心线上距离20 mm左右的位置,用尖端曲率半径(0.2±0.05 mm)的小锤或冲头进行冲击,使试样破碎。
3)保留碎片图案的措施应在冲击10 s后开始并且在3 min内结束。

第五节 建筑装饰涂料试验

一、涂料干燥时间测定试验

(一)仪器与设备

(1)小玻璃球:±125~250 mm;
(2)烧杯、涂料刷(宽度为25~55 mm)、软毛刷、秒表等;
(3)天平:感量为0.01 g;
(4)石棉水泥试板(150 mm×70 mm),3块;
(5)合成树脂乳液内墙涂料(乳胶漆)。

(二)试验步骤

(1)按《建筑涂料涂层试板的制备》(JG/T 23—2001)的方法制备试板底板。
(2)按1.2 g/dm用量(或产品标准规定的用量)在底板上均匀涂刷(二道涂刷),可用减量法控制涂料用量,涂刷后置于无气流、无直射阳光处,在标准环境条件下[温度(23±2)℃,相对湿度为45%~55%]干燥,并开始计时。
(3)当达到2 h(产品标准规定的时间)时,放平试板,取约0.5 g的玻璃小球(125~250 mm),从不小于50 mm又不大于150 mm的高度处倒在涂膜表面上。
(4)10 s后再将试板与水平面成20°夹角,用软毛刷轻刷涂膜。当涂膜上的小玻璃球能用刷轻轻刷下,而又不损伤涂膜表面,涂层这种状态即为表干。

二、涂料黏度测定试验

(一)主要仪器

(1)温度计:温度范围0 ℃~50 ℃,分度为0.1 ℃、0.5 ℃。
(2)秒表:分度为0.2 s。
(3)水平仪。
(4)永久磁铁。

(5)承受杯:50 mL量杯、150 mL搪瓷杯。

(6)黏度计:涂-1(2)、涂-4黏度计(图14-15)。

1)涂-1黏度计是上部为圆柱形,下部为圆锥形的金属容器。内壁粗糙度为$Ra0.4$。内壁上有一刻线,圆锥底部有漏嘴。容器的盖上有两个孔,一孔插塞棒用,另一孔插温度计用,容器固定在一个圆形水浴内,黏度计置于带有两个调节水平螺钉的台架上。其基本尺寸是圆柱体内径为$51^{+0.1}_{0}$mm,由圆柱形底线到刻线高度为$46^{+0.2}_{0}$mm,黏度计锥体内部的角度为$101°\pm31'$。漏嘴长为(14 ± 0.02)mm,漏嘴内径为$5.6^{+0.02}_{0}$mm。

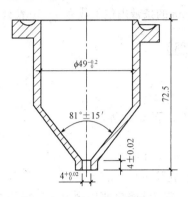

图14-15 涂-4黏度计

2)涂-黏度计是上部为圆柱形,下部为圆锥形的金属容器。内壁粗糙度为$Ra0.4$。锥形底部有漏嘴。在容器上部有一圈凹槽,作为多余试样溢出用。黏度计置于带有两个调节水平螺钉的台架上。其材质有塑料与金属两种,但以金属材质的黏度计为准。其基本尺寸是黏度计容量为100^{+1}_{0}mL,漏嘴是用不锈钢制成的,其漏嘴长为4 ± 0.02 mm,嘴孔内径为$4^{+0.02}_{0}$ mm。黏度计总高度为72.5 mm,锥体内部的角度为$81°\pm15$,圆柱体内径为$49.5^{+0.2}_{0}$ mm。

(二)试验步骤

(1)试样和黏度计在(23 ± 1) ℃状态下放置4 h以上。

(2)测试前,应用纱布蘸乙醇将黏度计内部擦干净,并干燥或吹干。调整水平螺丝,使黏度计处于水平,在黏度计漏嘴下面放置150 mL的烧杯,黏度计流出孔离烧杯口100 mm。

(3)用手指堵住流出孔,将试样倒满黏度计,用玻璃杯将气泡和多余的试样刮入凹槽,然后松开手指,使试样流出。同时立即计时,靠近流出孔的流丝中断时,立即停止计时,精确至1 s。

三、涂料细度测定试验

(一)细度计选用

根据涂料细度的不同,应按表14-5选用不同的刮板细度计。

表14-5 细度计的选用

涂料的细度/μm	刮板细度计/μm
≤30	50
31~70	100
>70	150

(二)试验步骤

试验前用纱布蘸乙醇将刮板细度计擦洗干净,再将涂料试样用小调漆刀调匀,然后滴入刮板细度计的沟槽最深部位,以能充满沟槽且略有多余为宜。

以双手持刮刀,横置在磨光平板上端,使刮刀与磨光平板表面垂直接触。在3 s内,将刮刀由沟槽深的部位向浅的部位拉过,使试样充满沟槽而平板上不留余料。

刮刀拉过后,立即使视线与沟槽平面成15°~30°角,对光观察沟槽中颗粒均匀显露处的刻度线,取两条刻度线之间约3 mm的条带内粒子数为5~10粒处的上限为细度读数。

四、涂料的耐洗刷性试验

(一)仪器与设备

(1)烧杯、涂料刷(宽度为25~55 mm)等。
(2)天平,感量为0.01 g。
(3)玻璃板(430 mm×150 mm),3块。
(4)合成树脂乳液内墙涂料(乳胶漆)。
(5)洗刷试验机(图14-16)。洗刷试验机使用刷子在试板的涂层表面做往复直线运动,运动频率为37次/min(74个冲程),每个冲程刷子的运动距离为300 mm,在中间的100 mm区间大致为直线运动。

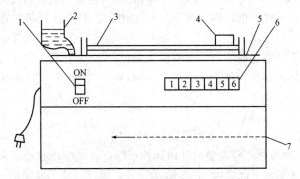

图14-16 洗刷试验机示意
1—电源开关;2—滴加洗刷介质的容器;
3—滑动器;4—刷子和夹具;5—试验台板;
6—往复次数显示器;7—电动机

(6)刷子为90 mm×38 mm×25 mm的硬木板(或塑料板),上面均匀地打60个直径为3 mm的小孔,孔内栽上19 mm的长猪鬃。使用前先将刷毛浸入20 ℃、12 mm深水中,30 min后甩干水分,再浸入12 mm深的洗刷介质中,20 min后方可使用。刷毛磨到长度少于16 mm时,须更换刷子。

(7)洗刷介质:0.5%的烷基苯磺酸钠溶液(洗衣粉),pH值为9.5~10.0。

(二)试验步骤

(1)按《建筑涂料涂层试板的制备》(JG/T 23—2001)的方法制备试板底板。耐洗刷性底板为玻璃板(430 mm×150 mm)3块。先在玻璃底板上喷涂一道C06-1铁红醇磁漆(ZBG 51010),若为深色建筑涂料,则可用 C04-83 白色醇酸无光磁(ZBG 51037),然后涂布试样。

(2)试板按 2.0 g/dm² 的涂布量(或按产品标准规定的涂布方法和涂布量)在底板分两道均匀涂刷,间隔 6 h,第一道涂布量为 1.2 g/dm²,第二道涂布量为 0.8 g/dm²,可用减量法控制涂料用量。涂刷后置于无气流、无直射阳光处,并在标准环境条件下(温度为 23 ℃±2 ℃,相对湿度为 45%～5%)放置 7 d;或按产品标准要求的条件放置。

(3)按 0.5%的烷基苯磺酸钠溶液(洗衣粉)配制洗刷介质,并测定 pH 值为 9.5～10.0。配好后倒入洗刷试验机的洗刷介质器。

(4)试板涂层面向上,水平固定在洗刷试验机的试验台板上,并将刷子用夹具置于试板涂层面上,使试板承受约 450 g 的负荷。

(5)使刷子以 37 次/min 往返循环摩擦涂层,同时以约 0.04 g/s 的速度滴加洗刷介质,使洗刷面保持湿润。

(6)刷至产品标准规定次数(合成树脂乳液内墙涂料 300 次为合格品),然后取下试板,用水清洗。

本章小结

本章主要介绍建筑装饰材料中常用的材料的各种试验。

思考与练习

1. 饰面石膏板试验条件有哪些?
2. 简述建筑装饰涂料干燥时间测定试验的步骤。
3. 建筑陶瓷性能试验中陶瓷砖的平整度如何测量?
4. 陶瓷砖的吸水率测试试验中如何取样?
5. 平板玻璃测试试验中外观质量如何检查?
6. 简述涂料黏度测定试验步骤。

参 考 文 献

[1] 谭平,张瑞红,孙青霭.建筑材料[M].3版.北京:北京理工大学出版社,2019.
[2] 隋良志,李玉甫.建筑与装饰材料[M].天津:天津大学出版社,2015.
[3] 候献语,尹晶.工程计量与计价[M].北京:北京邮电大学出版社,2014.
[4] 高军林.建筑装饰材料[M].北京:北京大学出版社,2009.
[5] 孙晓红.建筑装饰材料与施工工艺[M].北京:机械工业出版社,2013.
[6] 魏鸿汉.建筑装饰材料[M].北京:机械工业出版社,2009.
[7] 范红岩.建筑与装饰材料[M].北京:机械工业出版社,2010.
[8] 张思梅,陈霞.建筑与装饰材料[M].北京:中国水利水电出版社,2011.